ICHTHYOLOGIE

FRANÇAISE.

J.ᵉˢ N.ᵗ VALLOT,
DOCTEUR EN MÉDECINE.

M. DCCC. XXXVII.

ICHTHYOLOGIE FRANÇAISE,

ou

HISTOIRE NATURELLE

DES POISSONS D'EAU DOUCE

DE LA FRANCE,

PAR J.-N. VALLOT,

DOCTEUR EN MÉDECINE, PROFESSEUR A L'ÉCOLE SECONDAIRE DE MÉDECINE DE DIJON, PROFESSEUR D'HISTOIRE NATURELLE, MEMBRE DE PLUSIEURS SOCIÉTÉS SAVANTES, NATIONALES ET ÉTRANGÈRES.

DIJON,

DE L'IMPRIMERIE DE E. FRANTIN.

—

M. DCCC. XXXVII.

ICHTHYOLOGIE FRANÇAISE,

ou

HISTOIRE NATURELLE

DES POISSONS D'EAU DOUCE

DE LA FRANCE.

L'étude de l'histoire naturelle a de tout temps été cultivée à Dijon ; il est aisé de s'en assurer en recourant aux *Mémoires*, tant anciens que nouveaux, *de l'Académie des Sciences, Arts et Belles-Lettres de Dijon*, et aux différens ouvrages ex professo publiés à Dijon sur diverses parties des sciences naturelles.

Le développement acquis, par les sciences depuis quelques années, exige que chacune de leurs parties soit traitée à part ; jusqu'à ce jour l'ichthyologie du département de la Côte-d'Or n'ayant occupé les loisirs d'aucun de nos compatriotes [1], je l'ai choisie comme

[1] « Cette classe utile (des poissons), qui n'a pas encore été observée pour notre département, dans un aussi grand détail que les autres, n'est ordinairement connue que par les espèces qu'elle fournit sur nos tables, et par le plaisir

objet d'un travail neuf, puisque l'histoire des poissons d'eau douce de la France n'a pas encore été faite.

Notre département placé entre les bassins de la Seine, de la Loire et du Rhône [1] , (par la Saône), se trouve un des plus riches de France en ichthyologie.

Pour donner à mon ouvrage toute la certitude désirable, je me suis aidé d'une foule de renseignemens [2], je me suis procuré tous les poissons de notre pays, je les

que procurent les moyens de les prendre. » *Vaillant, Statistique du département de la Côte-d'Or, mss., tome* 1 , *p.* 196.

Dans la liste des 17 poissons dont Vaillant donne les noms, cet auteur indique sous le n⁰ 4 la Loche franche, et sous le n° 5 la Moutelle ; il ignorait que ces deux noms désignaient le même poisson.

[1] La pente du Rhône est communément par mètre, de $\frac{48}{100}$ de millimètre.

[2] MM. Boudot, professeur de l'Ecole des chartres, et archiviste du Département ; Baudot, juge honoraire du tribunal de première instance ; Roger, directeur de la poste à Auxonne, m'ont donné la liste des poissons de la Saône ; M. Andriot, docteur-médecin à Fontaine-Française, m'a procuré celle des poissons de la Vingeanne (*Vigenna,* nom qui désigne aussi la rivière de Vienne) et de la Venelle ; M. le docteur Bourée, médecin à Châtillon-sur-Seine, m'a communiqué celle des poissons de cet arrondissement ; enfin M. Quentin, archiviste à Auxerre, m'a envoyé la liste des poissons de l'Yonne. Je ne saurais trop reconnaître l'obligeance de tous ces Messieurs, auxquels j'adresse de sincères remercîmens. Je me suis également adressé aux meilleurs pêcheurs de Dijon, près desquels j'ai recueilli diverses dénominations que j'ai toutes rapportées au nom scientifique.

ai déterminés exactement; aussi mon ouvrage fait d'après nature, contient des observations neuves et des éclaircissemens curieux sur divers points d'ichthyologie. M. Pataille père, propriétaire à Maxilly-sur-Saône, et amateur zélé de la science, a eu la complaisance de me procurer tous les poissons de la Saône; je le prie d'agréer ici mes remercîmens et de recevoir les témoignages de ma reconnaissance. Tous les autres poissons, dont je parle, ont été trouvés sur le marché. Il est assez difficile de se procurer toutes les espèces de poissons, en les demandant aux pêcheurs, parce que les noms n'étant point fixés, chacun en impose à sa volonté; aussi le même nom est-il appliqué à des poissons bien différens. Voici ce qu'à ce sujet me mandait M. Pataille.

« Vainement, m'écrit-il, on demande aux pêcheurs
« d'habitude, même aux plus anciens, s'ils ont remarqué
« tels ou tels poissons, etc.; la plupart se bornent à ré-
« pondre que les poissons pris, ils se hâtent de les jeter
« à la *boutique*, d'où ils les retirent pour les livrer aux
« particuliers; que s'ils en rapportent à la maison pour
« leur usage personnel, ils les remettent, sans les
« examiner, à la femme qui les écaille, les vide à l'ins-
« tant, puis les met sur le gril ou les jette dans la
« poêle. » *Lettre du 15 avril* 1836.

Ainsi, lorsque l'on voudra se procurer les diverses espèces de poissons, le meilleur moyen sera d'accompagner les pêcheurs, et d'examiner ce qu'ils ramènent dans leurs filets, parce que sous le nom générique de *friture*, ils confondent tous les petits poissons, dont ils ne peuvent pas se défaire utilement sur le marché : ils ne s'attachent qu'aux poissons dont la taille ou la qualité leur fait espérer un débit avantageux.

J'ai eu le soin de signaler et d'éviter les doubles em-

plois , « ce fléau de l'histoire naturelle, toujours prêt à
« s'introduire, dit Cuvier, *Hist. nat. des poissons, tom.*
« 1, *p.* 78 , sitôt qu'on n'apporte pas dans une compila-
« tion la critique la plus sévère ; doubles emplois si nui-
« sibles aux vrais progrès de la science, » comme il le
répète *ouv. cité, p.* 128.

Alleon Dulac, dans ses *Mémoires pour servir à l'histoire naturelle du Lyonnais*, en fournit la preuve ;
compilant Rondelet et Artedi, sans soin et sans choix,
il confond tout, jusqu'au point de donner des poissons
marins pour des poissons d'eau douce. On en trouve
de nouvelles preuves dans plusieurs ouvrages récens,
comme il est facile de s'en assurer en consultant les
*Annales agricoles, littéraires et industrielles de l'A-
riège, Foix,* 1836, *p.* 387-390.

Sous le titre : 4ᵉ CLASSE D'ANIMAUX A SANG ROUGE ,
on cite les poissons de ce département, sans en assigner
les caractères, et sans donner leur nom scientifique. A
cette occasion, je ferai les observations suivantes sur
quatre poissons dont les noms vagues rendent assez difficile leur détermination exacte.

« Le *Meûnier* ou *Tétu*, ainsi appelé parce qu'on le
« trouve en quantité à l'entour des moulins, est un
« poisson blanc d'eau douce que l'on trouve en abon-
« dance dans le Bas Salat, surtout du temps de son frai
« en mars. On l'appelle aussi en français *Tétu*, et en
« patois *Cap Beyré*, parce que sa tête à museau poin-
« tu est *verte* comme du *verre*, » *p.* 389.

Ce poisson peut être ou la Dobule, *Cyprinus Dobula*,
ou mon Cyprin bouche en croissant, *Cyprinus toxostoma* ; l'auteur n'ayant point parlé de la couleur noire
du Péritoine, me laisse à penser que son *Meûnier* ou
Tétu est notre chevanne, *Cyprinus Dobula* ; ce dont il

pourra s'assurer par l'examen des dents pharyngiennes;
le nom de Meûnier n'a été donné à ce poisson, qu'à
cause de sa blancheur.

« Le *Gardon*, vulgairement *la Siège*, a comme le
« Meûnier, le corps large et couvert d'écailles, le dos
« bleu, la tête verdâtre, le ventre blanc et les yeux
« grands ; mais il n'a pas le museau aussi pointu, »
« *p.* 389.

Cette description, copiée de Rondelet, n'apprend
rien. Ce poisson peut être ou le *Cyprinus rutilus*, Lin.,
ou mon *Cyprinus rufus*, Vall., ou mon *Cyprinus fuscus*,
ou le *Cyprinus erythrophthalmus*, Lin. ; l'inspection des
dents pharyngiennes pourra seule déterminer auquel
de ces quatre poissons appartient le *Gardon* de l'Ariège.

« La *Sardine de rivière*, en patois *Sophio*, est un
« autre petit poisson blanc, différent du Gardon ; c'est
« le moins estimé des poissons du Bas Salat, » *p.* 390.

Cette Sardine peut être ou mon *Cyprinus toxostoma*,
Vall., ou mon *Cyprinus mugil*, Vall., ou le *Cyprinus
jaculus*, Jurine ; la couleur du Péritoine et l'examen des
dents pharyngiennes feront disparaître l'incertitude.

« Le *Satron*, vulgairement appelé *Rabote*, est un
« très-petit poisson, peu estimé, d'environ deux pouces
« de long ;.... on le prend en abondance avec des
« bouteilles percées par le fond et renfermant de la mie
« de pain pour l'attirer. Il est abondant dans le ruisseau
« de la Gouarège, *p.* 390. »

Ce poisson est le Vairon, *Cyprinus phoxinus*, Lin.

Le docteur Despine fils, *Manuel de l'étranger aux
Eaux d'Aix en Savoie*, 1834, *pp.* 8 et 9, donne la
liste des poissons des environs d'Aix, avec une synonymie défectueuse pour les suivans :

« 2. Truite, *Salmo fario*.

« 3. Truite saumonée, *Salmo truta.*

« 4. Truite saumonée noire, *Salmo alpinus*, vulg. truite des Alpes. »

D'après Jurine, ces trois espèces de poissons se réduisent à celle de la truite ordinaire.

« 5. Umble chevalier, *Salmo thymallus*, vulgairement *Ombre chevalier.* »

Il paraît que la liste des poissons des environs d'Aix a été formée d'après le *Conservateur suisse*, guide très-infidèle, comme le fait remarquer Jurine, *Hist. des poissons du lac Léman, p.* 186, dans le passage suivant :

« Dans le *Conservateur suisse*, dit-il, on a commis
« une double faute d'impression, en nommant *Ombre*
« *chevalier* le *Salmo umbla*, et *Umble*, le *Salmo thy-*
« *mallus.* »

« 6. Carpeau, *Salmo cyprinoïdes.* »

Le *Salmo cyprinoïdes* est un poisson de Surinam ; le Carpeau, dont parle l'auteur, est le *Salmo carpione*, Linn.

« 17. Meûnier, *Cyprinus cephalus*, vulg. *Chevène.* »

L'examen des dents pharyngiennes de ce poisson apprendra si c'est la dobule, *Cyprinus dobula*, ou le Chevène du lac Léman, *Cyprinus idus*, Bloch.

« 18. Sardine, *Clupea sardinia*, vulg. *Mirandèle.* »

Ayant demandé infructueusement quelques échantillons de ce poisson, il m'est impossible de dire s'il appartient à ma *Clupea sardinella*, ou au *Cyprinus alburnus*, qui porte en Savoie le nom de *Sardine.*

Les naturalistes d'Aix sont invités à éclaircir ce point d'ichthyologie.

« 21. Lamproie , *Petromyzon fluviatilis* , vulg. *Lampray.* »

Ne serait-ce pas plutôt le *Petromyzon branchialis*, Linn., *Ammocete Lamproyon?*

« 22. Corydale.

« 23. Dormille, vulg. *Dremillon.* »

Quels sont ces deux poissons indiqués sans dénomination systématique?

« 24. Barbotte, *Cobitis barbatula.*

« 25. Loche franche, *Cobitis tœnia.* »

Ces deux derniers poissons sont-ils désignés avec leur véritable dénomination systématique? Cela est douteux, surtout en ayant suivi le *Conservateur suisse.*

« 26. Misguri : lisez *Misgurn.* »

P. 9. « On a vu dans le lac quelques raies et même des esturgeons; mais ils sont devenus très-rares depuis que les sels, qui se consomment dans le pays, n'arrivent plus par le Rhône. »

Il serait curieux et intéressant de connaître les circonstances qui ont fait croire à la présence des *Raies* dans le lac. Les savans d'Aix peuvent seuls indiquer la source de cette assertion singulière. Les *Raies* étant des poissons essentiellement marins, quelque malin n'aurait-il pas jeté une *Raie* dans le lac pour faire croire à l'existence de ce poisson dans la Savoie?

Ce serait une nouvelle mystification à ajouter à celles assez multipliées faites aux naturalistes.

Jean-Daniel Meyer, peintre en miniature à Nuremberg, a publié en 1748, dans cette ville, un ouvrage [1] pour représenter d'après nature (excepté cependant les lièvres cornus, *Act. Divion.*, 1835, *p.* 79), des mammifères, des oiseaux, des reptiles et des poissons, avec

---

[1] Johan Daniel MEYERS Vorstellüngen allerley thiere mit ihren gerippen.

leurs squelettes ; les figures sont disposées sans ordre. Cuvier, *Hist. nat. des poissons, tom.* 1 , *p.* 302 , *note 5 ,* a dénommé toutes celles relatives aux poissons ; mais s'en rapportant, soit au nom de chaque figure, soit à la description correspondante, il est tombé dans quelques erreurs très-importantes à signaler.

La planche 53 du tome 2 est intitulée : *Die ro-thauge,* appelé dans le texte *Rubellio.*

D'après ces deux noms, Cuvier rapporte la figure au *Cyprinus erythrophthalmus.*

Mais dans cette figure, la position de la nageoire dorsale correspond à celle des ventrales ; aussi conviendrait-elle plutôt au *Cyprinus blicca,* Bloch, planche X , à raison de la longueur de la nageoire anale et de la couleur safrannée de l'iris [1].

La planche 93 du même volume a pour titre : *Der heseling,* qui suivant Cuvier représenterait le Gardon, *Cyprinus jeses.*

Dans cet article, Cuvier attribue le nom de Gardon au *Cyprinus jeses* ; et dans *le Règne animal, édit.* 2 , *tom.* 2 , *p.* 275 , il donne le nom de Gardon au *Cyprinus idus.*

Laquelle de ces deux synonymies doit-on adopter ?

Le *Heseling* de Meyer ne serait-il pas le *Cyprinus erythrophthalmus ?*

La planche 96 présente la figure supérieure, intitulée : *Der steinbeisser,* rapportée par Cuvier au *Cobitis tœnia.*

---

[1] Il est difficile de déterminer exactement le poisson représenté dans cette figure ; les naturalistes de Nuremberg pourront seuls le reconnaître par la comparaison et par l'inspection des dents pharyngiennes.

En lisant dans le texte allemand, la description in-complète de ce poisson ; en s'assurant que le dessin ne représente aucun aiguillon ; puis en comparant la figure donnée par Meyer, avec celles de Bloch, de Jurine, etc., on s'assure que ce poisson est la Loche franche, *Cobitis barbatula*, Linn., dont Meyer avait déjà donné une figure sur la *planche* 74 *du tom.* 1.

A la vérité en comparant les deux squelettes dessinés par Meyer, on y trouve des différences marquées, surtout pour le crâne. Il faudrait donc revoir ces deux espèces en nature.

La figure inférieure de la planche 96 est certaine-ment celle du Vèron, *Cyprinus phoxinus*, indiqué avec doute par Cuvier, dont l'incertitude provenait du texte obscur de Meyer.

Ce peintre, ayant reçu d'un pêcheur, ce poisson sans être nommé, crut le reconnaître dans le *Ryserle, Ryssling,* dont parle Gesner, *de Aquatilib.*, *p.* 479, *linea* 12, et dont la figure se trouve sur la même page, au-dessous de la ligne 25. Mais il s'est évidemment trompé, car le traducteur [1] allemand de Gesner dit positive-ment : « Ce poisson a le péritoine noir, comme le « nase, le dos vert-bleu, les côtés et le ventre « blancs. » Or ces caractères ne se trouvent point dans le Vèron, mais bien dans le *Cyprinus jaculus,* Jurine, auquel la figure de Gesner convient parfaitement.

La figure supérieure de la planche 97 est intitulée : *Die Laugele.* Cuvier la rapporte à la Vandoise, sans en donner le nom systématique latin.

Le *Laugele* de Meyer est effectivement le *Cypri-*

____

[1] Voyez *Neue Schauplatz der natur. Leipsig.* 1779 , *tom.* VII, *p.* 335.

nus jaculus, auquel Jurine attribue une nageoire anale à xiv rayons , et Meyer xv.

Gesner dit avoir trouvé dans le *Laugele*, dont il donne la figure , *p.* 3o , cinq dents pharyngiennes , comme dans le *Ballerus*, la Bordelière des Lyonnais, décrite p. 28.

Gesner se sera probablement borné à signaler les dents extérieures, et il aura négligé les dents intérieures. Il a fait le même oubli dans la denture du *Cyprinus erythrophthalmus.*

La figure inférieure de la planche 97, intitulée : *Die Neinauge,* représente le *Petromyzon branchialis* Linn. , *ammocete lamproyon* , Cuv.

Ayant vu tous les poissons dont je parle, j'aurais pu me dispenser de citer les auteurs; mais m'étant fait une loi du *suum cuique ,* et d'ailleurs persuadé que la science se compose non-seulement des faits, mais encore des observations auxquelles ils ont donné lieu, j'ai regardé leur rapprochement comme d'autant plus nécessaire , qu'il fournit le moyen d'éclaircir beaucoup de récits équivoques. Ainsi on peut reconnaître que Jean Hermann , sous le titre de *Cyprinus rutilus ,* consigné dans ses *Observationes zoologicæ,* page 3o3 , s'en rapportant avec confiance au nom donné par les pêcheurs, a décrit le *Cyprinus rutilus,* le *Cyprinus rufus ,* Nob. , et le *Cyprinus erythrophthalmus* ; ce dont on peut s'assurer à Strasbourg, en comparant les échantillons laissés par Hermann, et en examinant leur appareil dentaire pharyngien. Jurine, *Hist. des poissons du lac Léman, p.* 2i3 , dans son article Rosse , a de même confondu sous le même nom le *Cyprinus rutilus,* le *Cyprinus rufus ,* Nob. , et peut-être le *Cyprinus fulvus ,* Nob. ; et dans ses *Remarques sur la synonymie de la*

Rosse, il reconnaît que ce nom a été donné à plusieurs espèces de poissons différens. Aussi Cuvier, *Règne animal*, *édit*. 2, *tom*. 2, *p*. 276, à l'occasion des *Cyprinus grislagine* et *Cyprinus jeses* cités à la note (1), dit-il : « La difficulté de reconnaître les figures données par les auteurs, d'espèces si semblables, est encore augmentée, parce qu'il y a dans les rivières d'Europe plusieurs autres espèces qui n'ont pas encore été représentées. »

Lorsqu'on se bornera à déterminer les Cyprins seulement d'après les figures données par les auteurs, on multipliera les causes de confusion. Si l'on veut éviter les erreurs, il faudra adopter la méthode que j'ai choisie, et baser les caractères des espèces sur la forme, le nombre et la disposition des dents pharyngiennes, dont la considération importante a été négligée jusqu'à nous. Je suis parvenu, de cette manière, à préciser avec la plus grande exactitude tous les cyprins du sous-genre *Able*, dans lequel la confusion était excessive.

L'ichthyologie des eaux douces de la France n'a été traitée, *ex professo*, que par trois auteurs, dont deux, Belon et Rondelet, vivaient au seizième siècle, et le troisième, Duhamel du Monceau, au xviiie.

L'importance des poissons dans l'économie domestique et dans les arts, aurait dû cependant stimuler le zèle des naturalistes français, et les déterminer à s'occuper d'une partie qu'ils ont entièrement négligée ; plusieurs à la vérité, ont voulu traiter des poissons, mais ils se sont bornés à copier les anciennes descriptions, sans avoir eu le soin de les rattacher aux objets réels, qu'ils ne cherchaient pas même à se procurer, et encore moins à examiner. Basant leur travail sur des noms, ils ont introduit dans l'ichthyologie une confusion extraordinaire : il suffit pour s'en assurer de lire le court traité d'Alléon du Lac, sur les poissons du Lyonnais, et de parcourir l'*Histoire naturelle des poissons,* par Lacépède, et celle de Bosc, son copiste.

Depuis le seizième siècle, les noms ont été ou altérés, ou changés, ou transposés ; aussi en est-il résulté une difficulté assez grande pour retrouver les véritables objets dont les auteurs de cette époque voulaient parler. Ainsi, d'après OLIVIER DE SERRES[1], on aurait élevé de son temps beaucoup plus d'espèces de poissons qu'aujourd'hui : voici le passage où se trouve le nom des poissons qui, suivant le père de notre agriculture, étaient nourris dans les viviers ou les étangs. (Voy. le *chap.* XIII du *cinquième lieu du Théâtre d'agriculture et mesnage des champs.* J'y ajoute entre parenthèses les noms systématiques.

« Il est vrai qu'en général, l'on sait bien que les
« terroirs pierreux et sablonneux nourrissent les Truites,
« (*Salmo fario,* Linn.); Loches, (*Cobitis barbatula,*
« Linn.); Brochets, (*Esox lucius,* Linn.); Perches,
« (*Perca fluviatilis,* Linn.); Barbeaux, (*Cyprinus*
« *barbus,* Linn.); Gardons, (*Cyprinus idus,* d'après
« Cuvier), (*Cypr. erythrophthal.,* d'après Rondelet);
« Carpes, (*Cyprinus carpio,* Linn.); Goujons,
« (*Cyprinus gobio,* Linn.); Dorades[2]; (*la Dorée,*

___

[1] Né à Villeneuve-de-Berg, petite ville du Vivarais, en Languedoc (aujourd'hui département de l'Ardèche).

[2] Il paraît que ce nom a été aussi donné à un autre poisson. Dorade, c'est le Gardon-Roscies des Anglais. Ses œufs sont en masse un peu ferme, roussâtres et estimés par beaucoup de personnes. *Aldrovandi,* p. 608. Les Roscies des Anglais ne seraient-ils pas les *Rosières* de Picardie ?

Les *Cheviniaux, Meûniers* et *Dables* sont des Cyprins

« Carpe qui se trouve dans l'Ognon); Chabots, (*Cottus*
« *gobio*, Linn.); Cheviniaux, (*Cyprinus*); Meusniers,
« (*Cyprinus*); Esperlans, (*Cyprinus bipunctatus*);
« Dables, (*Cyprinus dobula*), et les limoneux et fan-
« geux, aussi des Carpes, (*Cyprinus carpio*, Linn.),
« et Barbeaux, (*Cyprinus barbus*, Linn.); la Tanche,
« (*Cyprinus tinea*, Linn.); la Bourbette, (*Gadus*
« *lota*); le Lanceron, (*Esox lucius*, Linn., jeune);
« l'Anguille, (*Muræna anguilla*), et autres ,.... le
« Brochet, la truite (estimée la Perdrix d'eau douce)
« et la perche, les trois poissons plus désirables qui se
« nourrissent en eau douce. »

Depuis ce temps, l'étude de l'histoire naturelle a fait
de si grands progrès, elle a procédé à une distinction
tellement précise des objets, confondus jadis sous un
même nom, que les descriptions, assez souvent vagues,
données par les Anciens, ne peuvent plus être adaptées,
qu'avec la plus grande réserve, aux espèces admises
aujourd'hui par les naturalistes modernes.

Malgré cela, les ouvrages de Rondelet [1] et de Be-

---

du sous-genre *Able*, dont les espèces ne peuvent être dé-
terminées qu'en les retrouvant dans le pays où écrivait OLI-
VIER DE SERRES.

[1] L'ouvrage original de Rondelet parut à Lyon en 1554.
La traduction, qui a été publiée en 1558, fut entreprise
par Joubert, à la sollicitation de Rondelet. L'épître du
traducteur à l'auteur ne laisse aucun doute à ce sujet. J'i-
gnore sur quelle base Amoreux s'est appuyé pour attribuer
cette traduction à Dumoulin ; opinion qui a été adoptée
par Cuvier, *Biographie*, et par Barbier, *Dict. des Anonymes*. Si Amoreux eût consulté *Haller, Bibl. anat.*, tom.
1 ; *p.* 205 ; et mieux encore, s'il eût lu la préface de la

lon [1] n'en sont pas moins précieux, parce que ces auteurs ont parlé de ce qu'ils ont vu ; et les localités dans lesquelles leurs observations ont été faites, fourniraient le moyen de retrouver les objets dont ils se sont occupés. Mais jusqu'à cette heure, de pareilles recherches n'ont pas même été tentées ; et malgré le grand travail de Duhamel intitulé : *Traité général des pêches*, beaucoup restait à faire pour compléter l'histoire de nos poissons d'eau douce, principalement de ceux rangés dans le sous-genre Able, dont toutes les espèces sont confondues sous les noms de *Meûnier*, *Poisson blanc* [2], etc.

Ayant comparé soigneusement toutes ces espèces, et m'étant procuré dans les localités indiquées, des renseignemens précis, je suis parvenu à porter la lumière

traduction, intitulée *Le traducteur à l'auteur*, il aurait reconnu que le traducteur était réellement Laurent Joubert, « non usité à traduire les escris d'autrui en françois..... é « tellement conjuré par l'amitié d'entre nous deux (joint « aussi plusieurs plaisirs que j'ai reçu de vous, lesquels je « ne mesconnaîtrai jamais), que j'ai été contraint avec « l'importunité de quelques autres, de promettre cette tra- « duction, etc. »

Une assertion aussi positive ne laisse plus de doute.

[1] Dans le Levant, les poissons ont toujours été très-estimés ; mais jadis les habitans de l'Europe continentale en faisaient très-peu de cas. Voy. Belon, *Observations de plus. singular.*, *lib.* I, *chap.* LXXII.

[2] Le nom de *Poissons blancs* est très-vague. Je lis en effet dans la *Statistique du département de la Drôme*, par *M. Delacroix*, 1835, *p.* 234 : On pêche dans l'étang de Chavannes des Carpes, des Tanches, des Brochets et des Goujons, vulgairement appelés *poissons blancs*.

dans cette partie de l'ichthyologie restée jusqu'à ce moment fort obscure, ou plutôt fort embrouillée.

Les poissons ne sont entrés que tard, comme nécessité, dans le régime alimentaire des Européens occidentaux; on en trouve la preuve en lisant le chapitre indiqué ci-dessus et intitulé par Belon : *Les nations du Levant aiment mieux manger du poisson que de la chair*. De son temps, on ne voyait guère de gibier au marché de Constantinople, le poisson y abondait. Cela est changé maintenant, d'après Olivier : « Les Turcs, « dit-il, font très-peu d'usage de poisson, aujourd'hui; « le poisson salé qui vient par le commerce de la Mer « Noire ou de quelque contrée de la Grèce, étant à vil « prix, est recherché par les Grecs, les Arméniens et « les Juifs pauvres, et la consommation en est con- « sidérable. » *Voyage dans l'Empire Othoman*, tom. 1, p. 135. Le même auteur répète : « Les Arabes « et les Turcs mangent, en général, peu de poisson. » *Ouv. cit.*, tom. 4, p. 422.

Le voisinage de la mer, l'abondance du poisson dans ces parages, la facilité de s'en procurer, et de le conserver au moyen du sel, expliquent la préférence que les nations du Levant donnent à ce genre de nourriture; d'ailleurs de tout temps les orientaux ont été de grands jeûneurs.

Dans les pays méditerranéens de l'Europe, l'abondance du gibier, la multiplicité des troupeaux d'animaux ruminans, engagèrent les peuples à les faire servir à leur nourriture, et à ne recourir au poisson que rarement et par extraordinaire. Dans ce cas même, ils ne mangeaient pas indistinctement toutes les espèces; ils faisaient un choix, et ne servaient sur leurs tables que les plus savoureuses, et celles qui offraient le moins d'arêtes.

L'Eglise ayant fait une obligation de s'abstenir à certaines époques de l'année, [1] de la chair des animaux à sang chaud ; pour se conformer à la règle, on fut obligé de se nourrir de la chair des animaux à sang froid. On choisit les poissons qui fournissaient aux peuples ichthyophages, une nourriture abondante. On crut, à cette époque, que tous les animaux qui vivaient dans l'eau, et qu'une partie de ceux qui se nourrissaient de poissons, se trouvaient nécessairement dans cette dernière catégorie ; en conséquence, la chair des cétacés [2], celle

[1] Les moines latins faisaient trois carêmes de quarante jours chacun, et en outre les vendredis et samedis du restant de l'année, ce qui donnait 190 jours maigres.

[2] Longtemps le Dauphin vulgaire et le Marsouin commun figurèrent avec honneur sur nos tables, et ils sont encore une heureuse proie pour les populations pauvres dont les ressources sont précaires. La chair de ces cétacés était connue sous le nom de Graspois, *Crassus Piscis* ou *Grassus piscis*, c'est-à-dire poisson épais, ou poisson gras.

Dans le Bosphore de Thrace, ou Détroit de Constantinople, le Dauphin, tantôt seul, tantôt en troupes, vient, en bondissant tout près de son Kaïk, effrayer le voyageur novice et quelquefois l'amuser en le rendant témoin de sa lutte avec un poisson plat qu'il a saisi, mais qu'il ne peut avaler. *Neuf années à Constantinople par A. Brayer, D. M. P.* 1836, *tom.* 1, *p.* 115.

Il est fâcheux que l'auteur n'ait pas précisé les animaux dont il parle, le nom de Dauphin ayant été donné au Cormoran, à des mammifères et à plusieurs poissons, et celui de poisson plat étant trop vague.

des Loutres, et de certains oiseaux d'eau [1], etc. ; celle des grenouilles, des écrevisses et de certains coquillages, entrèrent dans le régime alimentaire des jours d'abstinence, qui étaient d'au moins 190 par année.

On recourut d'abord au poisson de mer et surtout à celui salé, dont on faisait depuis longtemps usage en Orient ; ce qui aura amené la pêche du hareng, qui prit une grande extension et devint une importante branche de commerce. Sous Saint-Louis, des droits étaient déjà établis sur la vente de cette espèce de poisson.

Beaucoup d'individus ne pouvant se procurer ce genre de nourriture, faute de moyens pécuniaires, se rejetèrent sur les poissons de rivières ; il s'écoula sans doute beaucoup de temps avant que l'on se fût assuré de la qualité de chacun d'eux ; car à l'époque où écrivait Albert-le-Grand, la Carpe ne jouissait d'aucune estime, on n'attachait de prix qu'à sa langue. Peu à peu, on se familiarisa avec l'usage des diverses espèces de poissons, et on se décida à les faire entrer presque toutes dans le régime alimentaire. L'habitude une fois

[1] Martin Lister, en parlant de la nourriture très-frugale des Parisiens, s'élève contre la multiplicité des ragoûts ; et, après avoir signalé les inconvéniens qu'ils ont occasionnés à plusieurs de ses compatriotes, ajoute : « Je recommanderai cependant la Macreuse, espèce de poule d'eau qui, préparée à la sauce piquante, est d'excellent goût, surtout quand on l'arrose de quelques verres de vieux Bourgogne. Ce gibier a, comme on sait, le privilège d'être classé parmi les poissons : aussi les prélats et les dévotes en font-ils leurs mets de prédilection pendant le carême. » *Revue britannique*, 1836, *tom.* IV, *p.* 159.

contractée se continua et s'entretint comme on la voit de nos jours. Il est cependant des pays de l'Europe où le préjugé contre certains animaux aquatiques [1] s'est soutenu. Ainsi, par exemple en Angleterre, les grenouilles sont en horreur : de là vient aussi le nom de *frog eater*, employé comme injure par la populace anglaise pour désigner les Français.

« Quand l'anglomanie se répandait en France, les
« Anglais, par leur instinct de haine pour nous, de-
« vinrent anti-français; plus nous nous rapprochions
« d'eux, dit Châteaubriand, *Essai sur la littérat. an-*
« *glaise*, 1836, *tom.* 2, *p.* 289, plus ils s'éloignaient
« de nous. Un Anglais sur notre scène était toujours
« un milord ou un capitaine, héros de sentiment et de
« générosité. Sur le théâtre anglais, on voyait dans
« toutes les parades de John Bull, un Français maigre,
« air de danseur ou de perruquier affamé ; on le tirait
« par le nez, et il mangeait des grenouilles. »

Le prince Puckler-Muskau, dans son ouvrage allemand *Tutti frutti*, partage cette horreur ; on en a la preuve dans le passage suivant fort peu poli : « Le
« peuple français avec son bavardage et ses cuisses de
« grenouilles à la broche, m'a paru pitoyable. » Voyez la traduction intitulée : *De tout un peu*, 1835, *tom.* 3, *p.* 202. Il revient un peu de ce jugement, dans un autre passage où il parle de l'ignorance des Français relativement aux mœurs allemandes : « Il serait aussi vrai
« de représenter de jeunes et élégans Français de Paris

---

[1] Malgré cela dans quelques pays les Têtards du *Bufo fuscus,* qui atteignent jusqu'à la grosseur d'un œuf de poule, sont mangés comme des poissons ; ils ont été pris pour tels par les auteurs, dans leurs fables de pluies de poissons.

« ou de Lyon, discourir près d'une fricassée de gre-
« nouilles en buvant du *Cognac.* » *Chroniques , lettres
et journal de Voyage,* 1836, tom. 1, *p.* 3o6.

Le même auteur, en rendant compte de sa visite au
musée d'Oxford, où on lui fit voir la tête et le bec tout-
à-fait extraordinaire du Dodo, *Didus ineptus,* Linn.,
parle d'un oiseau curieux qui a les aîles garnies de
piquans, à l'aide desquels il embroche de petits poissons
comme sur une lance. *Mémoires et Voyages du prince
Puckler-Muskau,* 1832, *tom.* 1, *p.* 268.

Le prince Puckler-Muskau répète ici un conte ri-
dicule : l'oiseau dont il parle est une espèce de Jacana.
Ce serait le *Parra brasiliensis,* Gmel., *Syst. nat.,
edit.* xiii, *p.* 708, *sp.* ii, si cette espèce existait autrement que sur l'autorité équivoque de Marcgrave.
Quoi qu'il en soit, c'est réellement un Vanneau armé,
mais qui n'embroche pas les poissons avec l'éperon de
son aîle. C'est un conte dans le genre de celui relatif au
Reversus squamosus, (*Diodon spinosissimus,* défiguré
par l'empaillage) que j'ai expliqué. *Act. Divion.,* 1829,
p. 148.

De tous les départemens français, celui de la Côte-
d'Or, dominant les trois bassins de la Seine qui communique à la Manche, de la Loire qui communique à
l'Océan, et du Rhône qui se rend à la Méditerranée,
est le plus riche en poissons d'eau douce ; aussi son
ichthyologie peut-elle avec raison passer pour celle de
toutes les rivières de France. En effet, à part le Mal,
Silurus glanis, Linn., que l'on pêche dans le Rhin, et
peut-être encore une ou deux espèces confinées dans
quelques rivières, on peut regarder l'ichthyologie du
département de la Côte-d'Or comme celle de tous les
départemens non maritimes.

Si dans quelques rivières de la France on trouve des espèces qui ne sont point indiquées dans le présent ouvrage, il sera important de les faire connaître, afin de compléter l'histoire des poissons d'eau douce de la France.

Le point le plus difficile était de bien caractériser les espèces confondues jusqu'à ce jour sous un nom générique commun, et c'est ce à quoi nous nous sommes appliqués. Pour les espèces du sous-genre *Able*, désignées vulgairement sous le nom de *Poissons blancs*, *Meûniers* [1], etc., j'ai remédié à la confusion introduite dans l'histoire de ces poissons, dont le même nom est donné à des espèces bien différentes et bien distinctes. Quoique ces noms varient suivant les localités, les caractères dont j'ai fait usage en les fondant sur les dents pharyngiennes, fourniront à tous les lecteurs le moyen de trouver le véritable nom des différens poissons qu'on pourra leur présenter.

L'étude des poissons procure un double résultat : celui de l'utilité et celui de l'agrément.

---

[1] Cette dénomination de *Meûniers* a été donnée à ces poissons, non point à cause qu'ils se trouvent près des chutes d'eau, ou dans le voisinage des usines, comme on se plaît à le répéter, mais à cause de leur couleur blanche, comparée à celle de la farine qui couvre les vêtemens des meûniers ou farineurs. C'est ainsi que dans le siècle dernier, lorsque la mode exigeait que l'on se couvrît les cheveux d'amidon pulvérisé, les perruquiers étaient désignés par le sobriquet de *Merlans à frire*, à raison de ce que leurs vêtemens, blanchis par la *poudre*, étaient comparés à la couleur du Merlan, *Gadus Merlangus*, Linn., couvert de farine avant d'être mis dans la poêle.

Les poissons, dont beaucoup sont employés habituel-lement dans l'économie domestique comme aliment, deviennent, pour certains jours et pour diverses époques de l'année, une nourriture obligée, voilà pour l'utilité; puis, la connaissance des particularités qu'offrent plu-sieurs d'entre eux, la manière de se les procurer, sont une satisfaction pour l'esprit, une occupation pour le corps, voilà l'agrément.

Parmi les agrémens que peut procurer la connais-sance des poissons, il faut ranger le plaisir de la pêche, dont elle indique les procédés.

Plusieurs ouvrages ont été publiés sur cet exercice. On trouvera de très-grands détails à ce sujet dans le *Traité des pêches*, par Duhamel, *tom.* 1, *sect.* 1re. Cet auteur traite des différens filets, et n'oublie pas la *pêche à la canne*, vulgairement appelée dans notre pays, *pêche à la ligne*. Il existait à Florence une *Academia degl'Umidi*, dont chaque membre adoptait le nom d'un poisson. Cette Académie, fondée en 1549 par Côme Ier, fut plus tard incorporée dans l'Académie *della Crusca*. Voy. *Rev. britan.*, 1836, *tom.* v, *p.* 317.

A.-F. de Coupigny, célèbre par ses bons mots et par quelques romances, a fait un *Traité de la pêche* que l'on dit fort spirituel et fort piquant. Cet auteur, sur la fin de sa vie, devint un des plus déterminés pêcheurs que l'on connût; il lui arrivait souvent de faire cent lieues dans les chaises de poste de ses amis, afin d'aller pêcher quelque poisson qui ne se trouvait pas dans la Seine. Voy. *Mém. encyclop.*, 1835, *p.* 557, *n*° 298.

Une Notice sur la vie et les ouvrages de M. André-François de Coupigny est insérée dans le *Journal de la Société de la morale chrétienne*, 1836, *nov.*, *tom.* x, *n*° 6, *pp.* 308-330.

Suivant l'auteur de la notice, Coupigny avait le goût le plus prononcé, que jamais homme ait eu, pour la pêche à la ligne; c'était en lui une véritable manie, assurément la plus innocente de toutes; elle lui fit donner le nom de *Roi pécheur*, en souvenir de celui de la *Table-Ronde*.

Le *Traité de la pêche*, publié sous le nom de Coupigny, est encore une de ces spéculations de libraires qui se servent sans cesse de faux noms pour attirer des acheteurs. Ce Traité n'est point de Coupigny, il est de M. Horace Raisson. *Ouv. cit., p.* 327.

Cette passion de la pêche n'était pas le partage du seul Coupigny; on la retrouve encore dans un célèbre chimiste anglais.

Humphry Davy eut dès son enfance un goût très-prononcé pour la pêche, *Rev. britan.,* 1836, *tom.* v, *p.* 268; et dans l'année de sa mort, malgré ses souffrances, il eut le courage d'achever son *Traité de la pêche (Salmonia)*, petit chef-d'œuvre de patience, d'observation; où l'on trouve les détails les plus curieux sur les mœurs des poissons. *Ouv. cit., p.* 287.

Dans le Laos, pays situé à l'est du royaume de Siam, M. Pallegoix a souvent admiré la dextérité des enfans qui, d'un long javelot, perçaient le poisson dans les eaux claires des torrens, et revenaient le soir à leur cabane chargés du fruit de leur pêche. *Bulletin de la Société de géographie,* 1836, *tom.* 5, *p.* 50.

Ce procédé a un certain rapport avec celui employé dans nos pays par les enfans, qui se servent d'une fourchette solidement attachée au bout d'un bâton pour transpercer le Chabot.

Pour découvrir plus facilement la place où les bannetons de la pêche ont été déposés, les pêcheurs indigènes de l'Archipel des Iles Carolines, avant de chercher à les retirer, commencent par mâcher de la noix de coco qu'ils crachent dans la mer, pour en rendre l'eau, par le moyen de l'huile qui s'en détache, plus calme et plus transparente. *Bibl. univ.*, 1835, *Littér. ; mai*, *pag.* 62.

Ainsi les Sauvages des Iles Carolines savaient, avant Franklin, rendre unie la surface de la mer.

Les Russes, en Sibérie, font entrer le poisson dans leurs filets, au moyen de boules d'argile chauffées au feu, qu'ils déposent sur le bord de la rivière. *Rev. brit.*, 1837, *tom.* vii, *p.* 340.

Il est fâcheux que le professeur Hansteen, de Christiania, n'ait pas donné des détails plus précis sur ce procédé de pêche.

Obo, poisson d'Afrique, remarquable par une très-grande quantité d'arêtes. Il paraît appartenir au genre *Clupe*. Voyez *Fables Senegalaises, par Roger, p.* 180.

Espèce de poisson qui ressemble à la Carpe, ayant de même beaucoup d'arêtes, vu par Caillié à Couroussa. Les habitans le font sécher à la fumée et en vendent à leurs voisins et aux marchands qui passent chez eux. *Voyage à Tomboctou, tom.* 1, *p.* 368. Ce poisson, espèce de Carpe, est long de huit pouces sur quatre ou cinq de large ; il contient beaucoup d'arêtes, *pag.* 369.

Pour réussir à la pêche à la ligne ou à la canne, il faut, dit Bloch, *Ichthyologie* [1] *, p.* 20, avoir égard au goût des poissons, pour employer un appât convenable.

---

[1] Ichthyologie ou Histoire naturelle générale et particulière des poissons, avec des figures enluminées d'après nature, par Marc Eliezer Bloch (traduit par Laveaux). Berlin, 1785, 1786 ; trois parties in-folio.

On prend le Vilain avec des pois cuits ; l'Orphe avec un morceau de hareng, et la Carpe avec un ver.

M. Bourée, dans la note qu'il a eu la bonté de m'envoyer, a inséré des considérations importantes sur la population des rivières. « Les eaux de nos contrées, dit-il, sont beaucoup moins poissonneuses qu'autrefois ; indépendamment de l'abus de la pêche qui a amené une véritable dépopulation, il s'élève de toutes parts des plaintes contre la multiplication des lavoirs à minérai, qui ont l'inconvénient de porter, dans nos rivières et nos ruisseaux, des eaux troubles et de donner lieu à un dépôt limoneux abondant qui bouche les trous où certains poissons aiment à se retirer. »

M. Baudot père, juge honoraire au Tribunal de première instance, qui a eu la complaisance de me donner le nom des poissons connus par les pêcheurs de Pagny-la-Ville, m'écrit (13 *nov.* 1835) : « Il y a environ douze ans, la pêche dans la Saône était fructueuse ; actuellement elle a beaucoup perdu de son produit. »

Deux causes contribuent à la diminution du produit de la pêche : la première vient de la multitude des pêcheurs, la seconde vient de l'établissement des bateaux à vapeur qui effraient le poisson et rejettent le frai sur le terrain.

Avant que l'immortel Linné eut fixé les bases de l'étude des animaux, on rangeait parmi les poissons tous ceux qui vivaient dans l'eau, quelle que fût leur organisation intérieure. Ainsi la Loutre, le Castor, plusieurs oiseaux palmipèdes, les Grenouilles, les Ecrevisses, les Coquillages, etc., étaient rangés parmi les poissons, et leur chair regardée comme aliment maigre.

Il suffit de parcourir les ouvrages d'Albert-le-Grand, *tom.* VI, *lib.* XXIV, de Vincent de Beauvais, et même ceux des fondateurs de la science, RONDELET, BELON, GESNER, de leurs copistes et commentateurs, ALDROVANDI, JONSTON, etc., pour se convaincre de l'exactitude de cette assertion, confirmée par l'extrait suivant, d'autant plus important à publier, que les naturalistes modernes ont entièrement négligé, dans leurs travaux, de signaler les recherches de ces premiers observateurs.

Rondelet, *de Piscib. fluviatil.*, *lib.* p. 208, *cap.* XXXIV, sous le titre de *Cancro fluviatili*, donne la figure et la description de l'*Ocypoda fluviatilis*, Latr., répétées par GESNER, ALDROVANDI, JONSTON.

P. 210, cap. XXXV, *de Astaco fluviatili*. L'écrevisse, *cancer astacus*, Linn.

Nos pêcheurs, qui se soucient fort peu des distinctions établies par les savans, continuent à regarder l'écrevisse comme un poisson, dont la pêche leur est très-productive ; ce crustacé offrant plusieurs particularités intéressantes, je rapporterai d'abord la note qui m'a été transmise à son sujet, par mon estimable confrère, le docteur Bourée.

« L'Ecrevisse, me marque-t-il, se trouve dans toutes
« les rivières et tous les ruisseaux de l'arrondisse-
« ment de Châtillon-sur-Seine, où elle présente des
« variétés de couleurs : il en est de presque noires, [1] qui
« conservent cette couleur même après la cuisson ;
« elles sont plus dures ; il en est dont les pattes sont
« rouges ; on en pêche dans l'Ource qui sont entière-
« ment rouges ; celles-ci et les précédentes sont recher-
« chées des connaisseurs qui trouvent leur chair plus
« délicate. »

[1] Elles ressemblent à celle figurée et décrite par Marsigli Danub., tom. IV, p. 86, tab. XXX, fig. 1, sous le nom de *Schwartz Krops*, Cancer Niger.

Notre confrère à l'Académie, feu **M.** Picardet qui, au talent du poëte, joignait celui du peintre, avait dessiné pour son usage, des fleurs, des insectes, et différens animaux dont il désirait conserver le souvenir.

Parmi ces dessins, il en est un qui représente une « Ecrevisse de huit pouces de longueur, du ruisseau « de Merceuil, hameau dans le bailliage de Saulieu « en Bourgogne. » Telle est l'inscription mise par l'auteur au bas du dessin qui, mesuré, donne cette étendue depuis l'extrémité des nageoires de la queue, jusqu'à celle de la pince gauche. Ce dessin offre sur le côté gauche de la carapace, région stomacale, les mêmes tubercules que ceux indiqués par Marsigli, page précédente, note [1].

Lucas Antoine Portius a donné sur l'Ecrevisse, des détails anatomiques, que l'on peut consulter avec fruit; on les trouvera dans la *Collection académique, part. étrang.*, tom. IV, *p.* 127-136, *pl.* III *et* IV; il sera facile de les comparer à ceux représentés dans le *Dict. des Sc. nat.*, *atlas, crustacés, pl.* 1, *fig.* 3-4, et décrits *tom.* 28, *p.* 159, 308.

Je ne quitterai pas l'histoire de l'Ecrevisse [1], sans rappeler 1° un des usages auxquels on l'emploie pour la chasse des lapins, 2° une expérience assez singulière sur ce crustacé.

---

[1] Foin, duvet blanc ou brun qu'on trouve sous l'enveloppe crustacée des écrevisses. *Ency. méth.*, *Desc. des pêches, p.* 63.

Ce sont les branchies de ces crustacés, branchies qui, par leurs parties externes, sont encore bien plus apparentes dans les entomostracés et dans quelques larves aquatiques d'éphémères. *Act. Divion.*, 1836, *p.* 233 et 234.

1° Parmi les moyens, [*extraits du nouv. Dict. d'hist. nat., éd.* 2, *tom.* 17, *p.* 607-611, et copiés sans en avertir, par le Comte Français (de Nantes)] indiqués pour chasser le lapin, il est dit : « Nous avons l'Ecre-« visse. Elle s'avance jusqu'au fond du terrier où « elle trouve l'animal ; elle étend sur lui la patte, le « serre sans perdre prise, en sorte que se sentant « ainsi piqué, il l'entraîne avec lui jusque dans la « poche qui l'attend à l'issue du terrier. »

« Avec la patte du Crabe on fait un appeau qui « imite parfaitement le cri du lapin, et si l'on sait « s'en servir avec intelligence, saisir le lieu, le temps, « la circonstance et se cacher soigneusement, on « réussit à faire une chasse abondante. » *Le Cultiva- teur, journal des progrès agricoles,* 1836, *tom.* 12, *p.* 36.

2° L'expérience suivante est relative à un phéno- mène naturel observé sur les Ecrevisses, par le doc- teur Heinemann, à Schwerin.

Qu'on prenne une Ecrevisse fraîchement pêchée, entre les doigts de la main gauche, de manière à ce qu'un doigt tienne la tête, et que deux autres serrent un peu la poitrine ; que l'on passe ensuite le bout d'un doigt de la main droite sur le dos de l'animal, on le verra d'abord après quelques frottemens, faire beau- coup de résistance ; peu à peu son agitation diminuera, et elle cessera au bout d'une minute ; si l'on retire alors tout doucement les mains, l'animal restera immobile et sans donner aucun signe de vie. Cette immobilité dure pourtant rarement au delà d'un quart d'heure, - etc., etc. *Bulletin Férussac,* 1825. *Sc. mathém., tom.* IV, *p.* 252, *n°* 213.

Dans les environs de Santiago, M. Gay a découvert

une espèce de Sangsue qui vit sur les branchies de l'Ecrevisse; il a aussi découvert une très-petite espèce de Branchiobdelle, qui a la singulière habitude de vivre dans la cavité pulmonaire de l'*Auricula dombeü*. *Institut, Séance du 2 avril* 1836.

Les *petites Tortues*, indiquées par Delamarre, *Act. Divion.*, 1827, *p.* 72, sont l'*Apus cancriformis*, indiqué bien exactement dans un passage de Mouffet, négligé par tous les entomologistes.

« Christophorus Leustnerus, se scarabæum in loco quodam invenisse, scripsit ad Gesnerum, vaginaria (uti solent) crustula, cui quasi formicæ caput sublutcum, atque alæ multæ erant affixæ; ventre inferiore pinnæ spargebantur, caudis astacorum similes, quibus (ceu in aquis remiges) divagabantur. Cauda prominebat pro sua munitione exigua sed in longissimas setas divisa. Ex aqua palustri in fontanam conjectus, paucis interjectis diebus vita excessit. » *Moufeti insector. Theatrum, p.* 164; *Jonston, Ins., p.* 74, *col.* 2.

P. 211, cap. XXXVI. *De Astaco parvo.*

Cette deuxième espèce de Homard, dit Latreille, *Hist. nat. des insect. et crustac., tom.* 6, *p.* 234, n'est point citée par les modernes. Depuis, Risso en a fait un genre sous le nom de *Melia* (Voy. le *Nouv. Bullet. de la Société philomatique, n°* 66, 1813, *mars, tom.* 3, *pag.* 233), et l'a désignée ensuite sous le nom de *Calipso dangereuse;* elle n'est, suivant M. Desmarest, *Dict. des sc. nat., tom.* 28, *p.* 296 (1), que la Galathée, soit la *Spinigera*, soit la *Squamifera*.

P. 212, cap. XXXVII. *De Squilla fluviatili.*

Sous ce titre, l'auteur donne la figure et la description de la larve du grand Hydrophile. Gesner dit, *De Aquatilibus, p.* 545 : *De Squilla fluviatili,* (gryllum fluviatilem forte commodius nominabimus); et *p.* 546, *lin.* 44, sous le titre de *Wassergugen*, il désigne les Dytiques et les Hydrophiles.

P. 212, cap. xxxviii. *De Cicada fluviatili.*

Rondelet parle dans ce chapitre, de la Naucore, *Naucoris cimicoïdes*, Fab.

P. 213, cap. xxxix. *De Libella fluviatili.*

On reconnaît facilement la larve d'une Libellule.

P. 213, cap. xl. *De Musca fluviatili.*

Dans ce chapitre, Rondelet donne de la *Grande punaise à Avirons*, Geoff., *Notonecta glauca*, Linn., une description très-exacte, à la fin de laquelle il invite les savans et les amis de la nature à s'occuper de l'étude des animaux aquatiques et à publier le résultat de leurs recherches.

P. 214, cap. xli. *De Musculis aquæ dulcis.*

L'auteur, dans ce chapitre, indique toutes les coquilles bivalves d'eau douce, telles que la Mye des peintres, les Anodontes, et figure celle désignée sous le nom d'Anodonte de canard, *Mytilus anatinus*, Linn.

P. 214, cap. xlii. *De Cochleis fluviatilibus.*

Le commencement de ce chapitre indique les univalves d'eau douce, mais surtout les Limnées. Trois figures grossières sont représentées : celle à gauche appartient à une Limnée, *Testa longiuscula in acutum deficiens stromborum modo*; celle du milieu ressemble au *Cyclostoma impurum*, Drap. ; et la troisième, désignée dans le texte de la manière suivante : *Harum postrema depressa est magis, aculeis aspera*, et placée à droite, est le *Planorbis nautileus.* Gmel., syst. nat., tom. xiii, p. 3612, sp. 98.

Gesner, *De Aquat.*, p. 546, *lign.* 60, parle des *Tineæ* vel *Scrophulæ aquaticæ*, Agrouelles, Escroëlles;

Gammarus pulex, Linn. ; *p.* 546, *lign.* 44, des *Cantharides aquaticæ*, aujourd'hui *Naucoris cimicoïdes*, Linn. ; *p.* 545, *de Phryganio casam sibi construente*, avec sa figure, pag. 1280, *charrée*, non à cause de sa ressemblance avec les cendres lessivées, mais à cause de l'allemand *Kerder* ou *Karder*, mot générique employé pour désigner tous les insectes aquatiques dont les poissons sont avides. Ces larves de Phryganes sont appelées *Azerottes* aux environs de Dijon ; elles sont employées, par les pêcheurs à la ligne, pour amorcer. Elles sont encore désignées sous le nom de *Cazets*, du mot *casula* ou *theca*, à cause du logement qu'elles se construisent. L'étymologie d'*Azerotte* vient du grec ἀσαροτον, ouvrage de mosaïque, parce que les tuyaux de larves de Phryganes sont formés par le rapprochement de grains de sable, de coquillages, de brins de végétaux, de portions de feuilles, etc.

Azerotte, Azellote, peut aussi venir de *Casula, Casulellæ*. Duham., tom. 1, p. 29, sous le nom de petites loges renfermant des vers, page 56, sect. 1, pl. xvi, figures 11, 12, 19-25, parle des larves de Phryganes.

P. 314. Gesner, sous le titre de *Conchæ longæ species in dulcibus aquis reperitur*, donne une figure très-reconnaissable de l'*Unio sinuata*, Lam.

Si nous avions à parler des poissons étrangers, je signalerais de graves erreurs échappées à Lacépède, pour n'avoir pas voulu révoquer en doute le témoignage d'un autre écrivain, reproche juste qui lui est adressé dans les Mémoires de l'Institut, *Act. Paris.*, 1829, tom. viii, *p.* ccxv. Je me bornerai à celle relative au *Poisson teinturier* dont parle Lacépède, *Hist. nat. des poissons*, édit. 12, tom. 5, *pp.* 55-59, d'après Charvet, qui n'avait pas reconnu dans ce prétendu poisson l'*Aplysia protea*, Rang, *Monograph. Aplys.*, p. 56, sp. 13

appelé *Baril-de-vin* par les Nègres pêcheurs de la Martinique.

Dans les *Act. Divion.*, 1829, *p.* 143, j'avais rapporté, à tort, ce Poisson teinturier à une Sèche.

On aura une idée exacte de la nature du travail de Lacépède, en consultant *Cuvier, Hist. nat. des poiss.*, tom. 1, *pp.* 171-181.

Je ne parlerai point non plus d'un poisson qui enivre, comme si on avait bu du vin par excès, et qui donne la mort si on en mange beaucoup. Dutertre, *Hist. nat. des Antilles*, tom. 2, *p.* 205, n'ayant obtenu sur lui aucun renseignement, je ferai seulement remarquer qu'il pourrait appartenir aux poissons formant le genre *Caranx*. Le *Coulirou*, Caranx de Plumier, la fausse Carangue, *Caranx fallax*, sont sujets à devenir venimeux, *Cuvier, Hist. nat., Poiss.*, tom. 9, *p.* 67, *p.* 95. Plusieurs Tetrodons, Diodons, Ostracions, le *Sparus Erythrinus*, le Mégalope Cailleu-Tassart, *Clupea Thrissa*, Linn., dans certaines saisons, dans certains parages, deviennent vénéneux à un point incroyable. *Dict. Sc. nat.*, tom. 29, *p.* 412. D'autres poissons sont dans le même cas. *Dict. Sc. nat.*, tom. 22, *p.* 553.

Linné a le premier, de concert avec Artédi, fixé les caractères de cette classe d'animaux vertébrés [1] : il les

---

[1] Linné a divisé les animaux vertébrés de la manière suivante :

Cœur à deux ventricules et à deux oreillettes ; sang rouge et chaud, { vivipares, *mammifères.*
{ ovipares, *oiseaux.*

Cœur à un ventricule et à une oreillette ; sang rouge et froid, { poumons vésiculeux, *amphibies.*
{ branchies, *poissons.*

On reconnaît les vertèbres des poissons, à la fosse co-

a fondés sur des dispositions extérieures tellement en rapport avec la structure intérieure, qu'elles deviennent des signes constans.

Les poissons, animaux vertébrés à sang rouge et froid, sont destinés à vivre dans un élément autre que l'air ; ils sont doués d'une organisation spéciale, dont la différence avec celle des autres animaux, devient surtout frappante dans les systêmes de respiration, de locomotion et d'appareil tégumentaire.

Les poumons vésiculeux des animaux supérieurs, qui reçoivent immédiatement l'air atmosphérique , sont

nique, dont chacune des faces de leur corps est creusée ; ces fosses sont remplies par une substance membraneuse et gélatineuse molle qui passe d'un de ces vides à l'autre par un trou dont chacune des vertèbres est presque toujours percée dans son centre. Ces portions molles forment un cordon ou chapelet gélatineux alternativement mince et épais, qui enfile toutes les vertèbres.

Dans quelques chondroptérygiens, les corps des vertèbres peuvent être considérés comme des anneaux ; et le cordon qui les enfile n'ayant point d'inégalités dans son diamètre, ressemble à une véritable corde, dont il porte, aussi depuis longtemps, le nom dans la Lamproie. *Cuv., Hist. nat. des poiss., tom.* 1 *, p.* 357.

La partie antérieure de l'épine dans les Loches, les Cyprins, présente une structure très-singulière ; p. 361.

Dans les Cyprins, les côtes portent en appendice un ou deux stylets adhérens à quelque point de leur longueur, qui se dirigent en dehors et pénètrent dans les chairs. Il y a aussi de ces stylets qui partent du corps de la vertèbre en dessus de la côte pour pénétrer dans les chairs: C'est ainsi que les arêtes des poissons se multiplient, p. 362 ; et de là le proverbe *Dos de Brochet, ventre de Carpe.*

chez les poissons remplacés par des branchies, c'est-à-dire par des arcs garnis d'une membrane muqueuse frangée, dont l'action sépare l'air contenu dans l'eau, que les poissons avalent par la bouche, et rejettent par les ouïes.

En effet, les poissons ont aux deux côtés du cou un appareil nommé branchies, lequel consiste en feuillets suspendus à des arceaux qui tiennent à l'os hyoïde et composés chacun d'un grand nombre de lames placées à la file et recouvertes d'un tissu d'innombrables vaisseaux sanguins. L'eau que le poisson avale s'échappe entre ces lames et agit, au moyen de l'air qu'elle contient, sur le sang continuellement envoyé aux branchies par le cœur [1].

Outre l'appareil des arcs branchiaux, l'os hyoïde [2] porte de chaque côté des rayons qui soutiennent la membrane branchiale. Une sorte de battant composé de trois pièces osseuses, l'*Opercule*, le *Subopercule* et l'*Interopercule*, se joint à cette membrane pour fermer la grande ouverture des ouïes; il s'articule à l'os tympanique et joue sur une pièce nommée le *Préopercule*. Plusieurs chondroptérygiens manquent de cet appareil.

---

[1] Voyez, sur la respiration des poissons, le Mémoire de M. Flourens. *Act. Paris.*, 1831, *tom.* x, *p.* 53-71.

[2] Geoffroi St.-Hilaire, *Philosoph. anatom.*, *p.* 87, a une autre opinion. Il regarde l'*opercule*, l'*intéropercule*, le *préopercule* et le *subopercule*, comme correspondans de l'*étrier*, de l'*enclume*, du *lenticulaire* et du *marteau*, les quatre os du conduit auditif dans les animaux à respiration aérienne. Cette opinion est réfutée par Cuvier. *Hist. nat. des poissons*, *tom.* 1, *p.* 345, 462.

Les organes de la locomotion sont les nageoires, c'est-
à-dire des expansions flabelliformes, situées sur le corps
du poisson, qui peut les plier ou les étendre à sa volonté. Ces expansions sont formées d'une membrane
soutenue par des rayons [1] ; ces rayons sont de deux
sortes : les uns consistent en une seule pièce osseuse,
ordinairement dure et pointue, quelquefois flexible et
élastique, divisée longitudinalement; on les nomme
rayons osseux. Les autres sont composés d'un grand
nombre de petites articulations, et se divisent d'ordinaire en rameaux à l'extrémité ; ils s'appellent *rayons
mous, articulés* ou *branchus*.

Artédi, le fondateur de l'ichthyologie et dont les ouvrages doivent être médités par toute personne qui veut
s'occuper de l'histoire des poissons, s'est servi de la
considération des nageoires pour classer ces animaux; il
les a considérées d'après la place qu'elles occupent sur
le corps, place qui détermine le nom sous lequel elles
sont désignées.

On appelle nageoire dorsale ou simplement *Dorsale*,
la nageoire placée sur le dos; il y en a quelquefois deux;
alors celle du côté de la tête prend le nom de première
dorsale, et celle du côté de la queue, celui de seconde
dorsale.

Les nageoires situées sur les parties latérales du corps,
près des ouïes, c'est-à-dire de ces ouvertures qui laissent
apercevoir les branchies ou les organes de la respiration,
dans les poissons, portent le nom de *pectorales*; elles

---

[1] Ces rayons, qu'ils aient des branches ou des articulations, ou qu'ils soient simplement épineux, se laissent toujours diviser en deux moitiés sur leur longueur. *Cuv., H. N.
Poiss.*, tom. 1, *p.* 305, 367, 378, 549.

sont paires et correspondent aux extrémités antérieures ou thorachiques des animaux d'un ordre supérieur.

Les nageoires placées sous le ventre sont également doubles ; elles répondent aux extrémités postérieures ou pelviennes des animaux dont nous venons de parler et sont désignées sous le nom de *ventrales* ou *inférieures* ; mais on emploie rarement cette dernière désignation, la première seule est usitée.

L'existence et la position des nageoires ventrales ou des *ventrales* est très-variée ; aussi cette variété est-elle d'un grand secours dans la classification des poissons comme nous allons l'indiquer.

Les poissons, chez lesquels les nageoires ventrales n'existent pas, constituent la classe des *Apodes*, par suite de la comparaison ou de l'analogie des nageoires ventrales avec les pieds ou les extrémités pelviennes des animaux qui en sont pourvus.

Si les nageoires ventrales sont situées en avant ou au-dessous de l'ouverture des ouies, elles caractérisent la classe des poissons *jugulaires*.

Lorsque les nageoires ventrales sont placées sous les pectorales, les poissons sont appelés *thorachiques*.

Enfin les nageoires ventrales situées en arrière des pectorales constituent la classe des poissons *abdominaux*.

On appelle nageoire de l'anus ou nageoire anale, ou simplement *Anale*, celle qui est située en arrière de l'anus ; elle est impaire.

La nageoire de la queue, ou simplement *caudale*, aussi impaire, termine le corps du poisson.

Dans les descriptions, les nageoires sont indiquées d'une manière abrégée par la lettre initiale de leurs

caractères ; et comme ces nageoires offrent des rayons [1]
dont le nombre est souvent employé pour déterminer
les espèces, on le fixe par des chiffres placés à la suite
de l'indication des nageoires, ainsi D. 22 : P. 15 :
V. 10 : A. 8 : C. 24. signifient que la nageoire *dorsale*
a vingt-deux rayons ; la *pectorale* quinze ; la *ventrale*
dix ; l'*anale* huit, et la *caudale* vingt-quatre.

L'oreille des poissons consiste en un sac qui représente le vestibule, et contient en suspension de petites
masses le plus souvent d'une dureté pierreuse, auxquelles on attribuait jadis des propriétés merveilleuses.

Le corps des poissons est recouvert d'écailles cartilagineuses, disposées à recouvrement, de dimensions
variables, depuis la Lamproie qui ne présente rien de
ressemblant à des écailles, ou l'Anguille qui les a
petites, minces et comme noyées sous un épiderme épais,
jusqu'à celles, de près de trois pouces de diamètre,
vues par Broussonet, qui n'a pas désigné dans son
Mémoire consigné, *Journ. phys.* 1787, *juillet, p.* 13,
le poisson qui me paraît être le *Chœtodon Macrolepidotus.* Ces écailles sont presque toujours enduites d'une li-
queur mucilagineuse, secrétée par des glandes, dont la
réunion sur les flancs des poissons constitue la *ligne latérale,* qui commence à l'extrémité des opercules et se termine à la nageoire de la queue.

---

[1] Il y a souvent des variations dans le nombre de ces
rayons, peut-être à cause de la manière de les compter,
ainsi que Bloch le fait observer dans son avant-propos, à
l'occasion du rayon dentelé de la nageoire dorsale de la
Carpe, que Linné dit être le second, Artédi, Gronow et
Leske le troisième, parce qu'ils ont compté le premier rayon
court, caché en grande partie dans la membrane adipeuse
et négligé par Linné.

La différence de structure dans les appareils de la respiration, de la locomotion et dans l'appareil tegumentaire, en entraîne nécessairement une dans la disposition des organes internes des autres fonctions. Cette observation n'avait point échappé aux anciens naturalistes. Aldrovandi, dont les ouvrages seraient bien plus utiles s'ils étaient moins diffus, a donné le premier des gravures grossières il est vrai, relatives à la structure interne du Brochet et de la Carpe. *Parali-pomen, pp.* 88-93.

Artédi, dans la seconde partie de son Ichthyologie, donne des détails très - étendus sur la structure de toutes les parties des poissons.

Depuis, l'anatomie a occupé plusieurs savans. François Petit a donné, *Act. Paris.*, 1733, *p.* 197, *pl.* 12-17, celle de la Carpe, et c'est dans ce travail qu'ont été prises les planches données par Bonnaterre, *Tableau encyclopéd. et méthodique des trois règnes de la nature,* Ichthyologie, 1788, pl. A. B.

Duhamel, *Traité général des pêches,* a donné le squelette et quelques détails anatomiques de plusieurs poissons. On trouve, mais sans explication, le squelette de la Carpe, 2e *part., p.* 152, *sect.* 1, *pl.* III, copié dans l'Encyclopédie méthodique ; celui du Carrelet, 2e *part., p.* 319, *sect.* IX, *pl.* XII ; celui de la Raie bouclée, 2e *part., p.* 275, *sect.* IX, *pl.* VII, *fig.* 3 ; celui de la Torpille, 2e *part., sect.* IX, *pl.* XIII, *fig.* 5-6.

Duhamel donne aussi quelques détails splanchnologiques relatifs à la Raie grise, 2e *part., p.* 319, *pl.* VIII, *fig.* 5-10 ; aux œufs et reins de Raie, *pl.* XXII, *fig.* 4-7 ; aux œufs de Roussette, *Scyllium,* Cuv.

Marsigli, *Danub., tom.* VI, *tab.* IX-XXI, a figuré les détails anatomiques de l'Esturgeon.

Un travail plus étendu a été donné par Vicq d'Azir dans le Recueil des *Mémoires des savans étrangers*, 1773, *tom.* VII, *p.* 18, *pl.* I, II *et p.* 233, *pl.* IV-VIII.

Si l'on désirait des détails plus étendus sur la structure et la physiologie des poissons, il faudrait recourir à l'ouvrage intitulé : *The structure and physiology of Fishes by* Alexander Monro, **M. D.** Edimburg., 1785, fol. pl., sans négliger l'Encyclopédie méthodique, Système anatom., tom. 4, pp. 174-285.

Gouan, *Hist. des Poissons,* a donné aussi quelques détails anatomiques ; et *tab.* III, *fig.* 1, il représente le grand muscle latéral dont la chair est feuilletée, comme je le rappelle à l'article *Brochet.*

M. Geoffroi Saint-Hilaire s'est aussi beaucoup occupé de l'ostéologie des poissons dans sa *Philosophie anatomique, tom.* 1, *p.* 471, *pl.* 9, *fig.* 107 ; il a fait connaître les os styloïdes de l'épaule des Amphacanthes, Cuv., *H. N., Poiss., tom.* X, *p.* 117 ; les secondes pièces des stylets de l'épaule de l'Amphacanthe à chaînettes, Cuv., *ouv. cit., p.* 127.

Meckel donne des preuves que la concordance des os n'existe point. Cuv., *Hist. nat. , Poiss.*, *tom.* 1, *pp.* 243-543.

Mais ces recherches d'anatomie transcendante, fort du goût des Allemands, si amateurs de spéculations théorétiques ou abstraites [1], n'ont pas encore trouvé en France d'échos pour les faire prévaloir.

---

[1] Toute découverte en Allemagne s'y produit à l'état de rêve ou d'utopie. Les plus grands philosophes y bâtissent dans le vide. Ce sont de beaux monumens auxquels il ne manque qu'une chose, en vérité : la base. *Génie spéculatif,*

Depuis la rédaction de ce passage, les journaux ont annoncé que **M. Jourdan** a traduit de l'allemand la seconde édition de l'ouvrage de C.-G. Carus, intitulé : *Traité élémentaire d'anatomie comparée, suivi de recherches d'anatomie philosophique ou transcendante sur les parties primaires du système nerveux et du squelette intérieur et extérieur.*

L'auteur pousse son système jusqu'aux dernières conséquences; il ramène tout animal au squelette, représenté par la coquille de l'œuf, par le test des animaux inférieurs et par la réunion des os dans les animaux supérieurs. Il regarde la coquille de l'œuf, origine,

voilà en un mot le trait distinctif de l'Allemagne. *France littéraire*, 1835, *tom.* XXII, *p.* 71.

Les Allemands aiment à planer dans les espaces imaginaires; la rêverie et le long travail intellectuel sont leurs plus vives jouissances; ils ne s'attachent pas à ce qui est réel; ils concluent de la *possibilité* à l'*acte*, et se perdent dans des théories métaphysiques fondées sur le vague.

Il y eut un temps où toutes les hypothèses, pourvu qu'elles arrivassent d'Allemagne, étaient acceptées par nous en France sans presque aucun contrôle. Il semblait qu'elles portassent au front le signe visible de l'infaillibilité. Plus elles sortaient des habitudes reçues, plus ces filles de la révélation nouvelle étaient accueillies avec avidité. Mais ces temps sont passés; un trop grand nombre de ces fantômes nous ont trompés. *Revue des Deux Mondes*, 1836, *tom.* VII, *p.* 487.

Par suite des idées allemandes, M. Geoffroi St.-Hilaire, *Principes de philosophie zoologique,* 1830, prétend que le poulpe est analogue à un animal vertébré plié par le dos, de manière à ce que le cloaque soit appliqué sur la nuque.

Cuvier a réfuté cette singulière opinion.

dit-il, de la vertèbre, comme la véritable *protovertèbre, close encore de toutes parts et vésiculeuse.* Suivant lui, le squelette se rapporte à la vertèbre; d'où il s'ensuit, d'après son système, que la vertèbre procède de la coquille de l'œuf. Ne serait-on pas dans le cas de lui appliquer l'observation suivante :

La vertèbre provient de la coquille de l'œuf, sans doute; mais il faut convenir qu'elle a bien changé sur la route.

On peut lire une Notice relative au travail de M. Geoffroi Saint-Hilaire sur la vertèbre, insérée dans les *Mémoires de l'Institut,* 1827, *tom.* vii, *pp.* clviij-clxiij.

Oken, par sa loi posée pour l'ostéologie philosophique, admet que *tout le squelette n'est qu'une vertèbre répétée.*

Spix et Oken trouvent dans les diverses parties de la tête la répétition des diverses parties du corps : dans le crâne, pris séparément, la tête de la tête; dans le nez, le thorax; dans l'hyoïde, le bassin; dans les os maxillaires et les dents, tout l'appareil osseux des membres supérieur et inférieur. Voy. *Annales des sc. nat.,* 1827, *tom.* xi, *p.* 54.

M. Oken, dans un Mémoire sur le système dentaire, *Bull. de M. de Férussac,* 1824, *Sc. médic., tom.*1, *p.* 97; *tom.* 3, *p.* 97, a cherché à prouver que les mâchoires sont des répétitions des bras et des jambes, et que les dents sont les analogues des doigts et des ongles, etc.

Meckel, de son côté, compare le gland et le clitoris à la langue; le vagin aux fosses nasales; le petit bulbe, qui termine la moëlle épinière, au cerveau.

Dans le *Journal complémentaire du Dictionnaire des sc. médic.,* 1821, *tom.* xi, *pp.* 124-131, on lit quelques détails sur l'anatomie transcendante et sur les os suivans :

Les os wormiens, ou os occipito-pariétal ;

L'os épineux, situé en avant dans la membrane volitante du pteromys;

L'os falciforme, dans les pattes antérieures de la taupe ;

Les os marsupiaux des didelphes, etc. ;

Les os du cœur chez le bœuf, le cerf;

Les os du pénis et du clitoris.

(L'os du pénis du morse servait aux Kamtschadales de massue à la guerre.)

L'os du pénis a été comparé par Autenrieth à l'hyoïde, et Oken lui a donné le nom d'*hyoïde des parties génitales,* parce qu'il regardait autrefois le bassin et l'hyoïde comme des homotypes. Leuckart croit qu'on peut comparer à plus juste titre l'*os du pénis* à la colonne vertébrale, et lui donner le nom de *Rachis* ou *Squelette génital.*

Dans le *Bull. de M. de Férussac,* 1824, *Sc. médic.,* *tom.* 1, *p.* 193, se trouve annoncé le travail du docteur Weber, qui publie, *Nov. Act. Acad. Cæsar.-Léopold.,* *natur. curios.,* *tom.* xi, 1823, *p.* 2, *pl.* 411, en allemand, de nouveaux matériaux pour l'histoire de la conformation de la tête et du bassin. Le docteur Weber prétend que d'après les dimensions de la tête, on peut conclure celle du bassin. Un cas pathologique, indiqué dans le *Bull. de M. de Férussac,* 1829, *Sc. médic.,* *tom.* xvii, *p.* 168, est employé pour confirmer ce singulier rapprochement.

P. 313, Cuvier compare les sept vertèbres de la tête admises par Geoffroi, avec les os du crâne.

Je suis entré dans les détails ci-dessus, qui rappellent involontairement l'ancien vers latin :

Noscitur ex naso quanta sit hasta viro,

et la comparaison des orifices transversal et vertical, dont plusieurs parties portent le même nom, afin de mettre les lecteurs, qui désireraient s'assurer de l'abus du raisonnement, à même de consulter les sources où ils pourront puiser pour asseoir leur jugement. Ils trouveront des animaux dont les uns vivent dans leur colonne vertébrale, tandis que les autres vivent en dehors ; et afin d'avoir le pour et le contre dans ce grand procès, ils pourront recourir au premier volume de l'*Histoire naturelle des poissons, p.* 307 *et suivantes.*

P. 462, où se trouve appréciée l'opinion de ceux qui ont voulu retrouver dans les os de l'opercule des poissons les quatre osselets de l'oreille de l'homme, subitement et prodigieusement développés. P. 543 et suiv., où sont jugés les vaines spéculations métaphysiques et les rapprochemens très-superficiels, d'après lesquels on a voulu considérer la classe des poissons comme un développement, un perfectionnement, un anoblissement de celle des mollusques, ou comme une première ébauche, comme un état de fétus des autres classes des vertébrés [1].

Cette dernière partie de phrase a pour but de rappeler une nouvelle branche d'anatomie transcendante exposée dans un Mémoire de M. Serres, dont deux parties ont été publiées dans les *Annales des Sc. nat.,* 1827, *tom.* XI, *pp.* 47-70 ; *tom.* XII, *pp.* 82-143.

---

[1] Suivant quelques anatomistes, les poissons, dans leur premier âge, correspondent, eu égard à leur développement, aux mammifères dans leur état de fœtus.

Une loi de symétrie, comme le démontre cet auteur, veut que les organes se développent par deux parties latérales qui, cessant de s'accroître, laissent un intervalle et donnent lieu à un vice de conformation, comme on le voit dans le *bec de lièvre*.

Suivant M. Serres, les variations infinies de formes organiques que nous offre la série des animaux, sont reproduites par les variations nombreuses des formes organiques des embryons. Ainsi, par exemple, de la cinquième à la septième semaine, l'embryon humain a une queue qui disparaît dans le cours du troisième mois.

Chez les jeunes embryons humains la glande thyroïde est double ; elle est double, permanente dans les mammifères.

Du deuxième au troisième mois de l'embryon humain, la matrice forme deux intestins isolés, comme dans les lièvres.

Du troisième au quatrième jour de la conception, l'embryon humain offre cinq pièces distinctes, concourant plus tard, par leur réunion, à la composition du maxillaire supérieur ; les crocodiles ont ces cinq pièces constamment séparées.

· Je ne pousserai pas plus loin ces détails, d'après lesquels les anatomistes transcendans font passer successivement l'embryon humain par toutes les classes de la zoologie, en commençant par celle des vers et partant, comme on le voit, de la conclusion affirmative de la fameuse thèse soutenue le 13 novembre 1704, par Etienne-François Geoffroi, et ayant pour texte : *An hominis primordia, vermis ?* thèse dont la traduction se trouve dans l'ouvrage d'Andry, intitulé : *De la génération des vers, tom. 2, p. 734 et suiv. ;* thèse dont le principe avait déjà été plaisanté d'une manière aussi

ingénieuse que sanglante par Plantade [1] , (sous l'anagramme Dalenpatius) , comme on peut le voir dans les
Nouvelles de la République des Lettres, mai 1699, *p.*
552, *art.* v , avec une planche. Portal, *Hist. de l'anatomie et de la chirurgie*, tom. 4, *p.* 231, en a donné
l'analyse, copiée dans le *Dict. abrégé des sc. médic.*,
tom. 8, *pp.* 279-280. Panckoucke, 1823.

Mais des plaisanteries n'étant point des raisons, nous
nous bornerons à répéter avec Cuvier, *Hist. nat. des
poissons*, tom. 1, *p.* 545 : « On pourrait toujours tout
« rapprocher, comme on le voudrait ; car enfin deux
« êtres, quelqu'éloignés qu'ils soient, se ressemblent
« toujours par quelque point, ne fût-ce que par l'exis-
« tence. »

Toutes les fois que l'on a voulu sortir des définitions
caractéristiques, on s'est égaré dans les comparaisons
les moins admissibles ; et l'on en a eu la preuve dans la
considération de la Sèche ou du Poulpe représenté par
M. Geoffroi St.-Hilaire comme l'analogue d'un animal
vertébré, plié en deux par le dos, de manière à rapprocher le bassin de la tête. *Voir les journaux du commencement de* 1832.

On trouvera d'excellens détails sur l'organisation
des poissons dans le *Dictionn. des Sc. nat.*, tom. XLII,
pp. 148-240.

Le travail le plus complet sur l'anatomie des poissons

---

[1] Plantade, secrétaire de l'Académie des sciences de
Montpellier, connaissant probablement le tour joué par
Hartsoecher à Leuwenoeck, latinisa son nom en ajoutant
la terminaison *ius*, *Plantadeius*, et en fit l'anagramme
Dalenpatius, ainsi qu'on peut s'en assurer en comparant
toutes les lettres.

est sans contredit celui donné par Cuvier dans le *premier volume* de son *Hist. nat. des Poissons*, accompagné d'un superbe *Atlas*, ouvrage que la mort de l'auteur laisse incomplet, au grand regret de la science.

On trouve à la vérité des renseignemens curieux dans l'*Anatomie comparée* et le *Règne animal* du même auteur ; mais des observations postérieures à la publication de ces ouvrages, et les découvertes journalières qu'il faisait sont autant de détails qui ne nous sont point encore connus, tels par exemple que les appareils spéciaux relatifs à l'oreille des Cyprins, des Silures, etc., promis dans l'*Hist. nat. des poiss.*, tom. 1, *p.* 470.

Il me suffit d'avoir indiqué les sources dans lesquelles pourront aller puiser les amateurs désireux de comparer la structure interne des poissons avec celle de tous les autres animaux ; je me bornerai maintenant à indiquer les bases de deux classifications employées pour distribuer les poissons. Si l'on veut connaître toutes celles qui ont été établies, on pourra recourir au *Dict. des sciences nat.*, *tom.* XXII, *p.* 443, et surtout à Cuvier, *Hist. nat. des Poiss.*, *tom.* 1, *p.* 102 *et suiv.*

Le petit nombre de poissons qui se trouvent dans nos rivières, quoiqu'elles aient des rapports avec les trois bassins du Rhône, de la Loire et de la Seine, aurait pu à la rigueur me dispenser d'adopter une distribution systématique ; mais le désir de faciliter la détermination et surtout l'arrangement méthodique dans les collections de ces animaux, peu connus en général, m'a déterminé à exposer les bases de la classification, créée de concert par Artedi et Linné, et de celle créée par Cuvier. On pourra à volonté choisir l'une ou l'autre.

Je commence par la plus ancienne, adoptée par Gmelin, p. 1130, qui l'a modifiée dans son édition du *Systema naturæ* de Linné ; j'ai eu l'attention d'indiquer dans chaque classe, les poissons de notre département qui y appartiennent.

SYSTÈME D'ARTEDI ET LINNÉ.

I. APODES. Nageoires ventrales nulles.

L'Anguille.

II. JUGULAIRES. Nageoires ventrales situées en avant des pectorales, c'est-à-dire articulées tant avec l'épisternal [1], qu'avec les clavicules furculaires, (*Huméral*, Cuv., p. 373.)

La Lotte.

III. THORACHIQUES. Nageoires ventrales situées sous les pectorales, c'est-à-dire attachées sur les clavicules furculaires, (*Huméral*, Cuv.)

Le Chabot. Tête plus large que le corps.

La Perche. Opercule des branchies denté en scie.

L'Epinoche. Epines dorsales distinctes.

IV. ABDOMINAUX. Nageoires ventrales situées en arrière des pectorales.

La Loche. Corps d'égale dimension dans sa longueur.

La Truite. Nageoire dorsale postérieure adipeuse.

Sous le nom de *Truites*, les voyageurs en Suisse, confondent plusieurs poissons du lac Léman, bien

---

[1] Qui, suivant Cuvier, *Hist. nat. des Poissons, tom.* 1, p. 350, représente la queue de l'os hyoïde.

distingués par Jurine. Ce savant en a donné des descriptions très-étendues et des dessins très-exacts que je dois indiquer pour éclaircir ce point d'histoire naturelle.

1. L'Omble chevalier, *Salmo umbla*, Linn.

Bloch, *Ichthyol., part.* III, *p.* 131, *pl.* CI. L'Ombre chevalier.

Jurine, *Hist. des poissons du lac Léman, p.* 179, *n°* 7, *pl.* 5.

Duhamel, *Péches,* 2ᵉ *part., p.* 220, *tom.* 3, *p.* 68, *section* IV, *pl.* XIV.

Aldrovandi, *de Piscibus, p.* 649-651, signale cette espèce facilement reconnaissable par ses écailles plus petites que celles des autres ; sa chair, plus grasse et blanche, approche de celle de l'Anguille. L'Omble chevalier du lac de Genève, est surtout célèbre. Jurine n'en a pas vu au-dessus du poids de douze livres. Ce même savant a fait sur ce poisson une observation trop importante pour la passer sous silence. Dans le mois de janvier 1814, on lui apporta des Ombles, qui, après quelques jours de conservation dans l'arche d'un bateau et même dans un réservoir, placés dans une eau vive et courante, furent frappés de cataracte. *Mém. de la Sociét. de phys. et d'hist. nat. de Genève,* 1825, *tom.* III, 1ʳᵉ *part., p.* 183.

2. La Féra [1], *Corregonus fera,* Jurine. *Mém. de la Sociét. de phys. et d'hist. nat. de Genève, tom.* III, 1ʳᵉ *partie, p.* 190, *n°* 9, *pl.* 7.

Aldrovandi, *de Piscibus, p.* 663.

---

[1] Ce nom a du rapport avec celui de *Fario,* employé par Ausone pour désigner les jeunes Saumons.

Cette espèce, dépourvue de dents, se nourrit essentiellement de coquillages et d'herbes; la dernière limite de sa longueur paraît être de 18 pouces. Il est rare de voir des Féras de trois à quatre livres.

Ce poisson est sujet à une affection grave, improprement nommée *petite vérole des poissons*, puisqu'elle n'a aucun rapport avec cette dernière et qu'elle a son siège dans les chairs et non sur la peau.

Cette maladie, qui ne tarde pas à faire périr la Féra, se reconnaît par des tumeurs irrégulièrement disséminées sous la peau qui fait saillie. Ces tumeurs, de la grosseur d'un pois à celle d'une noix, contiennent un liquide semblable à de la crême, et qui n'a ni goût ni odeur; les chairs environnantes sont violettes et décomposées, et les os complètement mis à nu. *Hist. des poissons du lac Léman*, p. 194, 195.

3. La Gravenche, *Corregonus hyemalis*, Jurine. *Ouvrag. cité*, p. 200, n° 10, *pl.* 8.

Les Gravenches marchent en troupes; on les entend de loin au bruit qu'elles font en ouvrant et fermant la bouche à fleur d'eau, de manière à imiter assez bien le barbotement des canards. La plus grande longueur qu'atteignent ces poissons, n'excède pas un pied; alors ils pèsent une livre, *p.* 202.

On les pêche à la lanterne et à la serpe, au dire de M. Alexandre Duval, qui donne à ce sujet des détails anecdotiques très piquans dans ses *Impressions de voyage*, *tom.* 1, *p.* 134-156. Il place la scène à l'auberge de Bex, et donne à ce poisson, qu'il dit délicieux, le nom de Truite.

Cette manière de pêcher est la même que celle signalée par Belon dans le *chap.* LXXV *du livre* 1 *des Singularités*, *p.* 159.

Les os des poissons n'ont ni épiphyses ni canal médullaire ; mais il en est quelques-uns , comme ceux des Truites , où le tissu de l'os [1] est plus ou moins pénétré d'un suc huileux.

Cette disposition est bien plus sensible dans un poisson des Indes orientales , appelé *Escan bona* (au lieu de *Ican bona* ou *Ikan bona*) , par le rédacteur de l'article suivant :

« *Escan bona* des Malais , espèce de Chætodon ,
« dont les os sont accompagnés de tumeurs assez con-
« sidérables , spongieuses , tendres , facilement atta-
« quables au couteau et remplies d'huile. Hunter
« avait dans sa collection des os semblables , qu'il attri-
« buait (à tort) , à la colonne vertébrale de quelque
« grande raie. » *Magas. encyclop.*, 1795, *tom.* 1, *p.* 148. Extrait des *philosoph. trans.*, 1793, *part.* 1, *n°* III.

Ce poisson est le Platax noduleux , *Chætodon arthriticus*, dont Cuvier donne l'histoire dans son *Hist. nat. des poissons*, *tom.* VII , *p.* 229-232.

Il est du nombre de certains Chétodons dont les premiers interépineux , tant supérieurs qu'inférieurs , sont renflés en grosses massues.

> *Le Brochet.* Mandibule supérieure aplatie plus courte.

> *L'Alose.* Membrane branchiale à VIII rayons.

> LES CYPRINOÏDES. Membrane branchiale à III rayons.

V. BRANCHIOSTÈGES. Point de rayons à la membrane

---

[1] J'ai trouvé la même disposition du tissu de l'os pénétré d'un suc huileux , dans les os de la tête de l'Alose, du Brochet, des Cyprins , etc.

branchiale, ni d'os aux branchies , rayons articulés seulement aux nageoires.

Artedi caractérisait les Branchiostèges, par l'absence de rayons à leur membrane branchiale.

« Branchiostegi in branchiis nulla ossicula gerunt, » dit-il. *Gen. pisc., p.* 85.

Cette division est rejetée aujourd'hui. Gmelin [1] y avait placé une partie des poissons, que Linné appelait : *Amphibia nantes ;* la confiance du naturaliste suédois dans le docteur Garden qui avait pris les reins des Diodons et des Tetrodons, situés très-haut, pour des poumons , l'avait induit en erreur; *Cuvier , Règne animal, édit.* 2, *tom.* 2, *p.* 366 (2); cependant il avait désigné, d'une manière très-exacte, leurs caractères.

Gmelin range dans cette classe, mais fort mal à propos : les *Mormyres,* poissons malacopterygiens-abdominaux, dont Cuvier, *Règne anim. , cit., p.* 288, donne

---

[1] On n'est point surpris de la confusion adoptée par Gmelin, lorsque l'on sait la manière dont cet auteur s'y est pris pour donner une 13e édition réformée, dit-il, du *Systema naturæ* de Linné. Les amateurs de calembourgs substitueraient un *d* à l'*r,* et ne se tromperaient pas beaucoup.

Cuvier, *Hist. nat. des poissons, tome* 1 , *p.* 155-158, donne des détails curieux et piquans sur la manière dont a été faite cette édition, qui est effectivement un ouvrage de fabrique dont les Allemands ont appris la méthode aux Français, et dont la librairie actuelle offre de si nombreux et de si fréquens exemples.

Si l'on est curieux de connaître le degré de confiance que l'on doit accorder aux différens ouvrages publiés sur les poissons, on trouvera dans l'*Hist. naturelle de ces animaux* par Cuvier, des renseignemens exacts, consignés dans le *tom.* 1 , *livre premier.*

une bonne description, en éclaircissant leur synonymie.

Il y place d'autres poissons que Cuvier répartit de la manière suivante dans sa méthode :

Syngnathus, Pegasus, 5ᵉ ordre, les *Lophobranches.*

Diodon, Tetraodon, Balistes, Ostracion, 6ᵉ ordre, les *Plectognathes.*

Lophius, dans la xiiiᵉ famille, *Pectorales pédiculées,* des poissons acanthoptérygiens.

Centriscus, dans la xvᵉ famille, *Bouches en flûte,* des poissons acanthoptérygiens.

Cyclopterus, dans la 3ᵉ famille, *Discoboles,* des poissons malacoptérygiens subbrachiens.

Aucun des poissons, placés par Gmelin dans sa division des Branchiostèges, n'étant d'eau douce, ne peut se trouver dans l'ichtyologie de notre département.

VI. Chondroptérygiens. Rayons des nageoires cartilagineux.

L'Esturgeon. Events solitaires et linéaires.

La Lamproie. Sept évents ronds de chaque côté.

Par le secours de cette distribution, on parviendra facilement à déterminer tous les poissons de notre pays.

Système de Cuvier.

Cuvier a adopté la distribution suivante : il a séparé les poissons en deux séries, dont la première comprend tous les *poissons osseux,* c'est-à-dire tous ceux dont le squelette est osseux ; et la seconde réunit tous les *poissons cartilagineux,* c'est-à-dire ceux dont le squelette au lieu d'os ne présente que des cartilages.

Iʳᵉ série. *Poissons osseux.*

L'os intermaxillaire forme le bord de la mâchoire supérieure, et a derrière lui le maxillaire nommé communément os labial ou mystace : squelette osseux ou fibreux : mâchoires complètes libres : branchies en forme de lames ou de peignes.

Cette série fort nombreuse se partage en deux divisions qui forment six ordres, dont plusieurs renferment des familles formées de genres, partagés eux-mêmes en sous-genres.

Ire DIVISION. **ACANTHOPTERYGIENS** [1].

Rayons des nageoires osseux, quelques-uns piquans.

Rayons des nageoires épineux ou piquans ; cette première division forme aussi le premier ordre des poissons.

1re famille. PERCOÏDES.

Ventrales thorachiques, sept rayons branchiaux.

Deux dorsales.

Perche.

Apron.

Une seule dorsale : dents en velours.

Gremille.

2e famille. JOUES CUIRASSÉES.

Cotte.

Epinoche.

IIe DIVISION. **MALACOPTERYGIENS** [2].

Tous les rayons mous, excepté quelques rayons des nageoires osseux, mais non piquans, tels que le premier de la dorsale ou des pectorales.

---

[1] On appelle ainsi les poissons, dont une partie des rayons est simple et en forme d'épines. Cuv., *Hist. nat., Poiss.,* tom. 1, p. 292.

[2] Ce sont les poissons osseux, dont tous les rayons des nageoires sont articulés. Dans les Carpes la soudure des articulations donne à certains rayons l'apparence d'épines. Cuv., *Hist. nat. des poissons,* tom. 1, p. 291, 293.

IIe ordre. MALACOPTERYGIENS ABDOMINAUX [1].

Nageoires ventrales situées en arrière des pectorales.

1re famille. Cyprinoïdes.

Bouche peu fendue; mâchoires faibles, sans dents; os pharyngiens fortement dentés : rayons branchiaux peu nombreux.

Cyprins. Bouche petite, trois rayons plats à la membrane branchiale.

Carpe. D. longue et A. garnies d'une épine dentelée pour second rayon.

Barbeau. D. et A. courtes, forte épine pour 2e et 3e rayon de la dorsale; barbillons.

Goujon. D. et A. courtes, sans épines : barbillons.

Tanche, écailles très-petites.

Bréme, épines et barbillons nuls. A. longue, D. courte.

Ables. D. et A. courtes, épines et barbillons nuls.

Loche, corps alongé, enduit de mucosité : lèvres propres à sucer.

2e famille. Esoces.

Brochet.

3e famille. Siluroïdes.

Aucun poisson de cette famille ne se trouve dans nos eaux.

---

[1] Dans les vrais abdominaux, l'os coxal (représentant l'os innominé, la cuisse, la jambe et le tarse), de forme triangulaire, a sa pointe libre dans les chairs; son côté postérieur, comme dans tous les autres poissons, donne attache aux rayons de la nageoire ventrale. Cuvier, *Hist. nat. des poiss.*, tom. 1, *p.* 377.

4ᵉ famille. Sᴀʟᴍᴏɴᴇs.

Deuxième dorsale, petite, adipeuse, non soutenue par des rayons.

Saumon, dents très-apparentes.

Truite, dents très-apparentes.

Ombre, dents très-fines, à peine visibles.

5ᵉ famille. Cʟᴜᴘᴇs.

Alose.

III ordre. MALACOPTERYGIENS sᴜʙʙʀᴀᴄʜɪᴇɴs.
Ventrales attachées sous les pectorales.

1ʳᵉ famille. Gᴀᴅᴏïᴅᴇs.

Lotte.

IVᵉ ordre. MALACOPTERYGIENS ᴀᴘᴏᴅᴇs.
Nageoires ventrales nulles.

Anguille.

Vᵉ ordre. LOPHOBRANCHES.
Branchies en petites houppes rondes, disposées en séries et par paires le long des arcs branchiaux.
Cet ordre ne renferme que des poissons marins.

VIᵉ ordre. PLECTOGNATHES.
Os maxillaire soudé au côté de l'intermaxillaire.
Petite fente branchiale.
Cet ordre ainsi que le précédent ne contient que des poissons marins.

IIᵉ série. *Chondroptérygiens.*
Squelette cartilagineux, parce que son tissu n'admet jamais assez de phosphate de chaux pour acquérir une consistance osseuse.
Cette série se divise en deux ordres, qui sont les 7ᵉ et 8ᵉ des poissons.

VIIe ordre. **CHONDROPTERYGIENS** à branchies libres par le bord externe.

STURONIENS : opercule, rayons nuls à la membrane branchiale. Esturgeon.

VIIIe ordre. **CHONDROPTERYGIENS** à branchies fixes, adhérentes par le bord externe.

1re famille. Sélaciens [1] Cuv., Plagiostomes [2] Dumer.

Les poissons qui composent cet ordre se reconnaissent à leurs branchies adhérant par le bord externe, laissant échapper l'eau par autant de trous percés à la peau, qu'il y a d'intervalles entre elles.

Cette famille, ne renfermant que des poissons marins, aurait pu être supprimée sans inconvénient dans notre travail; mais j'ai jugé convenable de la conserver, pour ne point rompre l'intégrité du tableau ; ensuite, parce qu'elle renferme 1° les Squales, connus par leur voracité; 2° parce que la facilité et la promptitude des communications rend actuellement très-communs à Dijon, plusieurs espèces de poissons de mer, tels que le Congre, le Merlan, le Maquereau, le Hareng, la Sole, la Li-

---

[1] Cuvier a donné à cette famille le nom de *Sélaciens,* du mot grec ΣΕ'ΛΑΧΟΣ, employé par les Anciens pour désigner une espèce de poisson cartilagineux. Les parties dures des Sélaciens, c'est-à-dire celles qui remplacent les os chez eux, consistent intérieurement en un cartilage homogène et demi-transparent qui se revêt, seulement à la surface, d'une couche de petits grains opaques et calcaires, serrés les uns contre les autres.

[2] Duméril donne l'étymologie de *Plagiostomes,* tirée des mots grecs πλάγιος, transversal, στόμα, bouche.

mande, le Turbot, etc. , et plusieurs espèces de Raies que l'on voit aujourd'hui , non-seulement aux crochets des traiteurs , mais même sur notre marché.

Dans les poissons de cette famille, seulement, la ceinture de l'épaule s'attache à de larges apophyses de l'épine : elle est d'une seule pièce qui entoure le corps. Cuv., *Hist. nat. des Poissons*, t. 1, 382.

La Raie bouclée , *Raia clavata* , Linn. , *Dict. Sc. nat.* , tom. 44 , *p.* 361 , *p.* 375, Bloch, *Ichthyol.* , *part.* III, *p.* 60, *planc.* LXXXIII, l'une des plus estimées, se reconnaît à son âpreté et aux gros tubercules osseux, garnis chacun d'un aiguillon recourbé , qui hérissent irrégulièrement ses deux surfaces.

Cette espèce de Raie est représentée par Duhamel , *Traité général des pêches*, 2ᵉ *part.*, *sect.* IX, *pl.* 9, *fig.* 1, 2, qui donne *fig.* 3-6 de la même *planche*, la représentation de ces tubercules , sous le nom de *Boucles.*

Les *boucles de la Raie* sont des écailles plus développées , dont la nature est analogue à celle des dents. Leur base , ovale et renflée , est creuse à l'intérieur , et il y pénètre des vaisseaux qui y vivifient un noyau pulpeux , très-semblable à celui d'une dent. *Cuv., Hist. nat., Poiss.*, tom. 1, *p.* 482.

Artedi a donné une bonne description anatomique de cette espèce. *Ichthy.* , *part.* V, *p.* 103-106.

La Raie blanche *ou* cendrée, *Raia batis*, Linn., *Dict. des sciences naturelles* , tom. 44 , *p.* 379 ; Bloch, Ichthyologie, part. III , *p.* 50, pl. LXXIX , a le dessus du corps âpre , mais sans aiguillons , et une seule rangée d'aiguillons sur la queue : elle est tachetée dans sa jeunesse , et prend avec l'âge une teinte plus pâle et plus uniforme.

La chair [1] de ces deux espèces est très-délicate, parce que le voyage l'attendrit, et lui enlève son odeur repoussante et sa saveur forte. Elle fait pendant l'hiver, comme on le sait, les délices des tables délicates, et constitue un mets recherché, comme l'a dit jadis Albert-le-Grand, *opera*, *tom.* vi, *p.* 659, sous le titre : *Raychœ*, Raye.

L'anatomie de la Raie présente une foule de considérations intéressantes, qu'il n'entre pas dans mon plan de développer ; je me bornerai à indiquer la substance glanduleuse fort apparente qui se trouve dans l'épaisseur des parois de l'œsophage de la Raie, et je renvoie au travail de Cuvier, donné en grande partie dans le *Dict. des Sciences naturelles*, *tom.* 44, *p.* 363. C'est avec la Ronce, *Raja rubus*, Linn., et plusieurs autres, que l'on fait les Basilics, etc., Bloch, *Ich.*, *part.* iii, *p.* 63 ; j'ai parlé des Raies, parce que leurs caractères les différencient de tous les poissons des autres classes.

On trouve dans le *Manuel de l'étranger aux eaux d'Aix en Savoie*, *par le docteur Despine, fils*, 1834, *p.* 8 et 9, un tableau contenant le nom des poissons des environs d'Aix.

L'auteur dit : « On a vu dans le lac du Bourget « quelques Raies et même des Esturgeons : mais ils « sont devenus très-rares depuis que les sels, qui se con- « somment dans le pays, n'arrivent plus par le Rhône. »

---

[1] Dans les poissons, les muscles de la nageoire pectorale présentent deux couches à chaque face. Ce sont ces couches qui, agrandies par degrés dans les squales, deviennent enfin les énormes muscles des ailes de la Raie, lesquels forment la plus grande partie de la chair mangeable de ce poisson.

Il serait curieux de connaître l'observation, par suite de laquelle on a dit avoir vu quelques Raies dans le lac; les Raies n'étant point anadromes, ne peuvent se trouver dans l'eau douce. *Voyez ci-dessus*, p. 11.

On ne sera donc pas surpris, si je ne fais aucune mention des Harengs frais, *Clupea harengus*, Linn., des Soles, des Limandes, etc., espèces de *Pleuronectes,* Linn., des Merlans, *Gadus merlangus*, etc., etc., poissons de mer plus ou moins estimés, qui, depuis la rapidité des transports multipliés, se trouvent assez abondamment sur notre marché; à l'exception des Pleuronectes, ils appartiennent tous à quelques-uns des genres de nos poissons d'eau douce.

2e famille. Suceurs.

Corps alongé, terminé en avant par une lèvre charnue, circulaire, ou semi-circulaire.

Lamproie.

Ammocète.

1er ordre des poissons. **ACANTHOPTERYGIENS.**

Les poissons de cet ordre se reconnaissent, parce qu'ils ont toujours la première portion de la dorsale, ou la première dorsale, quand il y en a deux, soutenue par des rayons épineux, c'est-à-dire très-piquans. L'anale a aussi quelques épines pour premiers rayons, et il y en a généralement une à chaque ventrale.

Excepté le rayon externe de la ventrale dans ces poissons, les autres sont presque toujours tous articulés.

1re famille. Percoïdes.

Cette famille qui a reçu ce nom parce qu'elle a pour type la *Perche commune,* comprend des poissons à corps oblong, couvert d'écailles généralement dures ou âpres. L'opercule ou le préopercule et souvent tous les deux, ont les bords dentelés ou épineux; les mâchoires, le devant du Vomer et presque toujours les palatins sont garnis de dents.

1er genre. PERCHE [1].

Car. gen. Préopercule dentelé, opercule osseux terminé en deux ou trois pointes aigues, langue lisse.

I. Perche commune. *Perca fluviatilis,* Linn. Gmel. S. N., éd. XIII, p. 1306, sp. 1.

Bloch, *Ichthyologie, part.* 2, *p.* 62, *planche* LII.

Jurine, *Hist. des poiss. du lac Léman*, p. 152, n° 4, pl. 3.

Dict. sc. nat., atlas, ichthyologie, pl. 75, *fig.* 2. Persèque commune.

Cuvier, *Hist. nat. des poiss.,* tom. 2, p. 20. Perche fluviatile.

Lacépède, *Hist. nat. des poiss.,* tom. 8, p. 23. Persèque Perche.

Duhamel, *Pêches,* 2e *part., sect.* v, *pl.* v, *fig.* 1, *p.* 98.

Meyer, *Représentations, tom.* 1, *pl.* 73.

Rondelet, *de Piscib. fluviatil. lib., cap.* XXII, *p.* 196.

Gesner, *de Aquatilib., p.* 822.

Geoffroi, *Mat. medic., in-*4°, *tom.* 3, *p.* 275.

Aldrovandi, *de Piscib., p.* 623.

I^e D. 16 : 2e D. 16 : P. 14, 15 : V. 6 : A. 12 : C. 20-24.

40-41 Vertèbres; 19 paires de côtes.

Le nom de ce poisson thorachique vient du latin *Perca,* dérivé du grec περχος, moucheté de noir, à cause des bandes noirâtres transversales de son corps. *Aldrov., de Piscib., p.* 45.

La Perche se reconnaît à sa couleur verdâtre, interrompue par des bandes verticales noirâtres, et re-

---

[1] Les perches ont de petites dents en crochet, formant râpe, ou velours, aux deux mâchoires, à une plaque en avant du vomer; à une bande longitudinale de chaque palatin; mais elles en manquent à la langue.

levée par le beau rouge des nageoires ventrales et anale.

Ce poisson est très vorace [1] ; il vit de petits poissons, de reptiles, d'insectes, etc. ; il attaque l'Epinoche, qui dès qu'elle est saisie, redresse ses arêtes, les enfonce dans le palais de la Perche, qui meurt de faim. Si on l'en débarrasse, elle reste toujours la bouche béante. La plus grande dimension à laquelle il puisse parvenir n'est que de 18 à 20 pouces ; et alors il pèse environ quatre livres. Bloch la fixe à deux pieds, et au poids de trois à quatre livres. Il est rare de la voir de cette taille dans nos rivières.

Il fraie au commencement du printemps, en avril et en mai ; un des ovaires s'oblitère, et il ne s'en développe qu'un ; ses œufs sont réunis par de la viscosité en longs cordons entrelacés en réseaux [2]. Bloch, *Ich-*

[1] Les poissons mettent peu de choix dans leurs alimens, et leurs forces digestives suffisent pour dissoudre tout ce qui a eu vie. Ils avalent d'autres poissons malgré leurs épines et leurs arêtes ; les Crabes et les coquillages ne les effraient point, et on en trouve souvent les débris dans leurs intestins. Ils rejettent ces matières indigestes, comme les oiseaux de proie rejettent les plumes et les os des petits oiseaux qu'ils ont avalés. *Cuv., Hist. nat. des poissons, tome* 1, *p.* 488.

[2] La peau qui renferme les œufs, et qui forme, dit Bloch, un boyau troué, est large de deux pouces, et longue de deux à trois aunes ; considérée au microscope, on trouve toujours quatre à cinq œufs unis par une peau dure, et la peau forme un angle où ces œufs se réunissent, de sorte qu'ils paraissent quarrés ou hexagones. Bloch, *Ichth., p.* 63. Pour se défaire de ses œufs, ce poisson se frotte l'anus con-

thyologie, *part.* 1, *p.* 101, *pl.* xix, *fig.* 18, en donne
la figure ; fig. 17, il représente une petite masse de six
œufs attachés ensemble et formant une figure à six côtés ;
le tout vu à la loupe.

Les rayons épineux de sa première nageoire dorsale
sont pour la Perche une arme défensive ; en effet,
quand elle tient cette nageoire relevée, aucun autre
poisson ne peut en faire sa proie, sans s'exposer à être
grièvement blessé. Cette observation a été faite depuis
très-longtemps par Vincent de Beauvais. Cet auteur, *Speculum natural.*, *tom.* 1, *lib.* xvii, *cap.* lxxviii, en parlant de la Perche, suivant lui, le meilleur poisson d'eau
douce, dit : « Au moyen de ses piquans, elle se dé-
« fend contre tous les autres poissons ; si elle craint
« l'approche du Brochet, elle redresse ses épines et
« échappe ainsi à la poursuite de son ennemi. »

La Perche, qui a la vie dure et qui, suivant Lacépède, ne fraie au printemps qu'à l'âge de trois ans, est
un poisson d'une saveur délicate ; il est assez fréquemment
servi sur nos tables qu'il ne dépare point. On lui donne
quelquefois le nom de *Perdrix d'eau douce.* Cette dé-

tre un corps aigu, auquel il fait adhérer le cordon de ses
œufs, puis se retire en faisant des mouvemens alternatifs
jusqu'à ce qu'il se soit débarrassé de la totalité.

Ces œufs, dit Marsigli, *Danub.*, *tom.* iv, *p.* 66, sont
blancs, durs, sans saveur ; ils cuisent difficilement ; aussi
ne les sert-on point sur les tables. Arnault de Nobleville et
Salerne disent au contraire : les œufs de Perche grillés sont
assez bons. Geoff., *Mat. médic.*, *tom.* 3, *p.* 278, et Lieutaud,
Mat. médic., *tom.* 3, *p.* 363, disent : les œufs de Perche
sont assez estimés ; ils donnent cependant quelquefois des
nausées.

nomination française me paraît avoir sa source dans une sorte de calembour. On lit en effet dans Gesner, *de Aquatil.*, *p.* 823, *lin.* 29 : « J'appellerais en grec « les petites Perches, *Percidia* ; les moyennes, *Per-* « *cidas* ; et les grosses, *Percas.* » On a joué sur les mots *Percidia*, *Percidas* ; en transportant le *d* à la place du *c*, on a obtenu *Perdicia*, *Perdicas*, dont l'analogie avec le mot français *Perdrix*, saisie très-promptement, a fourni la dénomination dont l'étymologie a été encore fortifiée par la comparaison que l'on a faite de la déli- catesse de la chair de la Perche avec la délicatesse de la chair de la Perdrix.

« Dans le lac Léman, lorsqu'on pêche les Perches « en hiver, avec un grand filet, sur un fond de 40 à « 50 brassées, on en voit beaucoup flotter à la surface « de l'eau avec l'estomac refoulé hors de la bouche ; « elles périssent au bout de quelques jours si on ne fait « pas rentrer cette vessie en la perçant avec une « épingle. » Jurine, *Act. Genev.*, *tom.* 3, 1re *part.*, *pag.* 153.

Ce phénomène était connu d'Aldrovandi. Cet auteur, *de Piscibus*, *p.* 623, signale d'une manière très-positive la vésicule rouge sortant de la gueule des Perches ex- traites, pendant l'hiver, du lac de Genève.

Cet accident, que Bloch, *Ichth.*, *part.* ii, *p.* 65, appelle mal à propos *Tympanitis*, résultat du défaut d'équilibre entre l'air intérieur de la vessie natatoire du poisson et l'air atmosphérique, ne s'observe jamais dans notre pays, dont les rivières n'ont pas une pro- fondeur suffisante pour lui donner lieu.

« Lorsque l'on retire assez vite d'une grande pro- « fondeur les poissons, ils n'ont pas le temps de com- « primer leur vessie ou de la vider de l'air qu'elle

« contient. Cet air, n'étant plus comprimé par la grande
« colonne d'eau qui pesait sur lui, rompt la vessie et
« se répand dans l'abdomen, ou bien il la dilate ex-
« trêmement et fait saillir l'œsophage et l'estomac dans
« la bouche. » *Cuvier, Hist. nat. des poiss., tome* 1,
page 526.

La Perche devient la proie, non-seulement des grands poissons, des grosses Anguilles, mais encore des canards et autres oiseaux d'eau. De petits animaux, et notamment des Cloportes [1], s'attachent quelquefois à ses branchies, déchirent ces organes et lui donnent la mort. *Lacépède, Hist. nat., Poiss., tom.* 8, *p.* 38.

Les Perches bossues dont Linné fait une espèce, ne le deviennent que par la courbure de l'épine dorsale, courbure dépendant d'une cause accidentelle comme dans le Brochet.

On trouve des Perches borgnes de l'œil gauche. *Act. Paris.*, 1748, *p.* 127, 28.

La Perche est victime d'une espèce de Cymothoé, qui, s'insinuant dans les branchies, devore vivantes ces parties délicates et cause bientôt sa mort. On n'a pas donné le nom spécifique de ce crustacé dans le *Dict. classique d'hist. nat., tom.* XIII, *p.* 203, où l'on en parle.

La Perche est tourmentée par plusieurs espèces de vers intestinaux, tels que

1. L'Ascaride de la Perche, *Ascaris Percæ*, Goeze, *Gmel., p.* 3036, *sp.* 64.

---

[1] Lacépède ne savait pas que c'est une espèce de Cimothoé; il ignorait également la vraie cause du refoulement de l'estomac.

Les jeunes Perches sont connues sous le nom de *Mille cantons;* c'est un mets délicat.

2. L'Echinorhynque de la Perche, *Echinorhynchus Percæ*, Pallas, *Gmel., Sc. nat.*, xiii, *tom.* 1, *p.* 3048, *sp.* 30.

3. Le Cuculan de la Perche, *Cuculanus Lacustris, β., Percæ*, Goeze, *Gmel., p.* 3051, *sp.* 6, *β.* Encycl., pl., Vers, pl. xxxi, fig. 6. *Cuculanus elegans*, Zeder. *Dict. des sc. nat.*, *tom.* xii, *p.* 141, *tom.* lvii, *p.* 542. Atlas, Vers, pl. 30, fig. 13.

4. La Fasciole bouteille, *Fasciola lagena*, Braun, Gmel., *p.* 3057, sp. 30, appelée *Distoma nodulosum.* Encycl. méth., Vers, tom. 2, p. 278, n° 113.

5. Le Tænia noduleux, *Tænia nodulosa*, Goeze, *Gmel., p.* 3072, *sp.* 30. Encycl., Vers, tom. 2, p. 753, Vers, pl. xlix, fig. 12-15. Trienophore noduleux. *Dict. sc. nat.*, *tom.* 55, *p.* 185, *tom.* 57, *p.* 596. Atlas, Vers, pl. 48, fig. 3.

On prend dans les rivières, et notamment dans la Seine, un poisson qui semble tenir de la Perche et du Gardon, non-seulement par sa forme extérieure, mais encore par la consistance et le goût de sa chair. Ces points d'analogie ont engagé les pêcheurs à lui donner le nom de *Perche gardonnée.* Encycl. méth., *Dict. des Pêches*, *p.* 218. C'est l'*Acérine vulgaire*, *p.* 75.

Cuvier, *Hist. nat. des poiss.*, *tom.* 2, *p.* 20, donne sur la Perche des détails anatomiques fort étendus. C'est sur elle qu'il a fait le travail anatomique contenu dans le 1er volume de son Histoire naturelle. On pourra aussi consulter le *Nouv. Dict. d'hist. nat.*, *édit.* 2, *tom.* xxv, *p.* 186, et le *Dict. des sc. nat.*, *tom.* xxxix, *p.* 145; mais surtout Artédi, *Ichthyologia, pars* v, *pp.* 74-76, qui donne la description des parties intérieures et extérieures de la Perche, à laquelle il attribue 41 vertèbres

et 19 paires de côtes. Bloch ne lui accorde que 39 vertèbres.

On obtient avec la peau de la Perche une colle qui
surpasse de beaucoup celle des autres poissons. Bloch,
pag. 65, indique la manière de la préparer.

Les pierres de Perche, qui se trouvent dans la tête,
près l'origine de la colonne vertébrale, *Geoffroi, Mat.
médic., in-4°, tom.* 3, *p.* 278, se rapprochent de celles
du Dorsch, qui sont les calculs auriculaires du *Gadus
Callarias.*

II. L'Apron commun, *Aspro vulgaris*, Cuv., *Perca
asper,* Linn., *Gmel., S. N., edit.* XIII, *p.* 1309, *sp.* 3.

Rondelet, *De piscibus fluviat. lib.*, *cap.* XXXII, *p.* 207. De as-
pero pisciculo.

Gesner, *De aquatilibus*, *p.* 478. Asper pisciculus Gobioni similis.
Aldrov. *De piscib.*, *lib.* v, *cap.* XXVIII, *p.* 615.
Bloch, *Ichthyologie, part.* III, *p.* 151, *pl.* CVII, *fig.* 1, 2.
Bonnaterre, *Tableau encyclop. Ichthyol.*, *pl.* 57, *fig.* 206.
Lacépède, *Hist. nat., Poiss.*, *t.* VII, *p.* 127. Le Dipterodon apron.
Nouv. Dict. d'h. nat., *éd.* 2, *tom.* IX, *p.* 493. Dipterodon apron.
Cuvier, *Hist. nat. des Poissons*, *tom.* 2, *p.* 188, *pl.* 26.

1ere D, 8 : 2e D, 13 : P, 14 : V, 5 : A, 12 : C, 17.

Ce petit poisson, de la longueur de six à sept pouces,
est verdâtre; il offre trois ou quatre bandes verticales
noirâtres, et huit épines à la première dorsale.

Il a le corps alongé, la peau rude ou âpre, les deux
dorsales séparées ; de larges ventrales ; des dents en
velours, la tête déprimée ; le museau plus avancé que la
bouche, et terminé en pointe arrondie.

Le mot Apron du *Dict. des Sciences nat.*, *tom.* 2,
p. 301, renvoie au genre d'*ipterodon* (au lieu de *dipterodon*), dont le mot renvoie à celui de *cingle*, où,
tom. IX, *p.* 240, se trouve effectivement l'Apron.

Ce poisson facile à distinguer par la rudesse de ses écailles, vit de vers, d'insectes, de poissons plus petits; il a la vie dure, et fraie, dit-on, en mars; cependant au mois de novembre j'ai vu les œufs fort gros et destinés à être pondus dès le courant de décembre [1]; ses œufs, fort gros proportionnellement, sont d'un blanc sale et abondans; suivant Artedi, il a quarante-deux vertèbres et seize paires de côtes.

Sa chair est blanche, légère, saine, de bon goût et estimée. Le Péritoine nacré ou argenté, est piqueté de noir.

Ce poisson, connu aujourd'hui à Lyon, d'après Cuvier, sous le nom de *Sorcier*, se trouve dans le Rhône et ses affluens; les pêcheurs des bords de la Saône, le désignent

---

[1] « Le *Roi poisson*, m'écrit M. Baudot, 13 novembre 1835, fraie dans le mois de janvier; à cette époque il répand une odeur, et a un goût d'urine; il ne les conserve que pendant la durée du frai. »

L'opinion de M. Baudot, fondée sur le récit d'un pêcheur, a pour base une observation mal faite; elle pourrait aussi être le résultat d'une confusion, car Lieutaud, *Mat. médic.*, *tom.* 3, *p.* 380, dit : « la chair du Goujon a une mauvaise odeur. »

A l'époque du frai, les poissons se frottent le ventre contre tous les corps qu'ils rencontrent. Les Aprons, dont parle M. Baudot, se seront frottés contre les pierres de fosses d'aisances établies sur la Saône, et se seront imprégnés de leur odeur : ils auront ainsi donné lieu à l'odeur et à la saveur signalées par M. Baudot.

On sait que tous les poissons sont attirés par les matières fécales, et les pêcheurs n'ignorent pas l'avantage que leur procure cet appât.

sous la dénomination de *Roi poisson*, *Roi des poissons*, et quelques personnes à Dijon l'appellent *Dauphin*.

La figure de l'Apron, ses couleurs l'ont fait confondre par des observateurs peu attentifs, avec le Chabot et avec le Goujon, dont il diffère par sa peau rude comme celle de la Roussette, (*Squalus canicula*, Linn.) ; telle est la source des noms vulgaires qui lui ont été donnés.

Le nom de *Roi poisson* ou de *Roi des poissons* [1], est appliqué à l'*Apron* et au *Chabot*, soit à cause de la délicatesse de leur chair, soit plutôt à cause de ce que ces deux poissons ayant été pris l'un pour l'autre, auront été désignés par le même nom.

Le nom de *Dauphin* vient de la largeur de la partie postérieure de la tête de ce poisson, principalement lorsqu'il a été cuit, et de la comparaison qu'on en a faite avec la tête du Dauphin, fruit de l'imagination des peintres, des sculpteurs et autres artistes.

Les pêcheurs de la partie de la Saône qui traverse notre département, ont fait depuis longtemps une observation d'après laquelle ils se sont assurés que la

---

[1] On a appliqué le nom de *Piscis regius* à divers poissons. Voy. *Nouv. Dict. Sc. nat.*, éd. 2, *tom.* 27, *p.* 228, et *Dict. Sc. nat.*, *tom.* 42, *pag.* 147.

Aldrovandi, *de Piscibus*, *p.* 79, en parlant du Maigre, ainsi appelé à cause de la blancheur de sa chair, qui n'est nullement colorée par le sang, dit : la Daine en Provence est appelée *Peis rei*, c'est-à-dire Poisson-roi, ou Roi-poisson, ou Poisson royal, nom, continue-t-il, que les plus instruits donnent au *Piscis latus* de Rondelet, appelé Daina, σκιαινα, Coracin, enfin Corb ; et p. 498, à l'article *De Lato*, il répète *Peis rei*, Poisson royal, c'est-à-dire digne d'être servi sur la table des rois.

pêche sera mauvaise, s'ils ramènent un Apron dans leurs filets : aussi mécontens de cette rencontre, prenaient-ils le poisson, et le lançaient-ils avec dépit sur leur Bachot [1] ; ils n'en faisaient alors aucun cas : mais depuis, ayant connu la délicatesse de la chair de l'Apron, analogue à celle de la Perche, ils ne le jettent plus, et se trouvent très-bien de le manger.

Le mécontentement des pêcheurs, lorsqu'ils ramènent ce poisson dans leurs filets, vient de ce que sa présence est d'un très-mauvais augure ; elle annonce en effet que la pêche sera infructueuse, aussi la cessent-ils alors [2] ; c'est de cette circonstance que vient à l'Apron le nom de *Sorcier*, appliqué comme injure.

Ce poisson, qui se tient ordinairement au fond de l'eau, ne sort de son réduit, pour nager dans la rivière, que par le mauvais temps, c'est-à-dire, par le temps froid et par les vents de nord et d'ouest, époques auxquelles les autres poissons ne vaguent point [3]. Cette

---

[1] Bachot ; on appelle ainsi le coffre ou la huche de la barque, destiné à recevoir le fruit de la pêche.

[2] Un ancien pêcheur possédait une grève dans la Saône ; lorsqu'il voulait pêcher, il jetait son filet dans cet endroit ; s'il ramenait un Apron, il remettait sa pêche à un autre jour.

[3] L'agitation de l'eau, contraire à la pêche des poissons d'eau douce, favorise celle des poissons de mer dans la Syrie.

M. De Lamartine décrit la manière dont les Arabes pêchent le poisson, et dont il a été témoin dans le golfe de Caïpha.

« Un homme, dit-il, tenant un petit filet replié, élevé au-dessus de sa tête et prêt à être lancé, s'avance à quelques

considération a engagé à lui donner le nom de *Roi des poissons*, parce qu'on le comparait ou à un souverain, dont la présence fait éloigner la foule, pour lui laisser la place libre, ou au lion (roi des animaux), à la vue duquel fuient les mammifères.

De même l'Apron, ne vaguant qu'en l'absence des autres poissons, paraît les avoir fait retirer pour jouir du champ libre, ou leur avoir inspiré une sorte de terreur qui les aurait fait fuire ; c'est la *chouette* des poissons, puisque, comme cet oiseau, il ne vague qu'en l'absence des autres.

Cette singulière circonstance, observée constamment par nos pêcheurs de la Saône, n'a été notée par aucun ichthyologiste, et comme elle est intéressante dans l'histoire de l'Apron, j'ai jugé convenable de la publier, d'autant plus qu'elle est analogue à celle attribuée au Grenouiller, *Blennius raninus*, Linn., *Raniceps blennioïdes*, qui habite les lacs de la Suède, où il semble

pas dans la mer, et choisit l'heure et la place où le soleil est derrière lui et illumine la vague, sans l'éblouir. Il attend les vagues qui viennent, en s'amoncelant et en se dressant, fondre à ses pieds sur l'écueil ou sur le sable. Il plonge un regard perçant et exercé dans chaque écume, et s'il aperçoit qu'elle roule du poisson, il lance son filet au moment même où elle se brise et entraînerait ce qu'elle apporte avec son reflux : le filet tombe, la vague se retire, et le poisson reste. Il faut un temps un peu gros pour que cette pêche ait lieu sur les côtes de Syrie ; quand la mer est calme, le pêcheur n'y découvre rien ; la vague ne devient transparente qu'en se dressant au soleil à la surface de la mer. »

Souvenirs, impressions, pensées et paysages, pendant un voyage en Orient, par M. Alphonse DE LAMARTINE, 1835, *tom.* 2, *p.* 294, 295.

redouté des autres poissons, qui s'écartent le plus qu'ils peuvent des endroits fréquentés par lui.

Si, comme le dit Gesner, *de Aquat.*, *pp.* 354, 3₇₇, 1275 [1], le *demi-charassius* s'oppose au développement des Carpes, (*impediens enim incrementa et saginationes cyprinorum quos a pabulo depellit*), ce n'est point par antipathie, comme on pourrait le croire d'après un passage d'Hermann [2]. L'assertion des pêcheurs, citée par Marsigli [3], et répétée par Hermann, *Observat. zoologicæ, p.* 317, est certainement fausse ; puisque la Laite d'une espèce de poisson ne peut pas féconder les œufs d'une autre espèce.

III. L'Acérine vulgaire, Gremille [4] commune, Perche

---

[1] *Halbkaras* (dimidius Carasius) *Karpkarass* quoniam è Caraso et Carpa veluti compositus videtur, *dit Gesner.*

[2] *Si verum est, quod Gesnerus refert carassos fugare Carpiones* (dit-il), *falsum erit quod piscatores referunt de ovorum Carpionis lacte Carassii fecundatione.*

Cette manière de s'exprimer ferait croire à une inimitié dont Gesner ne parle pas.

[3] Cyprinus III. Sittich-Kharpfen, Tab. xxi, similitudine inter Cyprinum et Carassium mediat, nam ex ovis Cyprini, quantum piscatores asserunt, et semine vel lacte Carassii, aut è contra progeneratur. Marsili, *Danub., Pannon., tom.* iv, *p.* 61.

[4] Un amateur, à Auxonne, a appelé *Gremille* un poisson qu'il rangeait parmi les petites espèces; mais les pêcheurs de profession n'en connaissent point de ce nom.

Le particulier grand amateur de pêche, à Auxonne, qui m'avait parlé du poisson appelé *Gremille,* est mort, avant d'avoir pu m'en transmettre un échantillon; de sorte qu'il est impossible de rapporter cette Gremille à un genre.

goujonnière. *Perca cernua,* Linn., Gmel., S N., p. 1320, sp. 30.

Gesner, *de aquatilib.*, p. 227, icon; *cernua fluviatilis.* Descriptio, p. 228. *Aspredo Johann Caii angli,* p. 825, *de percæ fluviatilis genere minore.*

Marsigli, *Danub.*, tom. IV, p. 67, *tab.* XXII, *fig.* 2. Perca II.

Duhamel, *Pêches,* 2ᵉ *part.*, sect. IV, p. 39, *pl.* VIII, *fig.* 1. Perche gardonnée (*voyez ci-dessus,* p. 68) ou goujonnière.

Bloch. *Ichthyologie,* part. II, p. 68, *pl.* LIII, *fig.* 2. Petite perche.

Bonnaterre. *Tabl. encyc.*, *Ichth.*, *pl.* 57, *fig.* 220. Le post.

Lacépède. *Hist. nat. des Poiss.*, tom. VII, p. 382. Le post, l'holocentre post.

Nouveau dict. hist. nat., *édit.* 2, tom. 14, p. 611. Holocentre post, tom. 13, p. 450. Gremille.

Dict. des sciences nat., tom. XIX, p. 358. *Atlas ichthyol.*, *pl.* 48, *fig.* 2. Gremille goujonnière.

Cuvier. *Hist. nat. des poiss.*, t. 3, p. 4. Acérine vulgaire, pl. 41.

Ce petit poisson, appelé à Auxerre *Perche à goujon*, est d'un goût agréable, se reconnaît à son corps long et gluant, olivâtre, tacheté de brun, à des fossettes aux os de la tête; le préopercule et l'opercule n'ont que de petites épines sans dentelures.

L'Acérine, dont les dents sont en velours, n'a qu'une dorsale à 27 ou 28 rayons; Artedi, *Ichthyologie, part.* V, *p.* 80, 81, lui donne quinze paires de côtes, et 35 vertèbres, que Bloch, *Ichthyol.*, *p.* 70, réduit à 30.

Ce poisson a la vie dure, il se nourrit des petits d'autres espèces, de vers, d'insectes, et devient la proie du Brochet, de l'Anguille, de la Perche, de la Lotte, des oiseaux d'eau; sa chair tendre, de bon goût, est plus agréable et plus salubre que celle de la Perche, au dire de Bloch.

Ce poisson se trouve dans la Seine aux bouches des petites rivières tributaires; il est long de 7 à 8 pouces et pèse 3 onces; il fraie aux mois de mars et d'avril, les œufs sont petits et d'un blanc jaunâtre.

Dans *l'Encyclopédie méthodique, Dict. des Pêches,* *p.* 217, on lit : « Gremille, espèce de perche de ri- « vière, petite, qui a sur la tête ou auprès, des ardil- « lons qu'elle relève à sa volonté et qu'on a comparé « à une couronne ; se plaît principalement dans les « petites rivières d'eau très-vive. »

L'auteur a-t-il voulu parler de l'Acérine, ou bien de la Loche de rivière, ou bien d'un autre acanthoptéry-gien ? C'est ce qu'il est difficile de décider d'après les vagues renseignemens qu'il fournit.

Grosley, dans ses *Mémoires historiques sur Troyes,* et dans ses *Ephémérides,* iiie *part., chap.* 8, *tom.* 2 (1811), *p.* 163, parle d'un poisson signalé dans cette ville sous le nom de *Chagrin ;* les détails qu'il fournit et que nous allons rapporter, nous permettent de re-connaître dans ce poisson l'Acérine vulgaire.

« Chagrin, petit poisson dont la chair est très-« délicate.

« Nos pêcheurs de la Seine au-dessous de Troyes, « qui prétendent n'y voir ce poisson que depuis 3 « ou 4 ans, l'ont ainsi nommé à cause de la forme de « son écaille ; il a sur le dos et sous le ventre deux « crêtes hérissées et aussi fortes que celles de la Perche ; « il porte sur le dos deux rangs parallèles de taches « d'un rouge noir, dont la teinte pénètre dans la « chair ; nos pêcheurs ont imaginé que ce poisson « vient de la mer. »

Ce poisson est la Gremille commune ou Acérine vulgaire, dont la peau est effectivement rugueuse comme du chagrin, ou plutôt comme la peau de chien marin, *Squalus catulus,* Linn.

Bosc a donné la dénomination de Centropome san-dat, *Perca lucio perca,* Linn., à l'Acérine vulgaire. Il dit en posséder un individu pris dans la Seine, *Nouv. Dict. d'Hist. nat.*, édit. 2, tom. 5, *p.* 486.

Et Cuvier dit positivement en parlant du Sandre : « il est inconnu à l'Italie, à la France et à l'Angle- « terre. » *Hist. nat. des Poissons*, tom. 2, *p.* 110.

Bosc s'est trompé dans ce cas, comme il s'est trompé pour le *Termes radicum,* qui, suivant lui, ravageait ses confitures. Voy. ma note à ce sujet dans les *Act. Divion.*, 1827, *p.* 72.

L'individu de Centropome Sandat pris dans la Seine, et possédé par Bosc, *Nouv. Dict. d'Hist. nat.*, tom. v, *p.* 486, était tout bonnement l'Acérine vulgaire, pois- son dans lequel on trouve plusieurs vers intestinaux, savoir :

Echinorhynchus cernuæ, Gmel., S. N., p. 3048, sp. 31.

Cucullanus lacustris, ♂ *cernuæ*, Gmel., p. 3051, sp. 6, ♂.

Fasciola luciopercæ, — Percæ — *Lagena,* Gmel., S. N., édit. XIII, p. 3057, sp. 28, 29, 30; *Disto- ma nodulosum,* Encycl. méth., Dict des Vers, tom. 2, p. 278, n° 113.

Tœnia nodulosa, Gmel., p. 3072, sp. 50. Trienophore noduleux, Encycl., Vers, tom. 2, p. 753, Atlas, pl. XLIX, fig. 12-15; Dict. Sc. nat., tom. 55, p. 185, pl. 48, fig. 3.

Tœnia percæ cernuæ, Gmel., p. 3079, sp. 77-79, Dict. Sc. nat., tom. 53, p. 64.

Deuxième famille. JOUES CUIRASSÉES.

Cette famille comprend des poissons dont la tête, di- versement hérissée et cuirassée, offre un aspect sin- gulier, à raison des sous-orbitaires plus ou moins éten- dus sur la joue, et s'articulant en arrière avec le préo- percule.

IV. Le Chabot, *Cottus* [1] *Gobio*, Linn., Gmel., S. N. XIII, p. 1211, sp. 6.

Bloch, *Ichthyolog.*, part. II, pag. 11, *planche* XXXIX, *fig.* 1, 2.

Jurine, *Hist. des Poissons du lac Léman*, p. 150, n° 3, *pl.* 2. Séchot *et* Chassot [2].

Marsigli, *Danub.*, tom. IV, p. 73, *tab.* XXIV, *fig.* 2. Gobio fluviatilis capitatus.

Duhamel, *Pêches*, 2ᵉ part., sect. V, p. 123, *pl.* XI, *fig.* 5, 6. Cabot testu. *Sect.* VI, p. 157, Chabot.

Meyer, *Représ.*, tom. 2, *pl.* XII.

Cuvier, *Hist. nat. des Poissons*, tom. IV, p. 145-152.

Lacépède, *Hist. nat. des Poissons*, tom v, p. 324.

Prevost, *Annales des Sciences naturelles*, 1830, tom. XIX, p. 165-176, pl. 41. Mulus Gobio. *Mém. de la Société de Physique et d'Hist. nat. de Genève*, 1828, tom. IV, p. 171-183, pl.

Bonnaterre, *Tableau encyclop.*, Ichthyologie, pl. 37, *fig.* 149.

Rondelet, *de Piscib. fluviatil. liber*, cap. XXV, p. 202. De Cotto.

Gesner, *de Aquatilib.*, p. 475, p. 711. Botetrissia.

Nouv. Dict. d'Hist. nat., éd. 2, tom. VIII, p. 192. Meunier.

Dict. des Sc. nat., tom. XI, p. 62. Le Chabot où le Meunier.

31 vertèbres, 10 paires de côtes.

1ᵉ D. 7 : 2ᵉ D. 16 : P. 14 : V. 4 : A. 12 : C. 14.

Membrane branchiale à 6 feuillets.

Le Chabot a la tête large, déprimée, presque lisse et seulement une épine [3] au préopercule; la première

---

[1] Cottus de κοτλη, tête, d'après Hesychius. Ce nom a été donné à ce genre à cause du volume de la tête des espèces qui y sont contenues.

[2] Le Chabot porte en Savoie le nom de *Chasso* ou *Chassot*, qui, suivant Gesner, a du rapport avec celui de *Scazon* donné par les Italiens à ce poisson.

[3] Bloch indique deux piquans : l'un grand a la pointe tournée vers la bouche; l'autre, petit, a la pointe tournée vers le tronc. Les auteurs ne parlent pas de ce dernier; mais pour le sentir, il suffira de passer le doigt le long de la tête. Cuvier, p. 146, en parle sous le nom de « trèspetite dent cachée sous la peau. »

dorsale est très-basse. La ligne latérale, un peu saillante, conserve cette disposition sur la peau du poisson enlevée et séchée.

Ce poisson thorachique, noirâtre, de trois à cinq pouces de longueur, est connu depuis longtemps. Vincent de Beauvais, *Speculum naturæ*, tom. 1, *lib.* XVII, *cap.* XL, en donne une description très-précise sous le nom de *Capitatus*; Albert le Grand lui donne le même nom; l'un et l'autre en reparlent encore sous le nom de *Gobio*, qui depuis a été appliqué à plusieurs autres poissons.

Rondelet en donne une mauvaise figure et une description suffisante.

Le Chabot est un des poissons sur lesquels on a accumulé un si grand nombre de noms [1], qu'il en est résulté dans beaucoup d'ouvrages une confusion assez

[1] Les Français l'appellent *Chabot*, les Romains *Misoris*, les Manceaux un *Musnier*, parce qu'il se trouve dans les biefs des moulins; les Milanais, un *Scatzot* et *Bot*; les Insubriens, *Strincius* et Botetrissia. Botulus à grapaldo dicitur, hinc et Botetrissia, compositum ab Insubris vocabulum est. Gesner, p. 476.

Clou de cheval, à cause de sa grosse tête.

Artédi, *Ichthyologie*, *part.* IV, *p.* 77, écrit *Chalot*; c'est sans doute par erreur typographique. Au surplus, *part.* V, *pp.* 82-84, il décrit très-exactement les parties externes et internes de ce poisson; il signale la membrane très-noire dans laquelle sont enveloppés, soit les laites, soit les ovaires, et n'oublie pas la couleur noirâtre du péritoine.

Il indique 31 vertèbres assez comprimées sur les côtés, et environ 10 paires de côtes légèrement attachées aux vertèbres par un cartilage.

difficile à débrouiller. Cette multitude de noms reconnaît pour cause l'examen particulier que chacun a fait d'une des parties de ce poisson. Les uns, ne s'attachant qu'à son énorme tête, l'ont appelé *Capitatus*, *Testu*, *Testard* [1], *Teste d'aze*, *Tête d'âne* [2], *Chabot*, etc. Sur la Bèze on lui donne le nom de *Bâne* [3] et, suivant M. Locquin, *Jacquard*, *Gau*.

Les noms de *Jacquard*, *Gau*, donnés sur la Bèze au Chabot, viennent des deux vieux mots, *Jacquet*

---

[1] Le nom de *Tétard* (vulg. *Queue de casse*, c'est-à-dire Queue de poêle à frire), est usité pour désigner les larves des Batraciens (Grenouilles, Crapauds et Rainettes).

Pour se former une idée de la manière dont sont faits les livres, j'engage à lire dans l'*Encycl. méthod.*, *Dict. des Pêches*, *p.* 35, l'article *Chabot* ou *Tête d'âne* ; on y trouvera : « Le trait de ses aîlerons a la rapidité de la flèche, » pour dire : Ce poisson nage avec la rapidité d'un trait.

[2] Dans le *Dict. théorique et pratique de Chasse et de Pêche*, 1769, l'auteur, Delisle de Sales, publie l'article suivant :

SAME. Poisson à nageoires épineuses, qu'on trouve assez communément dans le Rhône, dans la Loire et dans la Garonne. Le peuple des naturalistes croit qu'il ne vit que de fange, *tom.* 2, *p.* 330.

Sous le nom de *Same*, les auteurs confondent des poissons de mer et des poissons d'eau douce ; mais ce nom de *Same* venant du patois dauphinois *Saumo*, ânesse, me porte à croire que le *Same* des rivières est le *Chabot*, ou peut-être l'*Apron*, ce qui est difficile à décider, par suite de l'indication inexacte donnée par les auteurs.

[3] Le nom de *Bane* (borgne), est donné à ce poisson par les pêcheurs de la Bèze, sans doute par antiphrase.

(petit coq), *Gau* (de *gallus*, coq), à raison de ses nageoires dorsales qui, redressées, sont comparées à la crête d'un coq.

D'autres, s'attachant uniquement à la forme de son corps enduit d'une mucosité visqueuse, comme l'Anguille, lui ont donné le nom de *Trissia*; d'autres enfin, considérant la forme générale du poisson, l'ont désigné par le mot de *Botatrissia :* de *Bote,* Crapaud, à cause de la grandeur de sa gueule, et *trissia,* à raison de son corps anguilliforme. *Voyez* Gesner, *de Aquat.,* p. 711, *lin.* 52. Rondelet, dont l'ouvrage doit toujours être consulté quand il s'agit d'ichthyologie, avait très-justement comparé le Chabot à la Grenouille pêcheuse (*Lophius piscatorius,* Linn.); il ressemble effectivement en petit à ce poisson, soit par le volume de sa tête et l'ampleur de sa gueule, soit par son ensemble, soit par ses habitudes; d'autres enfin l'ont désigné d'après les lieux où on le disait se trouver : « Les Manceaux, dit Belon, « l'appellent un Musnier, parce qu'il se trouve dans « les biefs des moulins. » Gesner, *de Aquatil., p.* 476. Je soupçonne ici une erreur de la part de Belon qui aura confondu le Chabot avec le Chevanne, par suite de l'épithète *Capitatus* donnée à l'un et à l'autre de ces poissons, quoiqu'il y ait une grande différence de volume et de forme entre leurs têtes.

Le Chabot est facile à reconnaître par sa tête plus large que son corps, par sa peau muqueuse, par ses écailles presque nulles.

Il se nourrit d'insectes aquatiques, de vers, de petits poissons; il sévit même, dit-on, contre sa propre espèce.

Il fraie à la fin de l'hiver, en mars et avril, éloigne

les pierres avec sa queue pour déposer ses œufs dans les petits enfoncemens qu'elles laissent.

Sur le Rhône on le nomme *Sechot, Chassot,* quelquefois *Sorcier,* [1] d'après *Cuvier, Hist. nat. des Poiss.,* tom. IV, *p.* 150.

Lorsque le Chabot est en danger, il gonfle la membrane de ses ouies, soulève son préopercule de manière à pouvoir blesser avec l'épine osseuse, aigue, recouverte de peau qui le termine.

Ce poisson, dont la chair délicate devient rouge, par la cuisson, comme celle du Saumon, constitue un aliment très-agréable et fort sain; [2] il est après le Goujon le poisson que de mai en juillet, l'Anguille aime le plus; aussi s'en sert-on pour amorcer les lignes de fond.

Les Laites sont renfermées dans une membrane trèsnoire, comme le péritoine, *Dict. Sc. nat.,* tom. XI, *p.* 62. Les sacs de ses ovaires sont teints en noir, *Cuvier.* La femelle pleine est fortement gonflée par les œufs petits et de couleur jaune.

Les enfans, pour prendre ce poisson, soulèvent avec précaution les pierres sous lesquelles il se blottit, et s'en emparent en les transperçant d'une fourchette solidement attachée au bout d'un bâton.

[1] A Lyon, le nom de *Sorcier* est aussi donné à l'*Apron,* résultat de la confusion faite de ces deux poissons par les pêcheurs et par les marchands.

[2] Quelques personnes enlèvent la tête de ce poisson sous le prétexte qu'elle est amère; ce qui n'est pas. Cette précaution est plutôt le résultat soit de la figure hideuse de cette tête, soit de l'absence de chairs dans cette même tête.

Le Chabot aime les eaux limpides, au fond desquelles il se tient immobile.

Dans les endroits très-pierreux de l'Isar, on pêche et l'on apporte au marché de Munich le *Steinkressen*, (Goujon de pierres), *Cyprinus uranoscopus* [1], qui meurt tout de suite hors de l'eau, ce en quoi il diffère du Goujon, qui perd difficilement la vie, et avec lequel on l'a confondu. *Bullet. Feruss.*, 1829, *Scienc. nat.*, tom. XIX, *p.* 115, *n*° 61.

Ce *Cyprinus uranoscopus* est le Chabot désigné, par les anciens auteurs [2], sous le nom de *Gobio*, nom qui lui a été conservé par les modernes comme dénomination triviale, ou spécifique. Gronovius avait donné le nom d'*Uranoscopus* au Chabot, *Cottus gobio*, à raison de la forme de sa tête, comparée par lui à celle du Rat, *Uranoscopus scaber*, Linn., désigné sous le nom de *Cottus anostomus* par Pallas, *Zool. rossic.*, tom. 3, *p.* 128, *n*° 101.

EPINOCHE, *Gasterosteus* [3], Bloch, Ichthy., part. II, p. 71.

Epines dorsales libres, ne formant point une nageoire: le bassin se réunissant à des os huméraux plus larges

---

[1] Les yeux du Chabot, fort élevés sur la tête et tournés vers le ciel, ont porté quelques auteurs à ranger ce poisson avec les *Uranoscopus*, dit Duhamel, *Pêches*, II° *part.*, p. 157.

[2] On peut s'en assurer en consultant Gesner, *de Aqua-tilib.*, *p.* 475, qui intitule le chapitre du Chabot : De Cotto Rondeletius : quem itidem *Gobium fluviatilem*, ab Ausonii Gobio diversum, eruditi quidam appellant.

[3] De γαστήρ, ventre, et ὀστέον, os, parce que le ventre de ce poisson est en partie osseux.

qu'à l'ordinaire, garnit leur ventre d'une sorte de cuirasse osseuse. Les ventrales placées plus en arrière que les pectorales, se réduisent à peu près à une seule épine.

Ces poissons, très-voraces, avalent des vers presqu'aussi gros que leur corps et les laissent digérer dans leur œsophage; ils se nourrissent aussi de larves, de chrysalides, d'insectes, aquatiques, de petits poissons qui viennent d'éclore.

« Les pêcheurs de notre pays ne se sont point ap- « pliqués à remarquer le nombre des épines du dos, » m'écrit M. Pataille.

Cela n'est pas étonnant, parce que l'Epinoche, étant un poisson dont on ne fait aucun usage, n'a point dû fixer l'attention des pêcheurs qui s'attachent uniquement à distinguer les poissons dont ils sont assurés de tirer parti.

Cependant des Anciens avaient remarqué la différence de l'Epinoche et de l'Epinochette; d'autres en ont parlé sous une dénomination commune; *Gesner*, *de aquatilib.*, *p.* 896, parle des Epinoches, sous le nom de *Pungitio*, désignées, dit-il, à Lyon par le mot *artière*.

Albert-le-Grand, *opera*, *tom.* vi, *p.* 658, sous le nom de *Pungitius*, et Vincent de Beauvais, *Speculum natur.*, *tom.* 1, *lib.* xvii, *cap.* lxxxi, sous celui de *Pungitivus*, parlent d'un petit poisson qui a deux épines pour nageoires ventrales.

On distingue plusieurs espèces dans ce genre.

V. La grande Epinoche, *Gasterosteus aculeatus*, Linn., Gmelin, *Sc. nat.*, *édit.* xiii, *p.* 1323, *sp.* 1.

Bloch, *Ichthyologie*, *part.* ii, *p.* 73, *pl.* liii, *fig.* 3.
Belon donne à ce poisson le nom de *Ripe*.
Rondelet, *De piscib. fluviatil.*, *p.* 206, *cap.* xxx, *fig. super.*
Lacépède, *Hist. nat*, *Poiss*, v, 385.
Aldrovandi, *De piscib.*, *lib.* v, *cap.* xxxvi, *p.* 628, *de pungitio pisce Alberti.*

Duhamel, *Pêches*, 2ᵉ *part., sect.* III, *p.* 516, *pl.* XXVI, *fig.* 6.
Echarde *ou* Epinarde, Epinaude, Savetier [1].
  Bonnaterre, *Tableau Encyclop., ichthyologic, pl.* 57 , *fig.* 222.
  Cuvier, *Hist. nat. des poissons, tom.* 4 , *p.* 481-493.
  Encyclop. méthodiq., Hist. nat., tom. 3 , *p.* 409.
  Nouv. Dict. d'hist. nat., édit. 2, *tom.* XII , *p.* 451.
  Dict. des sciences naturelles, tom. XVIII, *p.* 168.

Artedi, *Ichthy., part.* V, *p.* 96 , dit, le Péritoine tacheté de points noirs ; XV paires de côtes, 30 vertèbres.

Trois épines libres sur le dos , font facilement reconnaître ce petit poisson dont la longueur varie de 1 pouce
et demi à trois pouces; il fraie en avril et juin, et dépose
ses œufs sur les petioles des feuilles de nymphæa , ne vit
que deux à trois ans, il pond fort peu d'œufs. Lacépède,
p. 386, pense que la durée de trois ans est supposée.

On confond sous ce nom deux espèces :

A. *Gasterosteus trachurus,* Cuv., Bloch, pl. 53, fig. 3.
Tout le côté, jusqu'au bout de la queue, garni de
plaques écailleuses.

« C'est l'espèce qui se trouve en Saône, sur les bords
« de laquelle elle est connue sous le nom d'*Epinglôte.*

Il vit de frai, de petits poissons, de vers, d'insectes, de
demoiselles. Dans quelques pays employé comme engrais.
Il n'y a que le peuple qui , dit-on, en fait usage à cause
de ses œufs, opinion fondée sur le passage suivant :

Epinoche , petit poisson sans écailles , dont la plus
grande espèce s'appelle *poisson épinarde ,* parce que ses
aiguillons ressemblent à la feuille d'épinards.

L'Epinoche est une nourriture qu'estiment les gens de

---

[1] Ce nom lui a été donné, dit Duhamel, à cause des
pointes très-piquantes placées sur son dos, et comparées à
une alène ; voilà pourquoi , dans le département de la Côte-
d'Or , les petits enfans lui donnent le nom de *Cordonnier.*

la campagne. *Dict. théor. et pratique de chasse et de pêche*, tom. 1, *p.* 321.

M. Delisle de Sales, auteur de ce Dictionnaire, a été induit en erreur ; l'Epinoche n'est nullement estimée.

« On rencontre en très-grande quantité, dans la rivière de Bièvre, le petit Mulet remarquable par les deux aiguillons qu'il porte sur le dos. » *Hygiène publique, par Parent-du-Châtelet*, 1836, tom. 1, *p.* 118.

Le *petit Mulet* est l'Epinoche caractérisée par l'auteur, d'après Klein qui ne parle en effet que de deux aiguillons sur le dos, quoiqu'il y en ait certainement trois.

B. *Gasterosteus gymnurus*, Cuv., Willugb., 341.
La région pectorale seule garnie de plaques écailleuses.

Le Binocle du Gasteroste s'attache à la peau de ces poissons et leur suce le sang.

Le Botriocéphale solide leur remplit quelquefois presque tout l'abdomen dont alors les intestins, comprimés, sont réduits à un fort petit espace. Cuvier, *Hist. nat. des Poissons*, tom. IV, *p.* 484.

Le *Monostoma caryophillinus* vit dans leurs intestins. Bremser, *Hist. des vers*, *p.* 132. C'est l'*Hypostoma caryophyllinum*. Dict. Sc. nat., tom. 32, *p.* 488; tom. 57, *p.* 581, pl. 41, fig. 4.

On trouve encore dans l'Epinoche :

L'*Ascaris globicola*, O. Fabr., Gmel., S. N., XIII, *p.* 3036, sp. 65 ;

L'*Ascaris lacustris*, O. Fabr., Gmel., *p.* 3036, sp. 66;

Le *Tænia solida*, Mull., Gmel., 3079, sp 80. *Tænia gasterostei*, Mull., Gmel., *p.* 3079. *Botriocéphale solide*, Dict. class. d'Hist. nat., tom. 2, *p.* 424; Encycl. méthod., vers, tom. 2, *p.* 148, sp. 14. *Tænia filicollis*,

Ency. méth. vers , tom. 2, p. 718 , sp. 23 ; Dict. Sc. nat. , tom. 53 , p. 64 ; tom. 57 , p. 610.

VI. L'Epinochette , *Gasterosteus pungitius* , Linn., Gmel. , Sc. nat. , edit. XIII , p. 1326 , sp. 8.

Bloch , *Ichthyologie* , part. II , *p.* 76, *planche* LIII , *fig.* 4.
Aldrovandi , *de Piscib.* , *p.* 628. Aculeati alterum genus.
Rondelet , *de Piscib. fluviatil. lib.* , *cap.* XXX , *p.* 206, *fig. infer.*
Lacépède , v , 391.
Bonnaterre , *Tableau encyclop.*, *ichthyologie* , *pl.* 57, *fig.* 225.
Nouv. Dict. d'Hist. nat., *édit.* 2, *tom.* XII , *p.* 453.
Dict. Sc. nat., *tom.* XVIII, *p.* 169. *Atlas, ichthyologie,pl.* 61, *fig.* 1.
Cuvier , *Hist. nat. des poiss.* , *tom.* IV , *p.* 506-508.

L'Epinochette n'a guère que 18 lignes de longueur : c'est notre plus petit poisson d'eau douce : elle a sur le dos neuf épines toutes fort courtes ; les côtés de sa queue ont des écailles carénées.

A. *Gasterosteus lævis* , Cuv.

Cette espèce ne diffère de la précédente que par l'absence d'écailles carenées à la queue ; c'est celle de la Seine.

L'Epinochette fraie en mai et juin ; elle est fréquemment attaquée par le *Binocle de l'Epinoche* ; elle est sujette au Botriocéphale solide qui, par sa présence, gonfle le ventre , en sort souvent spontanément par l'anus ou par une déchirure de l'abdomen , lorsqu'on le comprime ; alors on peut trouver ces vers dans l'eau. *Bull. Fer.* , 1829, *Sc. nat.* , *t.* XVIII , *p.* 313 , *n°* 197.

L'Epinochette est très-bien indiquée sous le titre de *Spinachia* , par la phrase suivante de Vincent de Beauvais, *Speculum natur.* , *lib.* XVII , *cap.* XCIV : L'Epinochette , quoique petite , est hérissée d'épines de toutes parts, et conséquemment à l'abri de l'attaque de quelque poisson que ce soit.

En effet, aussitôt qu'elle craint du danger, elle hérisse

ses piquans, de la même manière que la Perche redresse sa dorsale.

Le Brochet n'attaque jamais l'Epinoche ; la Perche , au contraire , est si vorace qu'elle se jette sur tout ce qu'elle peut attraper ; l'Epinoche , *pag.* 64 , lorsqu'elle est prise , redresse ses rayons et les enfonce dans le palais de la Perche. Bloch , *ich.* , *part.* ii , *p.* 64.

Le Péritoine de l'Epinochette est moucheté de points noirs. Artedi , *Ichthy.* , *pars* v , *p.* 97 , 98.

L'Epinoche n'est pas le seul poisson qui se défende avec ses aiguillons. J. Hermann , *Observat. zoologicæ,* *p.* 309 , propose le nom de *Silurus ichneumon* , pour désigner le poisson du Nil, appelé *Gourgour* ou *Shahr,* et au Caire *Shalh* , par Pococke.

L'épine de la première dorsale et des pectorales très-forte , peut causer la mort du Crocodile qui avalerait ce poisson , décrit sous les noms de *Silurus clarias* par Hasselquist, *Silurus schal* par Schneider , *Pimélode schelan,* par Geoffr., *poiss. d'Egypte, pl.* xiii ,*fig.* 3,4.

IIe ordre. **MALACOPTERYGIENS** [1] Abdominaux.

Les ventrales sont suspendues sous l'abdomen en arrière des pectorales , parce que le bassin est suspendu dans les chairs du ventre.

Cet ordre comprend la majeure partie de nos poissons d'eau douce.

---

[1] Pour appliquer exactement la dénomination de *Malacoptérygien,* on est obligé de faire abstraction des premiers rayons de la dorsale ou des pectorales dans certains Cyprins, où ces rayons présentent des épines fortes et solides ; à la vérité ces épines se forment de l'agglutination d'une multitude de petites articulations dont on voit les traces. *Cuv.,* *Hist. nat., Poiss.,* tom. 1 , *p.* 557.

Cuvier le divise en cinq familles.

Iʳᵉ famille. Cʏᴘʀɪɴᴏ̈ɪᴅᴇs. Bloch, *ichthyologie, part.* 1, *p.* 19, des Carpes.

Os pharyngiens fortement dentés. Rayons branchiaux peu nombreux.

Dans les Cyprins, l'un des premiers rayons de la dorsale a quelquefois ses articles soudés en sorte que ce ne sont pas vraiment des rayons épineux, malgré cette apparence. *Cuv.*, *Hist. nat. des poissons, tom.* 1, *pag.* 379.

Iᵉʳ *genre.* Cʏᴘʀɪɴ [1].

Trois rayons aux ouïes.

Les *Cyprins* n'ont de dents qu'au pharynx. L'os supérieur du pharynx présente une plaque unique, et les deux os inférieurs sont armés chacun d'un certain nombre de très-grosses dents, qui frottent en partie contre celles de l'os analogue, en partie contre l'os supérieur.

Iᵉʳ *sous-genre.* Cᴀʀᴘᴇ.

Dorsale longue, ayant, ainsi que l'anale, un os plus ou moins fort pour deuxième rayon.

La denture des Cyprins est une partie importante de leur histoire, trop négligée par les naturalistes modernes. Albert-le-Grand a, je crois, le premier parlé des dents des Cyprins, mais sans aucun détail.

Rondelet a parlé de l'appareil dentaire pharyngien

---

[1] Dans les Cyprins l'*intermaxillaire* forme la presque totalité du bord de la mâchoire supérieure. Le *maxillaire* forme ce qu'on appelle communément *os labial* ou *os des mystaces.*

de la Bordelière, *Cyprinus latus*, Bl.; mais sans fixer le nombre des dents.

Gesner a fait une attention spéciale à cette organisation ; il l'a décrite pour plusieurs espèces de poissons ; aussi, en comparant ses notes avec mes propres recherches, je suis parvenu à reconnaître exactement les espèces de Cyprins dont il a parlé.

Cuvier, *Leçons d'anatomie comparée*, tom. 3, pp. 190-192, a indiqué le nombre et la forme des dents pharyngiennes de quelques Cyprins ; et Jurine, *Mémoires de la Société de physique et d'histoire naturelle de Genève*, tom. 1, *part.* 1, 1821, *p.* 19, a publié une *Note sur les dents et la mastication des poissons appelés Cyprins* ; mais il s'est borné à peu d'espèces, et ne s'est pas même occupé de toutes celles du lac Léman.

Avant d'entrer dans le détail de la denture de tous les Cyprins mentionnés dans cette *Ichthyologie française*, je vais rappeler la disposition des dents dans les animaux à sang froid et dans un invertébré.

Le Lézard ordinaire, *Lacerta agilis*, Linn., a le fond du palais armé de deux rangées de dents.

L'Orvet, *Anguis fragilis*, Linn., a sur la moitié postérieure de chaque arcade palatine de très-petites et très-courtes dents, rangées sur deux rangs.

Dans la Couleuvre, *Coluber natrix*, Linn., chaque arcade palatine et mandibulaire est armée de dents coniques crochues, très-pointues, dirigées en arrière ; il y a par conséquent quatre rangées, à peu près, de dents longitudinales à la mâchoire supérieure, et deux à l'inférieure.

Dans la Salamandre, *Lacerta Salamandra*, Linn., on trouve au palais deux rangées longitudinales de dents nombreuses, petites, attachées aux os qui représentent le vomer.

Dans les *Crapauds* et les *Grenouilles*, les dents forment une ligne transverse interrompue dans son milieu ; elles sont implantées dans les os palatins.

Dans les Cyprins les dents font corps avec les arcs pharyngiens.

Dans le *Coluber scaber*, Linn., les dents sont situées sur la portion de l'œsophage appliquée contre les vertèbres le plus rapprochées de la tête.

Enfin dans l'Ecrevisse les dents sont placées sur l'estomac.

On voit, par ces détails, que les dents peuvent occuper toutes les parties du canal alimentaire, depuis l'arc des mâchoires jusqu'à l'orifice de l'estomac.

Les dents des poissons ont besoin d'être examinées dans leur structure, pour s'assurer si elle a de l'analogie avec celle des dents des mammifères.

Ces dents ne sont point enchatonnées dans des alvéoles ; elles sont ou soudées à la mâchoire, ou quelquefois seulement fixées à la gencive ou à d'autres parties molles.

Par la coction, la couronne des dents se détache quelquefois de leur corps et se présente alors comme une sorte de petite coupe. On ignore combien il doit s'écouler de temps pour qu'elle soit complètement adhérente avec le corps de la dent.

J'ai trouvé fréquemment, dans des Cyprins cuits, des dents qui vacillaient, probablement parce que le noyau osseux n'avait pas encore acquis une dureté suffisante.

Le nombre des dents chez chaque Cyprin est constant ; mais il peut varier par la chute ou l'oblitération d'une ou plusieurs d'entre elles. Jurine soupçonnait que les dents tombées étaient remplacées; je pense le contraire, parce que ces dents, faisant partie des mâchoires pharyngiennes, n'ont point de germe pulpeux. Au surplus, c'est une opinion sur laquelle on discutera longtemps à raison de l'impossibilité d'observer les dents pharyngiennes pendant la vie du poisson.

M. Isid. Geoffroi St.-Hilaire, *Traité de Tératologie*, tom. 1, 1832, *p.* 436, dit : « On sait que chez un grand nombre de poissons, les dents sont, dans l'état normal, non pas implantées dans des alvéoles osseux ; mais seulement adhérentes aux parties molles....... La dent véritablement comparable à un poil, est une dépendance du systême tégumentaire, et non, comme l'admettaient tous les anciens anatomistes, du systême osseux. »

J'ignore comment il sera possible de faire cadrer les dents pharyngiennes des Cyprins avec l'*adhérence aux parties molles* et avec la *dépendance du systéme tégumentaire.*

TABLEAU DE LA DENTURE DES CYPRINS.

Neuf dents disposées sur trois rangées.
  Le Barbeau, *Cyprinus barbus*, Linn.
Huit dents disposées sur deux rangées.
  Cyprinus fulvus, Nob.
  Le Rotengle, *Cyprinus erythrophthalmus*, Linn.
  Le Goujon, *Cyprinus gobio*, Linn.
Sept dents disposées sur deux rangs.
  Le Spirlin, *Cyprinus bipunctatus*, Bl.
  Cyprinus mugilis, Nob.
  Cyprinus rufus, Nob.
  Le Meunier, *Cyprinus dobula*, Linn.
  Cyprinus jaculus, Jurine.

Six dents disposées sur deux rangs.

L'Ablette , *Cyprinus alburnus*, Linn.

Le Vairon , *Cyprinus phoxinus*, Linn.

Six dents sur un seul rang.

Le Vangeron , *Cyprinus rutilus* , Linn.

Cyprinus fuscus , Nob.

Cyprinus toxostoma, Nob.

Cinq dents.

La Tanche , *Cyprinus tinca*, Linn.

La Bouvière , *Cyprinus amarus* , Bloch.

La Brême , *Cyprinus brama*, Linn.

Cyprinus xanthopterus , Nob.

La Bordelière , *Cyprinus latus*, Bloch.

Quatre dents.

La Dorade de la Chine , *Cyprinus auratus*, Linn.

Dents à couronne plate sillonnée.

La Carpe , *Cyprinus carpio*, Linn.

La forme des dents, jointe à l'examen de la figure de l'apophyse de l'os basilaire, dans laquelle est sertie la plaque pharyngienne supérieure , fournit le moyen de distinguer toutes les espèces que nous avons examinées, et dont nous donnons l'histoire.

VII. La Carpe, *Cyprinus* [1] *Carpio* , Linn. Gmel., S. N. , édit. xiii, p. 1411 , sp. 2.

Bloch , *Ichthyologie* , *part.* 1 , *p.* 77, *pl.* xvi.

Jurine, *Hist. des poiss. du lac Léman* , p. 204, n° 11, pl. 9.

Lacépède, *Hist. nat. des poiss.*, tom. x, p. 292.

Duhamel, *Traité général des Pêches*, 2ᵉ part., p. 509, sect. iii , *pl.* xxvi , *fig.* 1, tom. 3 , p. 69.

Bonnaterre, *Tableau encyclopédique des trois règnes de la nature. Ichthyologie , pl.* A , *fig.* 1, extraite des *Act. Paris.,* 1733.

[1] De κίπρις, Vénus, à cause de la fécondité de ce poisson qui, dit-on , d'après Aristote , fraie cinq à six fois par an.

Meyer, *Représentations*, tom. 1, *pl.* 7.
Rondelet, *de Piscib. lacustrib. lib., cap.* iv, *p.* 150. De Cyprino.
Gesner, *de Aquatilib., p.* 368.
Geoffroi, *Mat. medic., in-4°, tom.* 3, *p.* 249.

D. 22, 23 : P. 15-17 : V. 10 : A. 8 : C. 24.

Artédi en donne une description exacte et lui assigne 37 vertèbres et 13 à 14 côtes. *Ichthyologie, tom.* v, *pp.* 25-27. Ce qui est répété par Bloch, p. 81 : Il y a 16 paires de côtes.

La Carpe, poisson bien connu aujourd'hui et répandu dans toute l'Europe, n'a pas toujours eu la réputation de *Nobilis piscis* que lui accorde Linné, *Syst. nat., edit.* xii, *p.* 526.

A l'époque où écrivait Albert-le-Grand, la Carpe n'était point estimée; on la regardait même comme malsaine, et on n'attachait d'importance qu'à sa langue, *Alberti magn. Opera, tom.* vi, *p.* 651. C'est ainsi que l'on appelle son palais très-charnu, ou plutôt un tissu singulier qui se voit au palais de ce poisson, et qui, détaché, a la forme d'une langue.

Sans doute aussi la grande quantité d'arêtes dont la chair de ce poisson est lardée, contribuait à entretenir son peu d'estime. Marsigli, *Danub., tom.* iv, *p.* 58, dit qu'en Hongrie la chair des grosses Carpes imite le lard.

Beaucoup d'ordres monastiques qui étaient astreints à la nourriture maigre, durent s'occuper des moyens de se la procurer en quantité suffisante, principalement pour ce qui concerne les animaux de cette catégorie; ils eurent l'idée de former des étangs, dont les premiers furent voisins des monastères. Aussi est-ce des moines que vient le proverbe : *Dos de Brochet, ventre de Carpe.*

La nourriture maigre, étant devenue obligatoire pour

tous les fidèles, pendant les différens carêmes et certains jours de la semaine, dont la somme, à cette époque, comprenait environ la moitié de l'année, il fallut bien songer à la manière de pouvoir se conformer au précepte.

Les Croisades ayant dépeuplé les campagnes, enlevé les bras à l'agriculture, les riches propriétaires ou les barons virent une partie de leurs champs inculte ; pour se dédommager, à l'imitation des moines, ils établirent des étangs, en grande partie par la puissance féodale. Ce genre d'exploitation, ayant réussi, par suite de la consommation abondante de poissons, éveilla la cupidité ou l'industrie, et les étangs se multiplièrent ; mais à l'époque de la réforme, dans plusieurs pays, les propriétaires d'étangs, ainsi que la pêche en général, souffrirent de la suppression des carêmes et des jours maigres ; alors quantité de terrains bas, dans le nord de l'Allemagne, qui étaient autrefois des étangs, furent convertis en prairies, comme on le voit encore aujourd'hui.

L'établissement des étangs [1] contribua à dissiper le

---

[1] En parlant des étangs, je dois signaler deux faits dont la connaissance peut être fort utile.

Du charbon animal, jeté dans un étang dont l'eau corrompue avait donné aux Carpes des pustules rougeâtres qui les faisaient périr, assainit l'eau, et les poissons furent guéris.

Lowitz découvrit en 1790 la propriété désinfectante et décolorante du charbon : il lut son Mémoire à la Société économique de Saint-Pétersbourg le 28 septembre de la même année.

En 1802, Duburgua appliqua la découverte de Lowitz aux filtres inaltérables et aux fontaines dépuratoires.

En 1803, Berthollet fit connaître à l'Institut l'expérience

préjugé qui existait contre les poissons, et notamment contre la Carpe, que l'on choisit de préférence pour les peupler aujourd'hui.

En effet, la très-grande fécondité de ce poisson, qui fraie en mai et en août, et dont les œufs, d'un jaune rouge, sont très-abondans ; la facilité de l'élever dans

de l'eau conservée dans un tonneau, charbonné intérieurement.

En 1804, M. Schaub, chimiste de Cassel, employa la poudre de charbon végétal pour désinfecter une fosse d'aisances, abandonnée depuis longtemps parce que personne n'osait y descendre ; et en 1805, Krusenstern, capitaine de vaisseau russe, employa le premier le procédé indiqué par Berthollet, pour conserver l'eau pure et bonne dans les voyages de long cours.

En 1810, M. Figuier reconnut que le charbon d'os possède à un plus haut degré que le charbon de bois, la propriété de décolorer et de désinfecter.

Vers 1812, M. Desrone fit l'application de cette nouvelle découverte au raffinage du sucre de betteraves.

En 1822, M. Payen reconnut les grands avantages pour l'agriculture, de l'emploi du mélange du résidu des raffineries avec le dixième ou le quinzième de sang coagulé.

Pendant l'hiver, on est quelquefois obligé de pratiquer des ouvertures dans la glace de l'étang. Dès qu'on aperçoit, dit Bloch, dans ces trous une espèce de ver noir et long, ou que les Carpes y viennent, il est nécessaire alors d'ôter un peu de l'ancienne eau, pour y en introduire de nouvelle. Bloch, *Ichth.*, *part.* 1, *p.* 88. Comment cela pourrait-il se faire dans les étangs alimentés par les eaux pluviales ?

Le ver noir et long dont parle Bloch est sans doute une larve de Ditique ou d'Hydrophile.

les étangs, la saveur de sa chair que l'on finit par apprécier, le cas que l'on fait des œufs de ce poisson qui,
suivant Lieutaud, passent même pour être sains, et la
délicatesse des laites ou laitances, placèrent bientôt la
Carpe au premier rang des poissons dont l'homme peut
favoriser la reproduction pour ses propres besoins. Ce
poisson devint en quelque sorte domestique.

La Carpe vit habituellement de larves d'insectes, de
vers, de petits coquillages, de graines, de racines et
de jeunes pousses de plantes [1]. Les feuilles et les graines
de salade les engraissent promptement. Elle fait entendre, en mangeant, un bruit particulier qui est produit, soit par le choc des mâchoires, soit par le cloque-
ment de l'eau.

Dans la Carpe, les lobes du foie sont si longs, si
profondément divisés, et tellement disposés, qu'il devient difficile de les compter au milieu des trois circon-
volutions et demie de l'intestin, dont ils remplissent tous
les intervalles.

La vésicule du fiel est grosse. S'il arrive qu'on la
crève en vidant le poisson, on peut, dit Bloch, *p.* 81,
faire passer l'amertume avec du fort vinaigre.

Le temps où les Carpes sont les meilleures, c'est depuis l'automne jusqu'au printemps.

La Carpe fraie sur les herbes au milieu du printemps.
Albert-le-Grand, *Oper.*, *tom.* vi, *p.* 651, a signalé
l'erreur de ceux qui prétendaient que la carpe femelle
avalait la laite du mâle pour se féconder.

Ce poisson s'élance au-dessus de l'eau avec une
adresse remarquable pour éviter le filet qui l'entoure

---

[1] Bloch, *Ichthy.*, *part.* 1, *p.* 80, attribue à la Nayade
vulgaire la grosseur des Carpes des étangs de M. Schlegel.

et le presse de toutes parts. Albert-le-Grand, *Oper.*, tom. vi, *p.* 651, et Vincent de Beauvais, *Speculum natur.*, *lib.* xvii, *cap.* xl, parmi les ruses de la Carpe pour éviter les filets des pêcheurs, parlent des sauts qu'elle fait. Cette manière d'échapper oblige les pêcheurs à placer deux ou trois filets, à une petite distance les uns des autres; de sorte que si les Carpes échappent au premier, elles sont prises dans le second ou le troisième, comme le dit Jurine, *Act. Genev.*, tom. 3, 1ʳᵉ *part.*, *p.* 204.

Arnault de Nobleville et Salerne, médecins d'Orléans, dans la continuation de la *Mat. médic. de Geoffroi*, tom. 3, *p.* 266, parlent de deux os de forme ovale, placés au-dessus des yeux, auxquels ils attribuent les mêmes vertus qu'à la pierre de Carpe. Ce sont les *pierres d'oreille.*

La pierre de Carpe [1], à laquelle on attachait jadis

---

[1] Habet et in medio capitis substantiam quandam, majusculam, crassam, cordis fere figuræ, duram sed tenacem et flexilem dum recens est, sub dentibus mordentis : tanquam in acetabulo quodam repositam; similiter ut leuciscus fluviatilis quem Gardonum vocant Galli. *Gesner, p.* 371, *lin.* 12.

Sunt autem in maxillæ recurvæ medio dentes quini fere accumulati, chœradum (*saillies*) instar, situ et magnitudine inæquales, tres majusculi, duo exigui, præduri, cavi, superficie summa lata, sive plana, obtusa, sed lineis quibusdam exasperata, unus tantum et candidior cæteris, et superficie lævi est in mucronem brevissimum fastigiata. *Gesn.*, *p.* 371, *lin.* 27.

On voit, par ces détails, que Gesner connaissait les dents pharyngiennes de la Carpe aussi exactement que les ichthyologistes modernes.

des vertus merveilleuses, remplace les dents pharyngiennes supérieures; c'est une plaque triangulaire, de
substance dentaire ou d'émail, très-dure, qui est enchâs-
sée et comme sertie dans une dilatation de l'os basilaire,
et située à la face supérieure du pharynx; c'est contre
elle que les pharyngiens inférieurs compriment et
broient les alimens. Cuvier, *Hist. nat. des poissons,*
tom. 1, *p.* 494, *p.* 357.

La Carpe est un poisson lent, paresseux, peu disposé
à se déplacer; [1] pour les forcer à l'exercice, on leur
associe le Brochet, qui en les poursuivant les sollicite à
un exercice qui contribue à leur développement.

Dans les *Chroniques, Lettres* et *Journal de voyage*
extraits des papiers d'un défunt, 1836, *tom.* 1, *p.* 66,
on lit :

« Dans la cour de la maison des bains d'Alexander-
« bad, il y a un grand bassin rempli d'une eau de
« source fraîche, courante et limpide comme du cris-
« tal, dans lequel on pêche un instant avant de les
« cuire, les délicieuses Truites et les Carpes exquises
« qui se servent journellement sur la table. Il n'y a en
« effet aucune comparaison entre les Carpes que l'on
« mange ailleurs, et celles-ci, ce qui peut s'attribuer
« tant à la pureté et à la transparence de l'eau dans
« laquelle elles vivent, qu'aux petites Truites dont elles
« s'engraissent; c'est au surplus une observation à vé-
« rifier, et que je recommande aux amateurs. »

Puckler Muskau avance une assertion erronée;
en effet, les Carpes n'étant point voraces, ne peuvent

---

[1] Cependant elles forment des routes dans la vase,
comme Duhamel s'en est assuré. *Traité des Pêches, p.* 509.

manger les Truites ; ce sont au contraire ces dernières qui mangent les Carpillons.

Un abonné du Bas-Rhin a envoyé au Cultivateur la note suivante :

« En 1792, il existait à Strasbourg une Carpe ayant au museau un anneau d'or, sur lequel était gravée l'année où elle avait été mise dans le réservoir ; cette époque remontait à François Ier ; son poids dépassait 5o livres. Deux fois elle avait fait le voyage de Strasbourg à Paris, à l'aide du procédé qui vient d'être désigné, (pain trempé dans de bon vin rouge sucré, mis dans la bouche, paille neuve humectée entourant le poisson); la dernière fois, c'était au mariage de Louis XVI ; le conventionnel Merlin de Thionville, en 1792, l'acheta 10,000 fr. et la fit servir sur sa table. » *Le Cultivateur, Journal des progrès agricoles*, 1835, *Avril; tom.* XI, *p.* 254.

L'action du conventionnel Merlin était simplement une bravade révolutionnaire, comme depuis il en a fait étant à Mayence ; car la chair de ces Carpes, monstrueuses par leur grosseur, est courte, mollasse et insipide.

Il y en avait dans les fossés du château de Pontchartrain qui étaient très-grosses ; beaucoup avant la mort de Louis XIV, M. le Comte de Maurepas a dit à Duhamel qu'il en avait fait pêcher une, pour connaître quelle était la qualité de sa chair, qui ne s'est point trouvée bonne ; Duhamel a vu servir sur une table, une Carpe d'une grosseur monstrueuse ; on convint unanimement que c'était un mets au-dessous du médiocre. Cependant les Carpes de 12 à 15 livres de l'étang auprès de Montreuil-sur-mer, et qui se vendaient jusqu'à deux louis, étaient en grande réputation. Duhamel, *Traité général des Pêches*, p. 511.

La Carpe est du nombre des poissons indiqués dans *l'École de Salerne*. Le commentateur de l'édition 1493, sous l'article 8, dit : « La Carpe est un poisson d'eau « douce bien connu, mais très-visqueux ; aussi les gens « riches le font cuire avec le vin, pour lui enlever sa « viscosité. »

Ce mode de préparation, toujours usité, est connu en Bourgogne, sous le nom de *mórette*, prononcez (meurette), expression pittoresque dont le radical *more* désigne la couleur noire de la sauce ; notre *mórette* est appelée à Paris étuvée.

Suivant Arnauld de Villeneuve, auquel on doit la découverte de l'eau-de-vie, de l'huile de térébenthine, des eaux spiritueuses, dans son Commentaire de l'École de Salerne, peu de poissons d'eau douce entraient encore au xive siècle dans le régime alimentaire.

Parmi les Carpes pêchées en août 1836, dans la ligne du canal, depuis le bassin jusqu'à Larrey, se sont trouvées des Carpes plus courtes, plus épaisses, à dos bombé, ce qui les faisait paraître comme bossues. C'est suivant les pêcheurs une simple variété ; serait-elle analogue aux Carpes à dos fort recourbé, du canton de Revermont ? Les naturalistes du département de l'Ain pourront nous l'apprendre.

Il y a dans le canton de Revermont [1] en Bresse, deux

---

[1] Revermont ; on donnait anciennement ce nom à une seigneurie du Bugey, dont les comtes de Savoie s'emparèrent vers la fin du xie siècle. Cette seigneurie comprenait les terres qui se trouvent présentement entre les Mande- mens (remplacés par les Bailliages) de Coligny et de Pont d'Ain.

lacs souterrains , qui se dégorgent dans les sécheresses , et inondent une grande étendue de pays ; l'un s'appelle le *Dron*, l'autre *Certines*.

La terre qui couvre ce dernier lac souterrain, s'élève en certain temps , se détrempe, et l'on voit sortir de cette espèce de limon des Carpes dont le dos est, dit-on , fort recourbé. Après la vérification du fait , il faudrait examiner si c'est une espèce particulière à cet étang , ou si la courbure de ces Carpes vient des lieux souterrains où elles vivent.

Beguillet, Descript. de la France, gouvernement de Bourgogne, p. 254 , [1].

La Carpe est un poisson sur lequel on a beaucoup écrit ; tous les ichthyologistes en ont parlé. Voyez le *Nouv. Dict. d'hist. nat.*, *éd.* 2, *t.* v, *p.* 323, et *Dict. des sc. nat.* , *tom.* vii, *p.* 135. Elle est susceptible d'acquérir de grandes dimensions, *p.* 100, et d'offrir quelquefois des monstruosités par la difformité de la tête. Rondelet a donné la figure exacte d'une Carpe à front très-bombé et à museau très-court, sous le titre de *Cyprini mirâ specie. De Piscib. lacustrib. liber, cap.* vii, *p.* 154. *Act. Divion.*, 1835, *p.* 19. Gesner, *de Aquatilibus* , *p.* 373, donne aussi la figure d'une Carpe monstrueuse, sous le titre : *Cyprinus rarus et monstrosus,* qu'Aldrovandi, *Monstror. historia*, *p.* 142, 352, a copiée, parce qu'on a dessiné une tête humaine pour remplacer celle de la Carpe.

Cette curieuse monstruosité de Carpe, *Act. Divion.*, 1835 , *Sc.*, *pp.* 77, 78, a reçu des Allemands le nom de *Mopskarpfen*. Elle résulte de la briéveté extrême de toute la région maxillaire supérieure, que la mâchoire inférieure, seulement un peu plus courte qu'à l'ordinaire, dépasse de beaucoup en avant. La face se termine presqu'immédiatement au devant de l'œil, par une surface assez large, quadrilatère, à peu près verticale, s'étendant depuis la bouche jusqu'au sommet de la tête. L'œil, de grandeur ordinaire, est placé presqu'à égale distance du sommet de la tête et de l'ouverture buccale. *Traité de Tératologie, par M. Isidore Geoffroi St.-Hilaire,* 1832, *tom.* 1, *p.* 284-285, *pl.* 1, *fig.* 4, 5, 6.

Cette monstruosité présente des variétés à raison de l'alongement ou de l'accourcissement du museau.

L'alongement du museau donne la Carpe à bec pointu semblable à celui d'un Hochequeue, dont il est parlé, *Act. Paris.*, 1747, *Hist., p.* 52, § IV.

Une autre monstruosité bien plus importante pour nos tables, est celle désignée sous le nom de *Carpeau,* renommée pour la délicatesse de sa chair, et indiquée par Duhamel, *Pêches,* IIe *part., sect.* III, *p.* 513.

De Latourrette a publié des *Recherches et observations sur le Carpeau* [1], dans le *Journal de physique,* 1775, *octobre, p.* 271-280. Il a démontré que ce poisson n'est qu'une Carpe chez laquelle, par des circonstances particulières, jusqu'à présent inconnues, les organes sexuels ne se sont pas développés, ou sont atrophiés [2]. Le Dr Gaspard, dans ces derniers temps, a confirmé d'une manière très-précise l'opinion de Latourrette.

Cette variété de Carpe se pêche dans la Saône et est

---

[1] Les petits Carpeaux d'une livre et au-dessous sont nommés à Lyon *Pargneaux,* suiv. l'Encycl. méth., *Dict. des Pêches, p.* 143.

[2] Une autre monstruosité est produite par l'hermaphroditisme, accidentel dans la Carpe, quoique constant dans le Serran. Cuvier, *Hist. nat. des Pois., tom.* 1, *p.* 170, 534.

très-recherchée ; elle offre , comme ses congénères , de grosses dents adhérentes aux os pharyngiens inférieurs, et pouvant presser les alimens entre elles et un bourrelet gélatineux qui tient à une plaque osseuse soudée sous la 1re vertèbre ; ce bourrelet, connu vulgairement sous le nom de *langue de Carpe*, recouvre la dernière pièce médiane de l'appareil hyoïdien qui fait saillie sous elle.

Pour engraisser les Carpes , on les renferme dans un petit filet , et on les nourrit de pain trempé dans du lait, comme le dit Derham , *Théolog. physique, p.* 10, et arrosé par intervalle de quelques gouttes d'eau de vie , comme l'indique *l'Ency. méth., syst. anat.,* t. 4 *, p.* 284.

Klein , *Pisc. misc.* 5 *, tab.* xi *, f.* 4, parle de poils très-fins que l'on remarque quelquefois sur la tête, les écailles, et les rayons des nageoires de Cyprinoïdes.

Ces poils sont des animaux parasites du genre Lernée et probablement la *Lernæa clavata , Mull. , Zool. Danica , tom.* 1 *, p.* 75.

La Carpe est quelquefois atteinte du *Tænia laticeps,* Pall. , Gmel. , p. 3081 , sp. 86 *, Caryophyllæus piscium,* Goeze , Gmel. , p. 3052 , sp. 1 ; *Géroflée changeante ,* Dict. Sc. nat. , tom. 18, p. 496 , figurée et décrite dans la traduction de l'ouvrage, sur les vers de Bremser, p. 115, 136. Appendix, pl. 1, fig. 5.

M. Duquaire, dans un *Mémoire sur les Etangs ,* a exposé mieux qu'on ne l'avait fait avant lui les ravages de certains animaux ennemis des poissons ; tels sont :

1° La Grenouille, qui ne se bornant pas au menu fretin , saute sur les plus grosses Carpes, se cramponne sur leur dos, leur implante dans les yeux ses deux pattes de devant, leur ronge la peau du crâne, tantôt les fait périr , tantôt les laisse aveugles. On prévient

cet inconvénient par la présence des Brochets [1]. Ces
assertions sont dénuées de fondement.

[1] Les Brochets ne serviraient à rien dans ce cas (en sup-
posant que M. Duquaire l'ait vu), car, s'il faut en croire
Dubravius, évêque de Bohême, le même malheur arrive
au Brochet. Me promenant, dit-il, avec l'évêque Thurzo,
sur le bord d'un étang, en Bohême, j'ai vu une Grenouille
sauter sur un Brochet, lui enfoncer les pattes antérieures
dans les yeux, les déchirer avec elles et ses dents; etc., etc.
Isaac Walton, dans son parfait Pêcheur, *The compleat
Angler of the Contemplative man's recreation*, 4e edit.,
London, 1668, *p.* 147, 148, rapporte les détails du combat de la Grenouille et du Brochet, et signale l'obstination
de la première qui ne lâcha prise qu'après la mort de son
adversaire.

Ce fait prouve l'inutilité de la présence des Brochets pour
empêcher les Carpes de devenir la proie des Grenouilles.
Au surplus Walton ajoute : « Cela paraît aussi peu pro-
« bable que l'arrachement des yeux d'un chat par une sou-
« ris. » En effet c'est l'histoire de la souris qui niche dans
l'oreille d'un chat.

Les Anglais ont contribué à répandre en Histoire naturelle des opinions fort étranges, parmi lesquelles il faut ranger celle d'un naturaliste dont parle le prince Puckler Muskau, *Mémoires et Voyages*, 1833, *tom.* 2, *p.* 320.

« Les Crapauds, est-il dit, ont la faculté de se propager
« par les pattes de devant. Quand les Crapauds mâles ne
« trouvent pas de femelles, ils se posent, dans les étangs,
« sur des Carpes, fixent leurs pattes sur les yeux du pois-
« son, et restent souvent dans cette position jusqu'à ce que
« les Carpes en perdent la vue. Notre naturaliste assurait
« qu'il avait été lui-même témoin de cette expérience, qu'il
« appelait spirituellement de l'amour aveugle. »

Il paraît que le naturaliste dont parle l'auteur a voulu,
pour faire un calembour, et mystifier la société où il était.

A l'article Carpe, Walton, *ouv. cité*, p. 161, 162, rapporte l'assertion d'un propriétaire qui prétendait que toutes ses Carpes, conservées dans son étang, avaient été mangées par des grenouilles fixées si fortement à leur tête, qu'on ne pouvait les en séparer qu'avec beaucoup de peine, ou en les faisant périr.

Ne serait-ce pas cette assertion du propriétaire dont parle Walton, qui serait répétée par M. Duquaire? Tout porte à le croire.

La Carpe à la vérité, n'attaque pas les grenouilles comme le Brochet, mais devient-elle la victime de ce Batracien, comme le dit le propriétaire anglais? Le fait, qui paraît au moins fort douteux, est fondé, je pense, sur un passage du *Traité des alimens*, par Louis Lémery, 2ᵉ *édition*, p. 378, à l'article *Mottelle*, où se trouvent confondues les Loches et les Lottes; il dit au sujet de ces derniers poissons : « Il est à remarquer qu'on « les tire quelquefois de l'eau avec des grenouilles qui « leur pendent à la gueule, et qui s'y sont attachées « comme pour sucer de la nourriture, etc. »

Cette assertion singulière a pour base une observation mal faite. On aura pêché une Lotte qui n'avait pas encore eu le temps d'avaler entièrement la grenouille dont elle s'était saisie, et l'on en aura conclu que le Batracien, pendant à la gueule de la Lotte, s'en nourrissait en la suçant.

Les observations mal faites sont la source de toutes les opinions singulières répandues dans le monde.

2° Le Chat.

3° Le Putois. Voyez le *Mémoire sur les Etangs*, par M. Duquaire, dans les *Mém. de la Société d'Agriculture de Lyon*, 1834, *pp.* 46, 47.

L'auteur n'a signalé ni la Loutre [1], ni le Rat d'eau [2], sans doute parce que les habitudes de ces carnassiers sont assez connues. Mais il aurait dû parler du Canard, qui est un des plus grands ennemis du poisson et la peste des rivières et des réservoirs qu'il dépeuple.

Dans les forêts de l'Australie, le D. Morsten a découvert une espèce d'araignée, qui a neuf pouces d'envergure, huit pattes et six yeux, le corps d'un gris sale, zébré et tacheté de petits points rouges. Elle affecte particulièrement les endroits humides et marécageux, se retirant dans des troncs d'arbres pourris où elle se creuse un trou tubuleux de six pouces de diamètre, grossièrement tapissé d'un enduit plastique et filandreux, qui ressemble assez à de l'amadou.

Ces araignées descendent de leur retraite, gagnent le fond de l'eau, d'où elles sortent souvent après une demi heure, emportant avec elles, tantôt de petits poissons, des larves ou gros vers. *Revue britannique*, 1835, *tom.* xvii, *p.* 177.

La famille des araignées, qui offrait déjà une espèce chasseresse, en a donc une autre pêcheuse. C'est dans l'Australasie un nouvel ennemi des poissons, si l'observation du docteur Morsten est exacte.

[1] Pour s'assurer si les ravages exercés dans un étang, sont le fait de la Loutre, il faut placer sur les bords de l'étang quelques pierres blanches, sur lesquelles les Loutres viennent fienter, ce qui donne la certitude que l'on désire.

[2] « Le Rat d'eau, m'écrit M. Baudot, se place dans les buissons qui se trouvent sur les bords de la Saône, pour y guetter sa proie, et n'attaque que le poisson de moyenne grosseur ; il est souvent attaqué lui-même par la Loutre, qui le saisit et le mange. »

A. Reine des Carpes; Cyprin spéculaire; Carpe à miroir; Carpe à Cuir. *Cyprinus carpio,* ß. *macrolopido-*
tus, γ, *alepidotus,* Gmel., S. N., édit. xiii, tom. 1,
p. 1411, sp. 2, var. ß, γ.

Jonston, *de Piscibus,* tab. 29, *fig.* 2, Spiegelkarpf.
Marsili, *Danub. Pannon.,* tom. iv, p. 59, tab. 20. Cyprinus ii.
Duhamel, *Traité général des Pêches,* iie part., sect. iii, p. 510,
p. 550, *pl.* xxvi, *fig.* 2.
Meyer, *Représ.,* tom. 1, *pl.* 8. Carpe Dauphin, *à cause de la tête*
tronquée. Voyez ci-dessus, p. 102.
Bloch, *Ichthyolog.,* part. 1, *pag.* 89, *pl.* 17.
Bonnaterre, *Tabl. Ichthyolog.,* p. 189, *pl.* 76, *fig.* 318.
Lacépède, *Hist. nat. des Poissons,* tom. 10, p. 326.
Nouv. Dict. d'Hist. nat., éd. 2, tom. 5, p. 329; tom. 9, p. 66,
tom. 29, p. 137.
Dict. Sc. nat., tom. vii, p. 142, *sp.* 5, p. 143, *sp.* 6; tom. xlv,
p. 27, atlas, *pl.* 69, *fig.* 2.

Cette variété accidentelle de Carpe ne peut pas constituer une race [1], encore moins une ou deux espèces,
comme l'ont fait plusieurs auteurs : elle est à la Carpe
ce que la *Tanchor* est à la *Tanche.* Elle est assez rare
dans notre département, et c'est seulement par hasard
que tous les ans on en rencontre une ou deux en pêchant
les étangs.

L'échantillon sur lequel j'ai fait mes observations,
était laité, et de la taille de 13 pouces depuis l'extrémité

---

[1] Malgré l'assertion de Cuvier formulée dans les termes
suivans :

« L'on en (de *Carpe*) élève une race à grandes écailles,
« dont certains individus ont la peau nue par places, ou
« même entièrement, que l'on nomme *Reine des Carpes,*
« *Carpe à Miroir, Carpe à Cuir,* etc. » *Règne animal,*
tom. 2, *p.* 271.
Hermann, *Observat. zoologicæ,* p. 316, 317, regardait
le Cyprin spéculaire comme une simple variété de Carpe.

de la tête, jusqu'à la naissance de la nageoire caudale ; il m'avait été donné par **M.** Dupuis, marchand de poisson, qui l'avait trouvé dans les étangs fangeux de Demigny, empoissonnés depuis deux ans.

Cette variété diffère de la Carpe ordinaire par la présence de larges écailles, placées sur les deux côtés de la crête dorsale, et celle de quelques autres disséminées irrégulièrement sur le corps, dont la plus grande partie de la surface, lisse, d'un gris jaunâtre, ou couleur de glaise, imitait du cuir poli ; disposition qui explique un des noms donnés à cette variété.

La grandeur des écailles, leur largeur, et leurs reflets les ont fait comparer à de petits miroirs, cause d'un autre nom sous lequel cette variété est connue.

La taille plus considérable de cette variété l'a fait appeler Reine des Carpes.

C'est donc bien à tort que Bonnaterre a joint un astérisque au nom de ce poisson, comme espèce non indiquée par Linné dans son *Systema naturæ*.

Cette variété est plutôt remarquable par sa rareté que par l'excellence de sa chair, qui ne vaut pas mieux que celle d'une Carpe vulgaire de pareille taille.

Il serait curieux de savoir quelle est la disposition individuelle qui favorise le développement des écailles sur plusieurs parties du corps, et leur chute sur le reste, car à l'époque où l'on empoissonne les étangs on ne remarque aucune différence sur les individus qu'on y projette. On peut présumer que des organes digestifs, plus énergiques dans ces individus, favorisent d'une manière puissante leur développement, et celui d'un certain nombre d'écailles, en provoquant la chute des autres. Cette cause est probable si l'on fait attention au nombre des dents pharyngiennes de cette variété ; j'en ai compté six à une mâchoire et huit à l'autre ; et Cuvier n'en accorde que quatre et quelquefois cinq à la Carpe ordinaire.

J'ai vu la couronne plate et sillonnée en travers de deux dents se détacher complètement de leur support, d'où je conclus que les couronnes des dents pharyngiennes tombent. Il est difficile de prouver si elles se renouvellent, comme le dit Jurine. Je suis porté à croire que les couronnes tombées, les dents s'oblitèrent, et j'attribue à cette cause la diminution du nombre des dents. On peut voir dans d'autres Cyprins la couronne se détacher de même : je m'en suis assuré plusieurs fois. On doit sans doute à cette chute la différence signalée dans le nombre des dents qu'il faut toujours fixer d'après le plus élevé.

Je ne parle pas de la plaque dentaire pharyngienne supérieure, enchatonnée dans la cavité triangulaire sphérique de l'apophyse de l'os basilaire, parce qu'elle ressemble à celle de la Carpe ordinaire ; les dents pharyngiennes inférieures sont également à couronne plate sillonnée. Il en est de même de la structure singulière des apophyses des premières [1] vertèbres de la colonne dorsale ; de celle de l'apophyse de la 3e vertèbre de l'épine, apophyse appelée *Os mitral*, par Petit, *Act. Paris.*, 1733, *p.* 213, 221, et regardée par Cuvier, comme formée par de simples démembremens des apo-

---

[1] M. Weber voit les analogues des osselets de l'oreille des mammifères dans les pièces osseuses qui sont aux côtés des premières vertèbres, et qui soutiennent la vessie natoire des Cyprins. Ces pièces osseuses, qui sont de simples démembremens des apophyses transverses des premières vertèbres, ont une connexion médiate avec le labyrinthe. *Voy.* Cuv., *Hist. nat. des Poissons, tom.* 1, *p.* 463.

physes transverses des premières vertèbres : cette structure singulière n'ayant point été signalée à l'article de la Carpe ordinaire , je vais en donner une idée , puisqu'aucun naturaliste n'en a parlé.

Les *Pariétaux* se touchent sur une grande partie de leur longueur, l'os impair est en arrière d'eux, et peut être regardé comme un *occipital supérieur*, pourvu postérieurement d'une crête mince irrégulièrement dentelée, et élargie supérieurement pour former un large sillon triangulaire.

L'*Occipital inférieur* ou *Basilaire* est remarquable par la dilatation de sa portion inférieure et par le prolongement de sa portion postérieure, imitant un prisme triangulaire creusé à sa face supérieure. A l'os basilaire appartient la facette articulaire, en forme de cône creux, par laquelle la tête s'attache au corps de la première vertèbre, très-mince et , seulement de chaque côté, munie d'une apophyse, épineuse triangulaire courte.

La 2ᵉ vertèbre est pourvue de cinq apophyses, dont quatre latérales, et une dorsale; les deux latérales antérieures dirigées horizontalement, sont aplaties à leur extrémité, rayée en dessus.

Les deux autres latérales postérieures très larges, partent de la partie moyenne du corps de la vertèbre; elles sont aplaties et imitent les aîles de fer blanc attachées aux *Oiseaux de plaisir*. Leur partie antérieure passe sur les deux apophyses antérieures de cette même vertèbre, et leur partie postérieure se dirige au-dessous des apophyses antérieures de la troisième vertèbre; mais elle se redresse pour ceindre leur base.

La 3ᵉ vertèbre est également pourvue de cinq apophyses, dont la dorsale confondue avec celle de même nom de la 2ᵉ vertèbre, concourt à la formation d'une énorme et large crête verticale dont l'échancrure postérieure est bornée inférieurement par la petite pointe de l'apophyse dorsale de la 3ᵉ vertèbre.

Les quatre autres apophyses dirigées perpendiculairement en bas, paraissent n'en faire que deux; la base des plus longues apophyses part de l'apophyse dorsale.

Les apophyses les plus courtes prennent leur origine à la partie inférieure et moyenne de la vertèbre. Ces pédicules, après s'être avancés horizontalement, s'élargissent subitement en se dirigeant en bas, après avoir fait corps avec une portion des deux premières apophyses.

Une suture réunit les apophyses les plus courtes, qui présentent alors une plaque terminée par un court prolongement, à l'extrémité duquel se trouve un petit bouton comprimé.

Cette plaque a été indiquée et figurée par Petit, *Act. Paris.*, 1733, *p.* 213, 221, sous le nom d'*os mitral*, à cause de sa forme.

C'est contre cette plaque que s'appuie la partie postérieure du prolongement de l'os basilaire dont nous avons parlé plus haut.

VIII. La Dorade [1] de la Chine, *Cyprinus auratus*, Linn., Gmel., S. N., tom. xiii, p. 1418, sp. 7.

[1] On lit dans le *Dict. pittor. d'Hist. natur.*, 1835, *tom.* 2, *p.* 574 : Dorade (poiss.), nom vulgaire du *Cyprinus amarus*, Linn.

L'auteur a sans doute voulu dire *Cyprinus auratus*, Linn., car Linné n'a point de *Cyprinus amarus*; c'est Bloch qui a adopté ce dernier nom pour désigner la Bouvière.

Baster, *Oper. subsces.*, *tom.* 2, *p.* 78, *tab.* 9.

Duhamel, *Traité général des Pêches*, *tom.* 3, *p.* 57, 122, 11ᵉ *part.*, *sect.* IV, *pl.* X.

Les figures 1-5 out été copiées par Bonnaterre, *Tabl. encyc.*, *Icht.*, *pl.* 78, *fig.* 324-326, *pl.* 79, *fig.* 327.

Encyclopédie méthod., *Hist. nat.*, *tom.* 3, *p.* 209. Poisson doré de la Chine, *p.* 217, Kiu-yu.

Bloch., *Ichthyologie*, *part.* III, *p.* 102, *pl.* XCIII *et pl.* XCIV, *fig.* 1-3.

Lacépède, *Hist. nat. des Poiss.*, *édit.* in-12, *tom.* X, *p.* 360. Le Cyprin doré.

Nouveau dict. d'hist. nat., *édit.* 2, *tom.* IX, *p.* 69. Cyprin doré.

Dict. sc. nat., *tom.* VII, *p.* 143.

Epines dorsale et anale dentelées. Ce poisson, d'abord noirâtre, prend par degré ce beau rouge doré qui le caractérise et lui a fait donner vulgairement le nom de *Poisson rouge.*

Ce Cyprin, transporté depuis plus de deux siècles, de la Chine en Europe, est actuellement assez répandu dans cette dernière partie du monde. Il supporte aisément les variations de température de notre climat, et dans plusieurs localités on l'élève dans les bassins.

Les premiers Cyprins dorés que l'on a vus en France, y ont été apportés d'Angleterre, où ils étaient connus depuis 1611, pour la Pompadour [1], dont les salons ambrés jouaient un si grand rôle sous Louis XV.

[1] Un assez joli conte, intitulé *Le Pigeon blanc*, dont Diderot avait fait quelques lectures à ses amis, et qui pouvait alors contenir quelques applications sur le roi, Mᵐᵉ de Pompadour et les ministres, avait éveillé, en juillet 1749, la sollicitude de M. Berrier, lieutenant de police à cette époque. *Mémoires, correspondance et ouvrages inédits de Diderot*, 1830, *tom.* 1, *p.* 28.

Ce *conte bleu*, comme le désigne l'auteur, est publié sous le nom suivant : *L'Oiseau blanc;* il pouvait avoir dans le

La bassesse de certains courtisans, dans l'espoir d'obtenir des faveurs du Souverain, a voulu conserver le nom de la favorite, en l'appliquant non-seulement à deux oiseaux : *Columba Pompadora*, Lath., et *Ampelis Pompadora*, Linn., mais encore à deux plantes, l'une le *Calycanthus floridus*, Linn., et l'autre une espèce de Quadrette, comme le dit Bosc, dans le *Nouv. Dict. d'hist. nat.*, édit. 2, tom. 27, p. 561.

On peut voir des poissons rouges ou des Cyprins dorés, dans les boutiques de plusieurs marchands, mais surtout dans le grand bassin du Jardin botanique de Dijon, où ils passent l'hiver.

Lorsqu'on les élève dans des bocaux, on les nourrit avec des fragmens de petites oublies ou de la mie de pain.

Il est des amateurs qui, pour se procurer un spectacle extraordinaire, font fabriquer de vastes bocaux à doubles parois. Ils placent dans le centre une cage remplie d'oiseaux ; l'intervalle entre les deux parois est rempli d'eau ; on y place des poissons dorés, et l'on a le

temps quelque sel ; mais il est aujourd'hui fort insipide et surtout très-insignifiant. On peut le lire dans les *OEuvres complètes de Diderot*, 1819, *t.* v, 1re *part.*, *p.* 194-246.

Un M. de Resseguier s'est fait mettre à la Bastille, pour des vers très-violens et très-bien faits contre le Roi et Mme de Pompadour.

L'*Epître de Satan à Voltaire* est de ce même de Resseguier : l'abbé d'Olivet a été l'éditeur de cette mauvaise Epître, et M. de Pompignan le censeur. *Mém. cités*, *p.* 256.

L'*Epître du Diable à Voltaire* est mise par Barbier, *Dict. des Anonym.*, sur le compte de M. Giraud, médecin. Mais l'assertion de Diderot doit être préférée.

plaisir de voir voler des oiseaux au milieu de poissons qui nagent.

Lorsque les Cyprins dorés sont enfermés dans des vases, ils n'atteignent guère que la taille de six à huit pouces ; mais dans les étangs, ils atteignent celle de douze à quatorze pouces.

J'ai vu deux échantillons de ce poisson, pris au mois d'octobre 1836, dans l'étang de la commune de Saint-Germain-du-Bois, (département de Saône-et-Loire, arrondissement de Châlon, canton de Buxi). Les pêcheurs les regardaient comme des variétés accidentelles, et ne recherchaient point à quelle espèce de poisson on pouvait les rapporter ; ils se contentaient de les désigner sous le nom de *Poissons rouges*, *Carpes rouges*; la couleur en effet était aussi vive que celle des Cyprins de la Chine. On remarquait à la surface de leur corps des points dorés très-brillans et des reflets dorés fort éclatans.

Dans ce poisson, la dépression de la tête, au point de son adhérence à l'épine, est très-sensible ; la mâchoire inférieure est fort ascendante ; la ligne latérale est droite, composée de 29 à 30 glandes ; les écailles sont grandes.

Près de chaque narine, antérieurement et supérieurement, on remarque une membrane redressée quand le poisson est dans l'eau, et affaissée quand on l'en extrait ; c'est une valvule, ou une espèce de soupape qui recouvre l'ouverture de la narine, comme on le remarque dans les Crocodiles. La longueur de la tête est trois fois dans celle du corps, à partir de l'opercule à l'origine de la queue.

La largeur du corps est deux fois et demie dans sa longueur totale, depuis l'extrémité du museau jusqu'à l'origine de la queue.

L'échantillon que j'ai examiné avait sept pouces et demi. La nageoire dorsale, composée de dix-neuf rayons, s'étend depuis l'origine des ventrales jusqu'au-delà du point antérieur de l'insertion de l'anale, à laquelle on ne trouve que six rayons; les ventrales en ont neuf. La caudale est fourchue. L'appareil dentaire pharyngien offre supérieurement une plaque ovoïde, sertie dans une cavité de même forme de l'os basilaire.

Les dents pharyngiennes inférieures, au nombre de quatre à chaque mâchoire, sont disposées sur un seul rang : trois ont la forme d'une hache dont le tranchant serait tronqué et imiterait le dos d'un couteau; la qua‑trième est cylindracée.

Cette espèce, voisine du Carassin et de la Gibèle, diffère de l'un et de l'autre par des caractères impor‑tans; et pour en signaler la différence, je vais la mettre en regard des caractères comparatifs, des deux derniers poissons, donnés par Bloch, *Ichthyol.*, *page 63*.

Gibèle[1].	*Carassin*[2].	*Cyprin de la Chine.*
Ecailles grandes.	Ecailles plus petites.	Ecailles grandes.
Ligue latérale courbée.	Ligue latérale droite.	Ligue latérale droite.
Nag. caud. en croissant.	Nag. caud. droite.	Nag. caud. fourchue.
A. 8 ray., D. 19.	A. 10 ray., D. 21.	A. 6 ray , D. 19.
Double rangée de dents pointues, au nombre de huit.	Rangée simple de dents arrondies, au nombre de cinq.	Rangée simple de dents eu forme de hache, au nombre de quatre.

[1] La *Gibèle* est mentionnée par Cuvier dans les termes suivans : « à corps un peu moins haut, à ligne latérale ar‑ « quée vers le bas, à caudale coupée en croissant. »

Elle est plus commune autour de Paris. *Règne anim.*, *édit. 2, tom. 2, p. 271.*

[2] « Le *Carreau*, *Carassin*, à corps très-élevé, à ligne la-

Au premier coup-d'œil, on prendrait l'espèce que je décris pour une Gibèle ou pour un Carassin; mais un examen plus attentif aura bientôt fait remarquer les différences.

Son corps est couvert de grosses écailles, même au ventre, qui, dans les autres espèces, n'en a que de petites; ses ovaires sont considérables, même au mois de novembre.

Laveaux, dans la traduction, fait dire à Bloch : « La « Gibèle n'a pour séjour que les petits lacs et les ma- « rais, où elle est exposée à être dévorée........ par les « Grenouilles qui l'entourent. »

Mais Gmelin rétablit le texte en disant : *Ova parit a ranis sœpius devorata.* Ce qui est conforme à l'assertion de Bloch [1].

Il paraît que Laveaux, en traduisant, se rappelait le préjugé signalé aux articles *Carpe* et *Brochet.*

La chair de la Carpe dorée est tendre, savoureuse.

Ce poisson offre, dans ses couleurs et dans ses nageoires, de nombreuses variétés : tantôt il est sans dorsale, d'autres fois il n'en a qu'une très-petite. La figure et la taille de la nageoire de la queue varient extraordinairement; aussi ont-elles fourni à Martinet l'occasion

« térale droite, à tête petite, à caudale coupée carrément. » Il est rare dans nos environs, mais fort commun dans le Nord. *Ouv. cité, p.* 271.

N. B. Dans le *Dict. des Scienc. nat.*, tom. VII, *page* 38, au mot *Charassin,* on est renvoyé à l'article *Carpe,* où il n'est nullement question de *Charassin.*

[1] Bloch dit : Der Frosch seinen (*Cyprinus Gibelio*) laich verzehret. *OEconomischae naturgeschichte der Fische Deutschlands Erster theil,* 1782, *p.* 72.

de faire des gravures qui, réunies au nombre de 42 planches, composent un ouvrage intitulé : *Hist. nat. des Dorades de la Chine*, 1780, et dont le texte a été rédigé par de Sauvigny.

Le Cyprin doré a la vie dure ; sa chair, au dire de Bosc, est agréable à manger ; cependant, jusqu'à cette heure, on s'est contenté d'élever le poisson doré, seulement par curiosité. Il a quatre dents pharyngiennes comprimées et tranchantes ; il fraie en mai.

M. Malot, à Villers-les-Pots, élève dans les bassins de son jardin une grande quantité de ces poissons.

Le Cyprin doré, si recherché à la Chine, n'est pas le seul poisson que l'on puisse élever dans des vases, pour l'agrément.

Les habitans de Tenasserim et de Mergui en ont un autre. Dans ces provinces de l'Asie orientale, où les combats de lutte, de pugilat, de buffles, de coqs, sont fort à la mode, « on élève pour le combat une espèce de poisson que les Siamois appellent *Plakat*. Ces poissons sont enfermés dans un grand vase, et quand on a fixé les termes du combat et que les paris sont arrêtés, chaque amateur met un poisson dans un bassin d'eau froide. Dès que les deux poissons s'aperçoivent, ils courent l'un sur l'autre, et le combat ne finit que lorsqu'un des poissons succombe sous les coups de son adversaire. » *Nouv. Ann. des Voyag.*, 1835, *tom.* 3, *pag.* 395.

L'auteur n'indiquant d'aucune manière l'espèce de ce poisson ni les armes dont il fait usage, reporte involontairement nos idées sur les combats ou duels de hannetons, avec lesquels s'amusent les enfans ; ou sur les combats du *Bourong-gema*, Turnix combattant, *Hemipodius pugnax*, Temming, oiseau très-recherché des Javanais pour son habitude des combats ; ou enfin sur les combats de coqs, à l'occasion desquels les habitans de Bornéo n'achètent de l'acier de l'Europe que pour garnir les éperons des coqs, armure qu'ils préfèrent quand elle est faite d'un morceau de rasoir, au dire d'un voyageur cité dans les *Nouvelles Annales des Voyages*, 1832, *tom.* iv, *p.* 13.

Les combats de coqs étaient aussi de mode en Angleterre, où, pour augmenter l'ardeur de ces oiseaux dans les combats et les rendre vainqueurs, quelques champions avaient le secret de leur faire avaler de l'ail. *Journ. de pharmacie*, 1819, *sept.*, *p.* 409.

Les Chinois élèvent et dressent des cailles et même des grillons pour le combat.

Tous ces rapprochemens ne mettant pas sur la voie pour retrouver le poisson combattant, il faut diriger nos recherches d'un autre côté.

Il suffit de se rappeler un genre de poisson désigné sous le nom d'Acanthure, et dont le caractère se tire de la queue armée de chaque côté d'une ou plusieurs fortes épines mobiles. Dans l'état de repos, ces épines sont inclinées vers la tête et couchées contre le corps, dans une fossette longitudinale, dont le poisson la fait sortir à volonté pour la redresser perpendiculairement aux côtés de sa queue et la rendre une arme très-dangereuse.

Ces fortes épines mobiles, tranchantes comme une lancette, font de grandes blessures à ceux qui prennent ces poissons imprudemment.

C'est donc à une espèce d'Acanthure qu'il faut rapporter le *Plakat*. On ne pourra la déterminer exactement qu'à la vue du poisson ; car le genre est trop nombreux, comme on peut le voir dans Cuvier, *Hist.*

nat. des Poiss., *tom.* x, *pp.* 166-256, pour réussir à bien nommer l'espèce en question.

C'est aussi au genre Acanthure qu'il faut rapporter le poisson vénéneux dont il est question dans le paragraphe suivant.

Le fleuve Bendjer, dans l'île de Bornéo, nourrit un poisson vénéneux qui pique les pieds des gens employés à traîner les bateaux par dessus la barre. Cette blessure fait aussitôt gonfler la jambe avec une inflammation violente et cause le délire qui est bientôt suivi de la mort; car, jusqu'à présent, les indigènes n'ont pas découvert de remède pour guérir ces accidens terribles. *Eyriès*, *Abrégé des Voyages modernes*, *tom.* xii, *pp.* 177, 178. Ce poisson appartient au genre Acanthure, dont une espèce, (Acanthure bleu), est décrite et figurée par Duhamel, *Pêches, tom.* 3, *sect.* iv, *p.* 65, *pl.* xii, *fig.* 3, sous le nom de *Porte-lancette.*

M. Isidore Geoffroi Saint-Hilaire a quelquefois produit l'albinisme chez de jeunes Cyprins dorés de la Chine, nés avec leurs couleurs normales; il lui suffisait pour cela de les placer pendant quelques semaines dans de l'eau de puits. Si l'expérience durait trop longtemps, ils ne tardaient pas à dépérir et à mourir; si au contraire on l'interrompait et qu'on replaçât les jeunes Cyprins dans de l'eau de rivière, on les voyait peu à peu reprendre, au moins en partie, leurs couleurs normales. *Traité de Tératol.*, 1832, *tom.* i, *pp.* 299, 318.

IX. La Bouvière *ou* la Peteuse. *Cyprinus amarus,* Bloch, Gmel., Syst. nat., xiii, p. 1433, sp. 49.

Gesner, *De Aquatilibus, p.* 27. De Bubulca Bellonii.

Aldrov. *De piscib., p.* 620. De Bubulca Bellonii.

Duhamel, *Traité général des Pêches,* 2e *part.,* iiie *sect., p.* 514, *pl.* xxvi, *fig.* 5.

Bonnaterre, *Encycl. méth. Tableau ichthyol.*, pl. 80, *fig.* 333.
Bloch, *Ichthyologie*, part. 1, p. 45, *pl.* VIII, *fig.* 3.
J. Hermann, *Observat. zoolog.*, p. 320. Blicklein.
Lacépède, *Hist. nat. des Poiss.*, tom. XI, p. 68.
Nouv. Dict. d'Hist. nat., éd. 2, tom. 9, p. 76, tom. 4, p. 286.
Dans le *Dict. des sciences nat.*, tom. V, p. 2809, on renvoie au mot *Cyprin*, où la Bouvière n'est pas mentionnée; et au mot *Peteuse*, tom. XXXIX, p. 205, on est renvoyé au mot *Bouvière*.

D, 10 : P, 7 : V, 7 : A, 11 : C, 20.

30 vertèbres, et 14 paires de côtes.

Le nom de Bouvière a été donné à ce poisson, parce qu'on le trouve dans la boue, ou plutôt parce qu'il a un goût de boue, ou peut-être à cause de la boue que l'on trouve dans son pharynx : de là *Boueière*. Belon ne s'étant point rappelé cette circonstance, ni celle de la conversion du *v* voyelle en *v* consonne, a employé le féminin de *Bubulcus*, c'est-à-dire *Bubulca*, pour désigner ce poisson qui n'a aucun rapport avec un bouvier.

Duhamel, p. 514, dit : « Je ne sais pourquoi on « nomme ce poisson *Peteuse*. »

S'il eût consulté Gesner, *de Aquat.*, p. 27, il aurait lu : *Aliis* Peteuse, *à bombis obscœnis tracta*, etc. Le bruissement produit par ce poisson lorsqu'on le saisit est la cause du nom qu'il porte.

Ce bruissement s'observe encore dans la Loche de rivière, *Cobitis tænia*, Linn., mais surtout dans le Misgurn, *Cobitis fossilis*, Linn., poisson très-commun dans les fossés autour de Mayence.

Les pêcheurs de la Saône ont tellement altéré le second des noms de la Boueière, qu'ils l'ont presque rendu méconnaissable; en effet ils emploient le mot *Pelletet*, *Peultet*, pour désigner ce poisson : voici comment cela est arrivé :

Au lieu de *Peteuse*, féminin, ils auront dit *Peteu*,

masculin ; et en variant très-peu la prononciation, ils ont fait *Peulteu*, puis *Peulté*, en adoucissant la dernière diphthongue ; et enfin *Peultet*, *Pelletet*. On sait combien l'orthographe des mots varie d'après la prononciation. On en a la preuve journalière dans les relations des voyageurs où les noms d'un même lieu sont si différemment écrits, à raison de la prononciation.

Un pêcheur m'a apporté ce poisson sous le nom de *petite Bréme*.

Gesner, *de Aquatilib.*, *p.* 27, sous la rubrique *Bubulca Bellonii*, rapporte les propres expressions de l'ichthyologiste français ; et, *p.* 374, *lin.* 49, il parle du même poisson (sans le rapprocher de celui de Belon) dans les termes suivans : « In Albi flumine pisciculi « quidam, Carpis exiguis similes, capiuntur latiusculi, « amari, ingrati, Oberkottichen dicti : Piscibus albis « adnumerant; » et *p.* 844, il le note encore sous le nom de *Riemling*.

Chabuisseau, nom que les pêcheurs du Poitou et d'Aunis donnent à un petit poisson de deux ou trois pouces de long, dont les écailles sont petites et blanches, qui a, depuis les ouïes jusqu'à la queue, une bande de deux à trois lignes de largeur, d'un bleu clair et luisant. Il a un petit aileron sur le dos, un ou deux derrière l'anus ; l'aileron de la queue fendu, deux nageoires sous la gorge, une derrière chaque ouïe, et la tête petite. *Encyclop. méth.*, *Dict. des Pêches*, *p.* 35.

L'auteur ne dit pas si c'est un poisson de mer ou un poisson d'eau douce : dans ce dernier cas ce serait la Bouvière, à laquelle on donne à tort deux anales.

Duhamel, en parlant de la *Bouvière* ou *Peteuse*, dit : « Petit poisson d'eau douce, qui, par la forme de son corps, a, en petit, assez de ressemblance avec la Carpe. »

Malgré des caractères aussi précis, ce poisson a été confondu avec d'autres, par les auteurs qui se bornent à copier, sans examiner les objets. De la Chesnaye-des-Bois, *Dict. raisonné et universel des animaux*, en fournit la preuve aux mots *Bouvier*, tom. 1, p. 330, et *Peteuse*, tom. 3, p. 409, où les descriptions ne conviennent nullement au *Cyprinus amarus*.

On trouve encore une autre preuve de cette confusion dans le *Dict. théor. et prat. de chasse et de pêche*, (par Delisle de Sales), où, dans le *tom. 1, p. 101*, on lit : « Bouvier, poisson de rivière, couvert de petites écailles argentées et perlées, quoiqu'il se tienne ordinairement dans la vase ; il n'a que trois à quatre doigts de longueur ; on le croit apéritif. Le peuple, qui s'en nourrit, lui a donné les noms de *Peteuse* et de *Rosière*. »

Dans le *tom. 2, p. 320*, on lit : « Rosière, Cyprin long d'un demi pied ; sa chair est bonne à manger, quoique de difficile digestion. »

Ce dernier passage, copié d'autres ouvrages, n'a pas de rapport avec le poisson qui nous occupe.

La Bouvière aime les eaux pures et courantes qui ont un fond de sable ; elle se reconnaît par sa couleur verdâtre en dessus et d'un bel aurore en dessous ; le deuxième rayon de la dorsale forme une arête assez roide. C'est le plus petit des Cyprins d'Europe ; sa taille est de 12 à 15 lignes au plus ; il est transparent, comme presque tous les petits poissons.

Ce poisson ne fait pas un objet de gain pour les pêcheurs ; ils y font même si peu d'attention, que Bloch n'a pu apprendre d'eux le temps du frai. Cet auteur donne comme synonyme du *Cyprinus amarus*, dont la chair est amère, le petit *Phoxinus* de Rondelet, *de Piscib. fluviatil. liber, p.* 204; mais c'est une erreur. Ce petit *Phoxinus* est une *Bordelière*, bien caractérisée par la longueur de sa nageoire anale.

Bloch donne encore pour synonyme de la Bouvière, la petite Bambele à écailles, de Gesner, *De Aquatilib., p.* 843. Mais en recourant au texte du naturaliste suisse, on remarque que la taille assignée à la Bambèle, ne convient nullement à la Bouvière.

Malgré sa petitesse, la Bouvière se trouve quelquefois enveloppée dans les filets; mais les pêcheurs ne daignent pas la ramasser, ils l'abandonnent sur place; on la prend au printemps pêle-mêle avec les Ablettes. Elle fraie en avril et en mai; à cette époque elle a une ligne d'un bleu d'acier, de chaque côté de la queue: ses œufs peu nombreux, sont fort gros, ainsi que j'ai eu occasion de l'observer.

Comme il faut vider ce très-petit poisson, ainsi que tous les autres, pour le manger, il est bien difficile de ne pas rompre la vésicule du fiel, de la grosseur d'un pois, située sous le lobe droit du foie qui est très-volumineux : alors, ce poisson est d'une amertume insupportable; il a d'ailleurs un goût de vase désagréable, (cause de son nom Boueière); aussi n'est-il jamais servi sur les tables.

Ce petit poisson a la tête plus large que le corps; et au dessus des ouïes elle offre une grande résistance ; le front est aplati, les narines sont très-ouvertes et un peu saillantes, les yeux sont rouges.

Ces poissons vont ordinairement au nombre de trois ou quatre et se poursuivent continuellement.

L'appareil dentaire de la Bouvière présente supérieurement une plaque ovoïde enchatonnée dans l'os

(125)

basilaire , pourvu d'un appendice triangulaire horizon-
tal , portant dans son milieu une lame perpendiculaire.

Les deux mâchoires inférieures portent chacune
cinq dents crochues placées sur une seule rangée.

2ᵉ sous-genre. Barbeaux. *Barbus*, Cuv.

Ce sous-genre a pour caractères : la dorsale et l'anale
courtes ; une forte épine pour second ou troisième rayon
de la dorsale ; quatre barbillons , dont deux sur le bout,
et deux aux angles de la mâchoire supérieure.

Par les nageoires , dorsale et anale , très-courtes , ce
poisson diffère des Carpes , où la nageoire dorsale
longue, a, ainsi que l'anale, une épine dentelée pour 2ᵉ
rayon. Il se sépare naturellement des Goujons qui
manquent d'épines à toutes leurs nageoires , des Tanches
qui sont dans le même cas et dont les écailles sont très-
menues , des Brêmes et des Ables dépourvues d'épines
et de barbillons.

X. Le Barbeau commun. *Cyprinus barbus*, Linn. ,
Gmel., S. N., édit. xiii, p. 1409, sp. 1.

Bloch, *Ichthyologie* , *part.* 1 , *p.* 91 , *planche* xviii.

Duhamel , *Pêches*, 2ᵉ *part.* , *sect* iii , *p.* 519, *pl.* xxvii , *fig.* 1.
Barbeau *ou* Barbotte ; *fig.* 2, mâchoire intérieure vers le bas des
branchies [1].

[1] C'est un os pharyngien qui, dans les Cyprins, se recour-
be pour entourer une partie de l'œsophage.

On trouve dans le *Coluber scaber*, Linn. , Gmel. , *S. N.*,
éd. xiii, *p.* 1109, n° 272 , *Anodon scaber*, Smith (l'*Anodon* de Klein, suivant le *Dict. Sc. nat*, t. 2, p. 183 ; *Nouv.
Dict. d'Hist. nat.*, éd. 2 , t. 2 , p. 125 , que les naturalistes postérieurs n'ont pas connu), outre ses petites dents
maxillaires, des dents œsophagiennes, formées par les apophyses additionnelles des premières vertèbres de l'épine.
Par cet arrangement le serpent peut casser les œufs dont il
fait sa nourriture , et se substanter ainsi.

Meyer, *Représ.*, *tom.* 2, *pl.* 10.

Marsili, *Danub.*, *tom.* iv, *p.* 18, *tab.* vii, *fig.* 1.

Bonnaterre, *Tableau encycl. des trois Règnes*, *icthyologie*, *pl.* 76, *fig.* 317.

Lacépède, *Hist. nat. des Poiss.*, *tom.* x, *p.* 320.

Rondelet, *de Piscibus fluviatilibus liber*, *cap.* xix, *p.* 194.

Aldrovandi, *De piscibus*, *lib.* v, *cap.* xvi, *p.* 597, de Barbo.

Nouv. Dict. d'h. nat., *édit.* 2, *tom.* 3, *p.* 234.

Dict. Sc. nat., *t.* iv, *supplém.*, *p.* 6. *Atlas icht.*, *pl.* 70, *fig.* 1.

xvi paires de côtes et 46 vertèbres.

Le nom de ce poisson lui a été donné à cause des barbillons situés au bout et aux deux angles de la mâchoire supérieure. Il n'y a jamais eu équivoque sur la détermination de ce poisson, quoique son nom de *Barbotte* ait été donné à d'autres poissons.

Le Barbeau, qui croît fort vite, se nourrit de petits poissons, (Bloch, *p.* 92, dit de Chélidoine) : il avale des Perches, des mollusques, des vers, des insectes, des cadavres d'animaux submergés, des plantes en décomposition. Il a la vie dure, la chair blanche et de bon goût ; c'est au mois de mai qu'il est le plus gras.

Suivant Marsili, *Danub.*, *tom.* iv, *p.* 19, la chair de ce poisson est blanche, molle, regardée par les Allemands comme insalubre : aussi s'en abstiennent-ils pendant les mois de juin et juillet, époque pendant laquelle le Barbeau est couvert de tubercules, et sujet à la dyssenterie, ce qui avait fait dire qu'il était *menstrué*.

Dans l'Oder, il y en a de deux à trois pieds de long qui pèsent six à huit livres. Il fraie au milieu du printemps, en mai et juin, et dépose ses œufs sur les pierres du fond, dans les endroits où le courant est le plus rapide. On le sert sur les tables : la partie moyenne de son corps est celle que l'on mange. Cependant on dit *tête de Barbeau* et *queue de Truite*, pour désigner les meilleurs morceaux de ces poissons.

(127)

Tant qu'il est jeune, il a pour ennemis tous les poissons voraces et les oiseaux d'eau ; le fiel est jaune.

Les œufs de Barbeaux, comme ceux de la Lotte et du Brochet, sont nuisibles, et troublent les fonctions digestives. Voy. *Mém. de l'Académ. des Sciences de Dijon*, 1820, *p.* 240-253. Aussi sont-ils rejetés soigneusement par les cuisinières attentives ; cependant Bloch, *p.* 93, dit en avoir mangé, ainsi que sa famille, sans en avoir été incommodés.

« Plusieurs Barbeaux se trouvent-ils réunis dans un réservoir où ils manquent de nourriture ; ils sucent la queue les uns des autres, au point que les plus gros ont bientôt exténué les plus petits. » *Lacépède, Hist. nat. des Poissons*, tom. x, *p.* 324.

Le Barbeau a neuf dents pharyngiennes, placées sur trois rangs, quatre en bas, trois au milieu, deux au dessus, en forme de massues, terminées par une pointe un peu crochue. *Cuvier, Anat. comparée*, tom. 3, *p.* 191.

Cette disposition n'est pas constante, puisque dans le même individu j'ai vu une mâchoire qui portait cinq dents en bas, deux au milieu et deux au dessus. Le prolongement de l'os basilaire est placé de champ. La cavité de l'os basilaire est en ogive élargie, et présente une saillie dans son milieu.

Dans les intestins du Barbeau vivent :

1. L'*Echinorynchus barbi*, Schranck, Gmel., p. 3049, n° 41.

2. Le *Caryophillæus piscium*, Goeze, Gmel., p. 3052, sp. 1. *Géroflée changeante*, Dict. Sc. nat., tom. xviii, p. 496. Caryophyllée des poissons, Dict. Sc. nat., tom. lvii, *p.* 553.

3. *Monostoma cochleariforme*, Dict. Sc. nat., t. 32, p. 488.

4. *Fasciola punctum*, Dict. Sc. nat., t. 57, p. 586.

5. *Scolex auriculatus*, Dict. Sc. nat., t. 29, p. 301; tom. 57, p. 606, pl. 46, fig. 1.

6. *Tœnia rectangulum*, Batsch, Gmel., p. 3081, sp. 84. *Botriocephalus rectangulum*, Encyclop. méthod., Vers, tom. 2, p. 147, n° 10. *Botriocephalus rectangulum*, Dict. Sc. nat., t. 57, p. 610.

3e *sous-genre*, Goujon, *Gobio*, Cuv.

Barbillons, dorsale et anale courtes, l'une et l'autre sans épines.

XI. Le Goujon, *Cyprinus Gobio*, Linn., Gmel., S. N., édit. xiii, p. 1412, sp. 3.

Bloch, *Ichthyologie*, p. 49, *pl.* viii, *fig.* 2.

Jurine, *Hist. des Poissons du lac Léman*, p. 217, n° 16. *pl.* 14.

Encycl. Dict. des Pêches, p. 69. Goujou de rivière, Vairou, *p.* 292.

Bonnaterre, *Tableau encycl. des trois règnes. Ichthyol.*, *pl.* 77, *fig.* 319.

Duhamel, [1] *Traité général des Pêches*, 2e *part.*, sect. iii, *p.* 497, *pl.* xxiii, *fig.* 5.

Lacépède, *Hist. nat. Poiss.*, *tom.* x, p. 333.

Rondelet, *De piscibus fluviat. lib.*, *cap.* xxxi, *p.* 206.

[1] Cet auteur, 2e *part.*, *p.* 565, dit : Chabot, *voyez* Goujon de rivière ; *à ce mot*, *p.* 566, 2e *col.*, on lit : « Goujon de rivière. Quelques-uns ont nommé le Chabot « Goujon de rivière ; il a un grand aileron sur le dos. » Duhamel, par ce caractère, désigne clairement le Goujon qui n'a qu'une nageoire dorsale, tandis que le Chabot en a deux : nouvel exemple de la fausse application des noms ; aussi Duhamel, dans le texte, *p.* 497, à l'article *Goujon*, ne lui donne pas pour synonyme le nom de *Chabot*.

Meyer, *Représent.*, tom. 1, *pl.* 74 , *fig. sup.*

Gesner, *de Aquatilib.*, *p.* 473 , 474, donne, *p.* 479, une meilleure figure du Goujon ; c'est la seconde de cette page.

Aldrovandi, *de Piscib.*, *lib.* v , *cap.* xxvii , De Gobio fluviatili.

Marsigli, *Danub.*, tom. iv , *p.* 23 , *tab.* ix , *fig.* 2. Mala, sed descriptio eximia.

Nouv. Dict. d'Hist. nat., *éd.* 2 , tom. xiii , *p.* 328 ; tom. ix , *p.* 66.

Au *Cyprinus Benacensis*, Pollini, *Temolo* des Italiens?

Dict. Sc. nat., tom. xix , *p.* 245.

D. 10 : P. 14. 15 : V. 8. 9 : A. 8 : C. 28. Côtes 14 paires.

Le nom français de ce poisson, qui a 39 ou 40 ver-tèbres, vient évidemment du latin *Gobio*, attribué encore à d'autres poissons ; on l'appelle à cause de cela et pour le distinguer, *Goujon de rivière*; à Lyon il est dit *Goiffon, Goeffon.*

Artedi, par erreur, appelle ce poisson *Gonion* et *Vairon*. Il donne une description des parties externes et internes, *Ichthyol.*, *part.* v , *p.* 13 , *sp.* 5.

Le Goujon le dispute au Vairon pour l'éclat et la variété des couleurs de son manteau, mais on le distinguera facilement à ses barbillons, à son front déprimé, à ses nageoires dorsale et anale, courtes et tigrées de noir. Sa taille est de cinq à sept pouces ; suivant Duhamel il en faut douze pour faire une livre.

« Dans cette espèce de poisson, le nombre des indi-« vidus femelles est cinq à six fois plus considérable « que celui des mâles. » Lacépède, *Hist. nat. des Poissons*, tom. x , *p.* 338.

Le Goujon vit de vers, de larves, d'insectes aquatiques, de coquillages, de végétaux ; il est fort avide des charognes que l'on jette dans les rivières, et on est toujours sûr d'en trouver beaucoup auprès d'elles ; on l'accuse de manger le frai des autres poissons.

Il fraie en mai, juin, dans le courant des rivières ; la couleur de ses œufs est bleuâtre, leur volume est très-petit ; la femelle les dépose contre les pierres, mais peu à peu, ce qui dure un mois.

A l'époque du frai, ces poissons voyagent en petites troupes et semblent se plaire les uns avec les autres.

Jurine n'accorde au Goujon que cinq dents pharyngiennes, la première courte, les quatre autres longues, grêles et crochues à leur extrémité, *Act. Gen.*, *tom.* 1, *part.* 1, 1821, *p.* 24, parce qu'à l'imitation de Gesner, parlant du *Cyprinus erythrophthalmus,* il a négligé les trois dents de la rangée intérieure, comme il est aisé de s'en assurer par l'inspection.

L'appareil dentaire pharyngien du Goujon présente sur l'apophyse de l'os basilaire une cavité en ogive terminée par un prolongement en forme de sabre.

Les dents pharyngiennes inférieures sont au nombre de huit sur deux rangées à chaque mâchoire ; cinq dents sont extérieures et trois intérieures.

La chair du Goujon est blanche, grasse, délicate, excellente et très-estimée. Suivant Marsigli, les Allemands en font peu de cas. Dans certains cantons on les confond avec les Tétards du *Bufo fuscus,* dans les fritures.

Le Goujon perd difficilement la vie, on peut le conserver en réservoir, mais en peu de temps son corps se couvre de mousse, ce qui le fait périr. C'est un des meilleurs poissons à introduire dans les étangs pour servir de nourriture aux Brochets et aux Truites.

Autour du foie de ce poisson, on trouve quelquefois *l'Ascaris gobionis,* Goeze, Gmel., S. N. XIII, p. 3037, sp. 74. *Filaria ovata,* Encycl. méthod., vers, tom. 2, p. 396, sp. 17.

Dans son mésentère on rencontre un autre parasite

appelé *Ligula abdominalis, a.* gobionis , Bloch , Gmel. ,
p. 3043 , sp. 2 , *β* , *a.*

Schonevelde , *Ichthyologie , p.* 35 , parle du Goujon
sous le titre *de fundulo.*

4ᵉ *sous-genre.* TANCHE , *Tinca* , Cuv.

Il joint aux caractères des Goujons, celui de n'avoir
que de très-petites écailles et de très-petits barbillons.

Les opercules des branchies sont lisses et sans écailles :
le ventre est arrondi ; nageoire du dos unique , courte
et à rayons osseux : lèvres protactiles , barbillons.

Les Tanches diffèrent des Goujons dont les écailles
sont de grandeur ordinaire ; des Ables et des Brêmes
dépourvues de barbillons ; des Carpes dont la nageoire
dorsale est longue ; des Clupées , au ventre caréné.

XII. La TANCHE , *Cyprinus tinca* , Linn. , Gmel., Sc.
nat. , édit. XIII , p. 1413 , sp. 4.

Artedi, *Icthy., part.* v , p. 27. Cyprinus mucosus ¹ totus nigrescens
extremitate caudæ æquali.

Jurine, *Hist. des poissons du lac Téman , p.* 205 , *n*° 12 , *pl.* 10.
Dict. des Sc. nat , tom. 52 , *p.* 183, *Atlas , Ichth., pl.* 69 , *fig.* 1.
Bloch , *Ichthyol., p.* 70 , *pl.* XIV.
Lacépède , *Hist. nat. des poissons , tom.* x , *p.* 339 , 345.
Duhamel , *Pêches , p.* 506 , 2ᵉ *part., sect.* III , *pl.* XXV , *fig.* 2.
Marsigli , *Danub., tom.* IV , *p.* 47 , *tab* xv.
Bonnaterre , *Tableau encyclop. des trois Règnes, ichthyol., pl.* 77,
fig. 320.
Rondelet , *de Piscib. lacustrib. liber , cap.* x , *p.* 157.
Geoffroi , *Mat. médic. , tom.* 3 , *p.* 266.
Gesner , *de Aquatilibus , p.* 1178.
Meyer , *Représ., tom.* 2 , *pl.* 51.

¹ Cette humeur, ainsi que celle qui recouvre les autres
poissons, est un mucus difficile à délayer dans l'eau. *Cuv.,*
Hist. nat. des Poissons , tom. 1 , *p.* 521.

Nouv. Dict. d'hist. nat., édit. 2, *tom.* IX, *p.* 66; *tom.* XXXII, *p.* 402.

D. 12 : P. 17 : V. 11 : A. 10 : C. 22-24.

Par erreur typographique, Linné, *S. N.,* édit. XII, *p.* 526, indique 25 rayons à la nageoire de l'anus. Cette faute est répétée, dit Bloch, *part.* 1, *p.* 72, par plusieurs auteurs modernes, Wulff, Pennant, Zückert, Fischer; elle est aussi répétée par Gmelin, *Syst. nat., tom.* XIII, *p.* 1413, qui n'a pas eu l'attention de la rectifier, malgré l'avertissement de Bloch.

Le nom de ce poisson, que l'on écrit aussi *Tenche,* vient du mot latin *Tinctus,* à cause de son dos coloré d'un vert noir, comme s'il eût été teint. Ce poisson prend quelquefois une belle couleur dorée, comme on le verra dans l'article suivant, *p.* 135.

Les Tanches se nourrissent des mêmes alimens que les Carpes : de plus, elles avalent les sangsues et les détruisent, elles atteignent rarement la taille d'un pied.

Elles fraient à la fin de mai et en juin, autour des herbes marécageuses ; les œufs sont verdâtres, petits et excessivement nombreux. Ce poisson évite la Perche et le Brochet, en se cachant dans la boue ; il a 16 paires de côtes et 39 vertèbres.

Les os où sont attachées les pectorales et les ventrales sont très-forts [1].

La Tanche a la vie dure, moins cependant que la Carpe; quand on la nourrit bien, elle croît promptement et devient assez grosse; on en trouve de 7 à 8 livres; quand le beau temps veut venir, elle saute hors de l'eau; sa chair blanche, pleine d'arêtes, molle, fade, est im-

---

[1] Scapula et os innominatum robustiora, quam aliis piscibus. Gmel., *p.* 1414.

prégnée fréquemment d'une odeur de limon et de bouc.
Vincent de Beauvais, *Speculum natur.*, tom. 1, *lib.* XVII.
cap. XCVI, appelle la Tanche, *Teucha.* « Ce poisson,
« dit-il, est de rivière ou d'étang ; tout le monde le
« connaît, il se tient dans la vase, comme l'Anguille,
« dont il a la couleur, et la chair fade, difficile à di-
« gérer. »

On est revenu de ce jugement pour l'Anguille, et
même pour la Tanche, désignée par Ausonne sous le
nom de *Ressource du bas peuple*, (*Solatia vulgi*) : en
effet quand la Tanche est dégorgée [1] dans des eaux
vives, sa chair acquiert beaucoup de délicatesse, au

[1] Au sud d'Aix-la-Chapelle, non loin de la porte Mars-
chier, se trouve Borcette (de *Porcetum*), remarquable par
ses éaux chaudes, qui, après avoir servi à différens établis-
semens de bains, vont se rendre à un petit lac en forme de
carré long, bordé d'arbres, et sur lequel flottent de légères
fumées.

Le petit lac de Borcette, appelé l'Etang chaud, à cause
des eaux chaudes qu'il reçoit, ne gèle jamais, nourrit quantité de poissons médiocres. On ne peut manger de ces poissons qu'après les avoir fait dégorger longtemps dans l'eau
froide ; ils meurent à l'instant, si de l'eau froide on les rejette dans l'étang où ils sont nés. *Revue de Paris*, 1836,
tom. 31, *p.* 55.

Il est fâcheux que M. Nisard n'ait pas précisé le degré de
température de l'étang chaud, et qu'il n'ait pas donné le
véritable nom des poissons qui y pullulent ; ils sont sans
doute différens de ceux observés : dans les eaux thermales
de *Los-Banos*, près de Manille, par Marion de Procé ;
dans une fontaine thermale près Fériane, par Bruce ; dans
les sources d'eau chaude d'une petite vallée située à moitié chemin de Mascate à Mathah, par Clodoré.

point qu'une Tanche de trois livres est fort recherchée. Il en est de même, au dire d'Alléon Dulac, *Mém. pour servir à l'hist. nat. du Lyonnais, tom.* 1, *p.* 123, de la peau épaisse de ce poisson, *Encycl. méth., Hist. nat., tom.* 3, *p.* 389.

La Tanche est fort sujette aux vers ; on y en trouve de plats et fort longs, indiqués sous le nom de *Ver des Tanches,* dans le *Journal des Savans,* 1723, *p.* 79, *fig.,* et reproduits par Andry, *De la génération des vers dans le corps de l'homme,* 3ᵉ édition, 1741, *tom.* 1, *p.* 52, *fig.*

Geoffroi en avait déjà parlé dans les *Mémoires de l'Académie des Sciences,* 1710, *Hist., p.* 39, § 4.

C'est la *Ligula simplicissima,* Rudolph., désignée par Gmelin, sous le nom de *Ligula abdominalis, Syst. nat.,* XIII, *tom.* 1, *p.* 3043, *sp.* 2, β. b; Dict. Sc. nat., tom. XXVI, p. 405, tom. 57, p. 611. Atlas, vers, pl. 46, fig. 5.

En Italie, la Ligule très-simple d'une espèce de Cyprin du lac Facino, est connue sous le nom de *Macaroni piatti,* et regardée comme un mets agréable.

Outre la Ligule très-simple, on trouve encore dans les intestins de la Tanche le *Caryophyllæus piscium,* Goeze, Gmel., p. 3352, sp. 1. *Tænia laticeps,* Pallas, Gmel., p. 3081, sp. 86. *Caryophyllæus mutabilis,* Ency. méth., vers, tom. 2, p 435. *Géroflée changeante,* Dict. Sc. nat., tom. 18, p. 496. Atlas, vers, pl. 41, fig. 11, 12. Bremser, vers, p. 115, p. 136, Appendix, pl. 1, fig. 5.

Gesner, *de aquatilib., p.* 1177, décrit la Tanche, dont il donne la figure *p.* 1178, et parmi les singularités dont il parle, j'ai remarqué la suivante : « Dans la tête « des Tanches, on trouve deux petites pierres. »

Arnault de Nobleville, et Salerne, parlent de deux pierres qu'ils ont trouvées dans la tête de la Tanche, *Mat. medic., aut., Geoffroi, tom.* 3, *p.* 269, mais sans les désigner.

Ce sont les osselets de l'ouïe, dont le grand a une forme presque ronde avec un angle rentrant.

L'appareil dentaire de la Tanche se reconnaît facilement : la dent pharyngienne supérieure est pyriforme, enchatonnée dans la cavité de l'os basilaire.

Les dents pharyngiennes inférieures sont au nombre de cinq sur une même ligne à chaque mâchoire ; il arrive quelquefois que l'on en trouve moins, par suite de la chute forcée de quelques-unes.

Ces dents portées sur un pédicule rétréci, s'élargissent à leur sommet qui est sécuriforme, et qui imite la dernière articulation des palpes des coccinelles : elles sont terminées en dehors par un léger crochet ; et leur surface triturante offre un petit sillon.

A. La Dorée d'étang, *Cyprinus Tinca auratus.*

Bloch, *Hist. nat. poiss., part.* 1, *p.* 74, *tab.* xv.

Nouv. Dict. d'Hist. nat., édit. 2, *tom.* 32, *p.* 404. Tanche dorée.

Dict. des Sc. nat., tom. 52, *p.* 185. Tanchor.

Tableau encycl. des trois règnes. Poiss., p. 191, *n*° 8, *pl.* 77, *fig.* 321. Tanche dorée.

Gmel., *S. N.* xiii, *tom.* 1, *p.* 1414, *sp.* 4, β. Tinca aurea.

Lacépède, *Hist. nat. Poiss.,* tom. 10, *p.* 345. Cyprin tanchor.

L'éclat de la robe de ce poisson égale celui des poissons dorés de la Chine ; aussi plusieurs amateurs en Allemagne se sont-ils empressés de déposer, dans leurs viviers ou leurs réservoirs, cette belle variété.

La Tanche, dont la couleur est presque noire dans les marais fangeux, devient d'un jaune doré dans les rivières dont le fond est sablonneux et le cours rapide, ou dans les étangs dont la pureté des eaux est remarquable, ainsi qu'on le voit en Silésie.

Au surplus les teintes de ce poisson offrent beaucoup de variétés de nuances, dépendantes de l'âge, du sexe, du genre de nourriture et du climat.

Bosc, en parlant de la Tanche dorée, qui se trouve dans certains étangs de la Silésie, variété produite par la pureté des eaux de ces étangs, paraît ignorer que cette variété se rencontre en France.

M. Dupuis vient d'en trouver (mars 1836) quatre échantillons au moulin des Etangs près Dijon ; précédemment il avait vu des Tanches moins colorées que la commune ; l'une offrait une teinte jaune, mais sans les taches qui caractérisent la Tanchor.

Je dois à sa complaisance l'échantillon que j'ai fait déposer dans le bassin du Jardin des plantes.

Suivant Bloch, *p.* 76, la Dorée d'étang a la vie dure : l'échantillon, qu'il élevait, a survécu au Goujon, à la Bordelière, au Rotengle, à la Rosse, et même à la Tanche ordinaire qu'il avait mise dans le même vase.

Lacépède regarde à tort comme espèce, cette variété de Tanche. Il la porte sous le *n°* 12 de son 11ᵉ *genre*.

Bloch nous apprend que la reine de Prusse avait fait venir de Silésie des Tanches dorées, pour les élever dans les canaux de Schernhausen. Un prince allemand et quelques grands, à l'imitation de la reine, en ont fait venir pour les conserver dans leurs bassins.

L'échantillon décrit et figuré par Bloch, lui avait été donné par la reine de Prusse.

Cette variété ne se propagerait pas par le frai, et M. Dupuis pense qu'elle reprendrait la teinte sombre de la Tanche ordinaire, parce que les quatre échantillons qu'il a trouvés, se sont rencontrés parmi les Tanches communes qu'il avait pêchées dans le vaste réservoir du moulin des Etangs, commune de Saulon.

5ᵉ *sous-genre.* Les Brêmes, *Abramis,* Cuv.

Les poissons de ce sous-genre n'ont ni épines ni barbillons ; leur dorsale courte est placée en arrière des ventrales ; leur anale est longue. Ils sont distingués des Carpes, des Barbeaux, des Goujons et des Tanches, par l'absence des barbillons ; des Ables, par la longueur de l'anale.

XIII. La Brême, *Cyprinus brama,* Linn., Gmel., Sc. nat., xiii, p. 1436, sp. 27.

Bloch, *Ichthyolog.*, *part.* 1, *p.* 64, *pl.* xiii, *p.* 102, *pl.* xix, *fig.* 9-12, œufs ; *fig.* 14, Brême éclose récemment ; *fig.* 15, écailles.

Duhamel, *Pêches*, 2ᵉ *part.*, *sect.* iii, *p.* 504, *pl.* xxv, *fig.* 1. Les lettres V. X. représentent l'os pharyngien, garni de dents, de la Brême.

Marsigli, *Danub.*, *tom.* iv, *p.* 49, *tab.* xvi.

Lacépède, *Hist. nat. des Poiss.*, *tom.* xi, *p.* 72.

Meyer, *Représent.*, *tom.* i, *pl.* 72.

Bounaterre, *Tabl. encycl. des trois règnes, Icht.*, *pl.* 84, *fig.* 346.

Rondelet, *de Pisc. lacustr. liber, cap.* vi, *p.* 154. De Cyprino lato.

Gesner, *de Aquatilib.*, p. 376. Cyprini lati *Icon accuratius.*

Nouv. Dict. hist. nat., édit. 2, tom. iv, *p.* 350, tom. ix, *p.* 77.

Dict. des Sc. nat., tom. v, suppl., *p.* 72.

D. 12 : P. 17 : V. 9 : A. 29 : C. 19.

Le nombre des rayons n'est pas un caractère constant pour distinguer les poissons ; en effet, Bloch en indique 29, et J. Hermann, *Observat. zoolog.*, *pag.* 327, n'en trouve que 26. Ce dernier naturaliste a vu la vessie natatoire épaisse et devenue presque cartilagineuse par la dessiccation. La Brême, dit-il, a deux moelles épinières placées l'une sur l'autre, mais séparées. *Pag.* 328.

Le nom de Brême, *Brama*, vient évidemment par contraction d'*Abramis*.

Ce poisson, qui a une longueur triple de sa largeur, qui a la vie assez dure, est facile à connaître par son corps large et aplati ; par son dos aminci en tranchant ; par sa nageoire dorsale courte, placée en arrière des ventrales ; par son anale longue à 29 rayons. Artédi en compte 27 et quelquefois 28 ; il annonce 44 vertèbres, *Ichthyologie*, tom. v, *pp.* 20-23.

Tels sont les caractères de la Brême adulte, qui a 12-18 pouces de longueur, et pèse de 12-14 livres. Celle de la Saône ne pèse jamais plus de 3 ou 4 livres.

La Brême, dans sa jeunesse, est confondue, dit Bloch, *Ichthyologie*, *p.* 69, avec la Bordelière, à laquelle elle ressemble beaucoup par son corps mince, de forme alongée, qui lui a fait donner le nom d'*Eperlan bâtard* [1] par les pêcheurs parisiens. Elle est représentée par la figure inférieure des *Phoxini* de Rondelet, *de Piscib. fluviat.*, *p.* 204, caractérisée par la longueur de la nageoire anale.

« Les Brêmes gardonnées sont de jeunes Brêmes. »

---

[1] Il ne faut pas confondre les *Eperlans bâtards* (jeunes Brêmes) avec l'*Eperlan bâtard* dit *Grasdos* (jeune Athérine) figuré par Duhamel, *Pêches*, 2ᵉ *part.*, *sect.* vi, *pl.* iv, *fig.* 5. Les *faux Eperlans* sont, dit Cuvier, *Hist. nat. des Poissons*, tom. x, *p.* 417, des Athérines qui vivent en grandes troupes et sont regardées comme un aliment assez délicat. Gesner, *de Aquatilibus*, *p.* 432, donne, d'après Jean Caius, médecin anglais, la figure et la description d'une Athérine ; mais la figure, n'offrant qu'une nageoire dorsale, ne convient nullement aux Athérines ; elle ressemble beaucoup à celle de la page précédente.

Encycl., *Dict. pêches*, *p.* 22. Ne seraient-elles pas plutôt des Bordelières, comme le dit Duhamel ?

Gesner, *de Aquatilib.*, *p.* 431, sous le titre : *De
Epelano Sequanæ seu fluviatili*, Bellonius, confond
une jeune Brême, dont il donne la figure, avec le véritable Eperlan.

La Brême se plaît dans les eaux stagnantes et bour-
beuses; elle se nourrit de plantes, de vers, etc.; aussi
mord-elle facilement à l'hameçon.

Suivant Vincent de Beauvais, *Speculum natur.*, tom.
1, *lib.* XVII, *cap.* XXXV, ce poisson, qu'il désigne sous le
nom de *Brena*, se soustrait aux poursuites du Brochet
en se plongeant dans la vase; ce qui trouble le fluide et
la cache à son ennemi. Assez bon poisson, fort abondant et qu'on multiplie aisément.

La Brême fraie au printemps, en mai, juin, et même
dès la fin d'avril, s'il fait chaud; les œufs sont petits et
rougeâtres, déposés sur les herbes. Bloch, *Ichthyolog.*,
part. 1, *p.* 102, *pl.* XIX, *fig.* 1-12, 14, 15. A cette
époque, les écailles du mâle sont chargées de tubercules
dont on ignore l'usage. Lorsqu'il survient du froid à
l'époque du frai, l'anus des femelles se referme, s'en-
flamme, le poisson enfle, dépérit et meurt.

La chair de ce poisson, qui, bien nourri, croît aussi
vite que la Carpe, est blanche, de bon goût, et assez
généralement estimée.

Les Brêmes d'Auvergne, grasses et de grande taille,
sont recherchées. De là le proverbe : « Qui a brasme,
peut bien brasmer (régaler) ses amis. » Gesner, *p.* 377.

La Brême, dans sa jeunesse, est atteinte de la ligule
très-simple, *Encycl. méthod.*, *Vers*, tom. 2, p. 494,
sp. 6. *Ligula abdominalis*, Gmel., *Syst. nat.*, tom. XIII,
p. 3043, sp. 2, β. g. *Ligula cingulum*, Rudolph., qui

atteint jusqu'à cinq pieds de longueur. On regarde ces vers, dans quelques endroits de l'Italie, comme un mets agréable. Cuvier, *Règn. anim., édit.* 2, *tom.* 3, *p.* 275. Ils sont connus sous le nom de *Macaroni piatti.* Encycl. méthod., Vers, ii, 492.

On trouve encore dans les intestins de la Brême :

1. *Echinorynchus bramæ,* Goeze. Gmel., p. 3o5o, sp. 46.

2. *Caryophyllæus piscium,* Goeze. Gmel, p. 3o52, sp. 1. *Tænia laticeps,* Pall., Gmel., p. 3o81, sp. 86. *Géroflée changeante,* Dict. Sc. nat., tom. xviii, p. 496. *Caryophyllus mutabilis,* Encycl. méth., Vers, tom. 2, p. 435. Bremser, Vers, p. 115, p. 136; appendix, pl. 1, fig. 5.

3. *Fasciola bramæ,* Mull., Gmel., p. 3o58, sp. 38. *Distoma globiporum.* Encycl. méthod., Vers, tom. 2, p. 261, n° 18.

La Brême est quelquefois contrefaite comme le Brochet et la Truite.

In Sleia, Cyprini lati sunt, caudam incurvatam vel sinuatam gerentes, ac si ea bis fracta fuisset; piscatores vocant Leidbrassen, quasi reliquorum duces, quibus conspectus felici omine amplam capturam sibi pollicentur. Sunt autem hi Cyprini inter reliquos quasi nani, contracti corporis, et in orbem fere recurti. *Ichthyol., auctore Stephano à Schonevelde, D. M., p.* 33.

Jurine paraît n'avoir eu aucune connaissance de cette observation faite par Schonevelde.

Bloch, p. 69, attribue la difformité signalée par Schonevelde, à ce que le poisson, étant encore jeune, s'est embarrassé dans des herbages et s'est forcé l'épine du dos en voulant se débarrasser. Linné a aussi parlé des Brêmes bossues et de Perches atteintes de la même difformité. Bloch a vu la même chose dans le Sandre et dans la Rosse.

Hermann a vu aussi quelquefois des Brêmes bossues monstrueuses, c'est-à-dire que la partie du dos après la nageoire dorsale était concave, et la portion du ventre, qui portait la nageoire anale, était très-convexe. *Observat. zoologicœ*, *p.* 327.

L'appareil dentaire pharyngien de la Brême se compose d'une plaque ovale alongée, sertie dans une cavité de l'apophyse du basilaire. Cette cavité, en ogive pentagonale, est un peu élargie postérieurement. Le prolongement de l'apophyse basilaire est comprimé et de la même largeur dans toute son étendue.

Les dents pharyngiennes, au nombre de cinq à chaque mâchoire, sont assez fortes à leur base ; elles sont comprimées à leur sommet, terminé par un crochet ; quatre de ces dents ont leur sommet entouré d'une bordure noire ; la cinquième n'offre qu'une tache au sommet.

Dans une autre Brême dont j'ai examiné la denture, j'ai trouvé seulement sur les côtés, à la base du crochet, un point noir, sans doute origine de la ceinture dont j'ai parlé.

XIV. La Bordelière, *Cyprinus latus,* Bloch., Gmel., Sc. nat., xiii, p. 1438, sp. 50.

Bloch, *Ichthyologie, part.* i, *p.* 56, *tab.* x. Cyprinus blicca.

Duhamel, *Traité gén. des Pêches, part.* ii, *sect.* iii, *p.* 506. Eperlan bâtard. *Planche* xxvi, *fig.* 4, Platane.

Duhamel, *ouv. cit., p.* 514, § 6. De la Bordelière, *Ballerus,* Rondelet.

Rondelet, *de Piscib. lacustrib. lib., cap.* viii, *p.* 154. De Ballero.

Gesner, *de Aquatilib., p.* 28. De Ballero.

Aldrovandi, *de Piscib., lib.* v, *cap.* xliv, *p.* 645. De Ballero Aristotelis.

Bonnaterre, *Tableau encyclop. et méthod. des trois règnes, ichthyologie, p.* 203, *sp.* 55, *pl.* 84, *fig.* 348. Bordelière.

J. Hermann, *Observat. zoologicæ*, p. 3o8. Cyprinus Mekel.
Nouv. Dict. d'Hist. nat, édit. 2, tom. 4, p. 152, tom. 9, p. 78.
Dict. Sc. nat., tom v, p. 160, *suppl.*, p. 74, 2°. Abramis blicca.
Lacépède, *Hist. nat. des poiss.*, tom. 11, pp. 81-83. Cyprin large.
N. B. *La Synonymie donnée par Lacépède est fort embrouillée.*

Ce poisson, facile à reconnaître, porte aussi le nom de *Petite Bréme* ou *Hazelin*, du mot allemand *Haszle*, Levrault, à raison de son agilité.

Les échantillons de ce poisson que j'ai examinés au mois de février et que je m'étais procurés sur le marché, avaient cinq pouces et demi de longueur depuis l'extrémité du museau, jusqu'à la naissance de la nageoire caudale. La tête qui offre, au-dessus des yeux, un léger enfoncement, outre la dépression marquée à l'origine du dos, est trois fois un quart dans la longueur du corps, et la largeur de ce poisson, qui est très aplati, se trouve trois fois dans la longueur totale.

La lèvre inférieure arquée, ou la mâchoire inférieure ascendante, est plus courte que la supérieure qui la recouvre.

La nageoire dorsale est située dans l'intervalle des nageoires anale et ventrale. Le dos est caréné avant la nageoire dorsale, et arrondi postérieurement à cette nageoire.

Les écailles qui recouvrent ce poisson, sont minces et plus petites que celles du *Cyprinus fuscus*, Nob.

D. 11 : P. 16 : V. 9 : A. 25-27 : C. 22.

La ligne latérale est courbée, et formée de 51 glandes.

La membrane des nageoires dorsale et anale est finement piquetée de noir, ce qui n'a pas lieu dans la Brême.

Le péritoine est nacré avec quelques points noirs.

L'appareil dentaire pharyngien de ce poisson consiste :

1° dans une petite plaque ovoïde, sertie dans une cavité en vallon étroit de la base de l'apophyse du basilaire; à la partie postérieure de cette cavité, est un prolongement droit inférieurement, et arrondi en sabre recourbé supérieurement; l'os mitral, accompagné de deux apophyses latérales descendantes, est lancéolé.

2° Les mâchoires pharyngiennes sont garnies chacune de cinq dents mignonnes, crochues à leur sommet, disposées sur un seul rang, comme dans la Brême; on y remarque aussi cette tendance à présenter une couleur noire, pour former couronne autour du sommet; quelquefois cependant cette apparence noirâtre ne se fait pas remarquer d'une manière bien prononcée.

Ce poisson a été très-bien décrit par Rondelet; ce savant avait signalé les dents pharyngiennes sans en préciser le nombre; mais en comparant la description qu'il a donnée avec tous les caractères que j'ai rapportés, on acquerra la certitude qu'il avait bien examiné ce poisson, et que nul doute ne peut s'élever sur les détails dans lesquels il entre.

La Bordelière, peu estimée, ne sert guère qu'à nourrir les poissons dans les viviers; elle se trouve dans la Saône, pêle-mêle avec les autres poissons blancs.

Alléon Dulac, *Mém. pour servir à l'hist. nat. du Lyonnais, tom.* 1, *p.* 158, dit de la Bordelière : « Elle « est bonne à manger; elle est si semblable à la Brême, « qu'on a peine à distinguer l'une de l'autre. »

Rondelet avait dit seulement : « Bramæ tam similis « est, ut parum cautis pro bramis sæpe vendatur, sed « ab iis magnitudine corporis et squamarum distat, ac « pinnarum ac caudæ colore. »

On lit dans Duhamel, *Traité général des Péches,* 2ᵉ *part.*, ɪɪɪᵉ *sect.*, *p.* 564 : « *Ballerus*, poisson d'eau « douce que Rondelet croit être la Bouvière. »

Cette erreur de Duhamel vient sans doute d'un *lapsus calami,* en vertu duquel le mot *Bouvière* a été mis au lieu de *Bordelière.* Cela est d'autant plus probable, qu'à cette même page 564, on lit : « Bordelière, « *Ballerus* d'Aristote et de Rondelet, ayant quelque « ressemblance avec la Brême ; on l'a appelée *Cyprinus* « *latus et tenuis.*

Duhamel, *Traité général des Péches,* ɪɪᵉ *partie,* ɪɪɪᵉ *sect.,* *p.* 5o6, donne à la Bordelière le nom de *Bréme gardonnée,* à cause de ses écailles brillantes comme celles du *Gardon.*

Le nom d'*Eperlan bâtard,* donné, suivant Duhamel, à un petit poisson de la Seine, convient parfaitement à la Bordelière, dont la surface du corps a effectivement un éclat perlé ou nacré, bien plus apparent que celui du Spirlin ; aussi Gesner, *de Aquatilib.*, *p.* 27, dit : « Piscis blicca Germanorum, seu alburnus lacustris, « Sabaudis *Platte,* unde diminutivum *Platton,* à Ge- « nève, Plateron [1]..... Blick à splendore. »

Duhamel, *Traité général des Péches,* 2ᵉ *part.*, *sect.* ɪɪɪ, *pl.* xxvɪ, *fig.* 4, *p.* 5o6, § 3, parle du *Plestia* [2] ou *Platane ;* on pêche dans la Seine un petit poisson

---

[1] Aujourd'hui ce nom est employé à Sᵗ-Saphorin, pour désigner le Rotengle, *Cyprinus erythrophthalmus.* Voyez Jurine, *Hist. des Poissons du lac Léman,* *p.* 2o9.

[2] Si le poisson appelé par Duhamel *Plestia* est le même que le *Cyprinus plestia,* Leske, ce serait la Bordelière.

qu'on appelle *Esperlan bâtard,* et qui paraît ressembler à de petites Brêmes, qu'il dit lui sembler être le *Plest'a* de Belon, ou le Platane, dont il donne la description.

Nous ne pouvons prononcer sur cette ressemblance, puisque nous n'avons point vu le poisson de Grèce, dont parle Belon, *Singularitez, liv.* 1, *chap.* LIII, *p.* 117, *chap.* LV, *p.* 125, et que Gesner décrit d'après lui, *de Aquatilibus, p.* 867, 482, 1225. Mais nous pouvons assurer que le poisson représenté par Duhamel est la Bordelière. Voici comme il le décrit :

Tête petite, museau pointu, œil de médiocre grandeur, prunelle noire et iris blanc ; le corps, assez semblable à celui de la Brême, est bombé du côté du dos, et encore plus sous le ventre; sa chair est blanche, moins estimée que celle de la Brême. On en trouve dans les lacs de Savoie, dans les étangs de la Bresse, dans le Rhône et la Saône. *Duhamel, Pêches,* IIe *part., sect.* III, *p.* 514.

Belon, *Observ. de plus. singul.,* liv. 1, *chap.* LIII, *p.* 117, *chap.* LV, *p.* 125, parle d'un poisson nommé *Plestia,* aux embouchures du Strymon [1], et *Platane,* en Macédoine.

Gesner, *de Aquatilib., pp.* 482, 867, 1225, discute sur ce poisson; et Duhamel, *ouv. cit., p.* 506, § 3, fait un article du *Plestia* ou *Platane,* où, en adoptant les détails donnés par Gesner, il regarde le *Plestia* ou le *Platane* comme le même poisson que la Bordelière. Les naturalistes grecs pourront seuls déterminer l'exactitude du rapprochement fait par Gesner et par Duhamel.

[1] Karassou des Turcs.

6ᵉ *sous-genre*. Les Ables, *Leuciscus*, Klein.

Vulg. *Poissons blancs, Blanchaille.*

Dorsale et anale courtes, épines et barbillons nuls.

Ce sous-genre contient des poissons dont la chair est peu estimée; aussi les espèces sont-elles souvent confondues sous la dénomination commune de *Poissons blancs*; et dans quelques endroits on leur applique indistinctement les noms de *Meunier, Chevanne*, etc. , *Gardon.*

Bloch et ses successeurs n'ont point suivi l'usage des environs de Paris, dans l'application de ces noms français, qu'ils ont répartis presqu'au hasard, comme le fait remarquer Cuvier, *Règn. an., éd.* 2, *t.* 2, *p.* 275 (2).

Les Poissons blancs dont on fait peu de cas pour les tables, sont employés de préférence pour nourrir les poissons voraces dans les viviers. Tels sont la Rosse, la Bordelière et la Gibèle, *Duhamel, Pêche, part.* 1, *p.* 9.

XV. Cyprin brun. *Cyprinus fuscus*, Nob.

Ce poisson dont un échantillon pris sur le marché, m'a été désigné sous le nom de Blanc, avait sept pouces de longueur; et un autre, seulement quatre pouces et demi.

La longueur de la tête était trois fois un quart dans celle du corps, c'est-à-dire entre tête et queue; sa largeur était un peu plus de trois fois dans la longueur totale du corps.

Son corps aplati le fait ressembler à la Bordelière, mais il est plus épais que celui de cette dernière; les écailles qui le recouvrent sont aussi plus épaisses, plus larges et plus grandes.

La mâchoire inférieure peu ascendante, est légèrement dépassée par la mâchoire supérieure.

La nageoire dorsale se trouve placée dans l'intervalle des ventrales et de l'anale, mais très-rapprochée des premières.

La ligne latérale courbée, est composée de cinquante glandes; j'ai compté douze rayons à la nageoire dorsale, neuf à chacune des ventrales, et treize à l'anale.

Le péritoine nacré, est piqueté de points noirs très-fins.

L'appareil dentaire pharyngien a du rapport avec celui du *Cyprinus rutilus*; mais il en diffère par les dimensions.

La plaque pharyngienne ovoïde alongée, est sertie dans une cavité de la même forme dans l'apophyse de l'os basilaire; le prolongement de cette apophyse paraît un peu aplati en dessus, et offre en dessous une crète verticale transparente.

Les dents des mâchoires pharyngiennes sont au nombre de six sur une seule rangée; mais elles sont plus menues, plus petites et plus délicates que celles de la Rosse.

C'est en effet par la comparaison des deux dentures qu'il est facile de s'assurer de la grande différence qui existe entre le *Cyprinus rutilus*, Linn., et mon *Cyprinus fuscus*; l'apparence extérieure de ces deux poissons ne permet pas d'ailleurs de les confondre.

De plus l'aplatissement et la forme trapue du corps de la dernière espèce, la situation de sa nageoire dorsale la rapprochent de la forme des Brêmes.

Ce poisson fraie en mai.

XVI. Cyprin nageoire jaune. *Cyprinus xanthopterus*, **N.**

Cette espèce se rapproche de la Rousse, *Cyprinus rutilus*, Linn.

L'échantillon sur lequel je fais cette description était long de cinq pouces à partir de l'origine de la nageoire caudale.

La ligne latérale est formée de 46 glandes.

La longueur de la tête est 3 fois 1⁄2 dans celle du corps.

La largeur du corps est environ 3 fois dans la longueur totale.

La dorsale à xi rayons, est située un peu en arrière des ventrales à ix rayons : l'anale offre xiii rayons, la caudale, xix.

Ce poisson est court, ramassé ; son corps est aussi large que celui de la Bordelière, dont il diffère par des écailles plus grandes.

La denture m'a offert cinq dents sur une seule ligne à chaque mâchoire. Quelquefois, je n'en ai vu que quatre sur l'une d'elles : à côté des plus élevées, j'ai vu une saillie osseuse : serait-elle une base de dent fracturée ? Il est difficile de s'en assurer.

Plusieurs dents gingivales se remarquent dans cette espèce ; ces dents triangulaires, qui se retrouvent dans mon Cyprin bouche en croissant, n'ont encore été signalées par aucun ichthyologiste : elles sont un nouveau sujet de recherches ; aussi dois-je le signaler aux naturalistes.

L'espèce de Cyprin dont je donne la description, se rapproche de la Bordelière avec laquelle cependant on ne peut la confondre ; il y a en effet trop de différence dans le nombre des rayons de la nageoire anale.

Cette espèce, prise dans l'Ouche au dessous du Parc, nage avec une très-grande rapidité pour se soustraire à l'épervier que jette le pêcheur.

XVII. La Dobule [1] , *Cyprinus dobula*, Linn. Gmel., Syst. nat., ed. xiii, tom. 1, p. 1424, sp. 13.

Rondelet, *De piscib. fluviatil.*, p. 190, seulement la *figure*.

Dict. des sciences naturelles, tom. 1, suppl., p.3. 1º Le Meûnier, *Leuciscus dobula*.

Bloch, *Ichthyologie*, part. 1, p 36, tab. v.

Hermann, *Observ. zoolog.*, p. 322. Cyprinus orthonotus.

Cuvier, *Règne anim.*, édit. 2, tom. 2, p. 275. Le Meûnier [2].

Meyer, *Représ.*, tom. 2, pl. 92.

Nouv. Dict. d'hist. nat., édit. 2, tom. 9, p. 72. Bosc a eu grand tort de rapporter, *ouv. cit.*, p. 74, le Cyprin Chevanne au *Cyprinus jeses*, Linn.

Ce poisson est connu ici sous le nom de *Chevanne*, *Chevanneau*.

On le reconnaît à sa tête large, (d'où *Chevanne*, diminutif de *chef*), à son museau rond, à ses pectorales et ventrales rouges. La mâchoire supérieure dépasse légèrement l'inférieure.

La longueur de la tête est un peu plus de trois fois dans la longueur du corps ; le dos est large et arrondi ; les opercules des ouïes ne présentent pas les lignes de leurs divisions comme dans les autres Cyprins.

La ligne latérale offre 44 ou 45 écailles.

[1] Le nom *Dobule* vient du mot saxon *Diebel,* ou du mot polonais *Dubiel,* employé pour désigner des poissons appelés *Capito fluviatilis.*

[2] Il existe une confusion extraordinaire dans la nomenclature de ce poisson, comme dans celle des poissons du même sous-genre ; aussi Bloch et ses successeurs n'ont point suivi l'usage des environs de Paris dans l'application des noms français, qu'ils ont répartis presque au hasard : les pêcheurs, donnant le même nom à des espèces différentes , contribuent à augmenter la confusion.

La nageoire dorsale a sa partie antérieure insérée sur un point qui correspond à la partie postérieure de la base des ventrales.

D. 10 : P. 17 : V. 9 : A. 9 : C. 18, fourchue.

Péritoine nacré, marbré d'une grande quantité de points noirs très-fins et très-rapprochés ; dents pharyngiennes au nombre de sept à chaque mâchoire : deux intérieures et cinq extérieures, toutes crochues à leur sommet.

On compte 40 vertèbres et 15 paires de côtes.

Ce poisson, dit Bloch, se nourrit d'herbages et de vers, tels que de petites sangsues noires [1] et de jeunes limaçons blancs [1], qui s'attachent aux herbes ; il fraie, du milieu de mars au milieu de mai, sur les pierres des rivières ; il meurt promptement hors de l'eau.

Sa chair est blanche, saine, mais remplie d'arêtes, et par cette raison peu recherchée. L'intestin ne présente qu'une circonvolution et demie, comme dans la Tanche.

Les Dobules de la Havel, dit Bloch, ne pèsent pas plus d'une demi livre ; celles de la Sprée pèsent jusqu'à une livre et demie.

Lacépède, *Hist. nat. des Poissons*, tom. x, *p.* 396, indique le poids des Dobules de deux à quatre livres.

Un marchand de poisson m'a dit que le Chevanneau atteint quelquefois une taille de 18 à 20 pouces, et qu'alors il pèse quatre à cinq livres environ ; mais ces caractères ne conviennent point à notre Dobule.

Cependant voici ce que, d'après des renseignemens

---

[1] Bloch, sous le nom de petites sangsues noires et de jeunes limaçons blancs, n'indiquerait-il pas des Planaires (*brune* et *lactée*) ?

fort exacts, m'écrit M. Pataille père, propriétaire à
Maxilly-sur-Saône :

« *Chevanne*. Les plus gros de ces poissons pèsent 3 à
5 livres au plus ; dans ce dernier cas, leur longueur est
de 14 à 16 pouces environ, (depuis, et y compris, la tête
qui se mange, jusqu'à l'origine de la caudale). Une
circonstance particulière à ce poisson est la suivante :
comme il est très-avide et vorace, il est presque le
seul que l'on prenne la nuit au cordeau. On amorce
principalement avec des Goujons. Sa chair est assez
bonne à manger ; mais elle contient beaucoup de petites
arêtes. » Ce passage a trait au *Cyprinus dobula*.

Il existe donc plusieurs espèces de Cyprins voraces :
le Barbeau, (*Cyprinus barbus*, Linn.) ; la Dobule,
(*Chevanne* de nos pêcheurs) ; ensuite l'Ide de Bloch,
(*Cyprinus jeses* de Jurine ; *Gardon* de Cuvier).

Le Chevanne de la Bèze a quelquefois 16 à 18 pouces ;
il pèse alors jusqu'à 6 livres. Je ne puis qu'engager les
naturalistes des bords de la Bèze, à s'assurer si le
Chevanne de cette rivière est le même que celui de la
Saône [1].

Le nom de Chevanneau, appliqué à plusieurs espèces

---

[1] Ayant exposé mes doutes sur le Chevanne, à M. Pataille, voici ce qu'il m'a répondu :

« Le nommé Causeret fils, pêcheur à Heuilley, et raison-
« nant très-bien son état, m'a dit : Le Chevanne de la Saône
« et celui de la Bèze sont *assurément* de même espèce ; mais
« ce dernier, à raison de la différence des eaux, devient
« plus gros et beaucoup meilleur ; et dans la Tille, rivière
« de sable, il y est, ainsi que la Truite, beaucoup meil-
« leur encore que celui de la Bèze, toujours quoique de
« même espèce, et cela par la différence des eaux. » *Lettre
du 22 août* 1836.

de poissons, a induit en erreur tous les ichthyologistes.

On en a la preuve dans la citation suivante : « Je ne « sais, dit Bloch, *Ichthyol.*, *part.* 1, *p.* 24, si le Gar- « don ou la Vandoise sont le même poisson que la « Dobule. »

Duhamel a même, sous ce nom, décrit et figuré mon *Cyprin bouche en croissant.* Quoi qu'il en soit, l'échantillon sur lequel j'ai fait la présente description, avait un pied de longueur, depuis l'extrémité du museau, jusqu'à l'origine de la queue, et pesait une livre six onces.

Le *Dict. des Sc. nat.*, *tom.* 1, *suppl.*, *p.* 3, 1°, et le *Nouv. Dict. d'hist. nat.*, *tom.* 9, *p.* 72, ne contiennent que peu de renseignemens sur le *Meûnier* ou la *Dobule*, qui a sept dents sur deux rangées, deux en haut, cinq en bas, toutes pointues et un peu crochues. *Cuvier, Anat. compar.*, *tom.* 3, *p.* 191.

Lacépède, *Hist. nat. des Poiss.*, *tom.* x, *p.* 388, re- garde le *Cyprinus dobula* et le *Cyprinus grislagine* comme le même poisson. Cuvier, *Règn. anim.*, *éd.* 2, *tom.* 2, *pp.* 275 *et* 276 (1), en fait deux espèces.

C'est un point à examiner.

Rondelet, *de Piscibus fluviatilib. liber, cap.* xv, *p.* 190, dans son chapitre intitulé : *De Cephalo flu- viatili,* donne la figure de la Dobule, poisson appelé en latin *Capito*, en français *Munier*, parce qu'il se trouve, dit-il, dans le voisinage des moulins, ou au bas de leur digue.

La véritable cause du nom *Meunier*, donné à ce pois- son, vient de sa couleur blanche, comparée à celle des farineurs. *Voyez ci-dessus, p.* 24 (1). C'est par la même raison, qu'avant la révolution, le sobriquet de *Merlan* était donné aux perruquiers à raison de la poudre dont leurs habits étaient couverts. Quelques personnes appellent ce poisson *Barboiteau*, à cause de la ressemblance qu'on a cru lui trouver avec le Barbeau, d'où on a fait les noms *Garbotin*, *Garbotteau*.

On donne encore à ce poisson le nom de *Vilain*, à raison de ce qu'il se plaît dans la fange et les ordures, dont il se nourrit, ou plutôt à cause du peu de cas que l'on fait de ce *vil* poisson. Ce poisson est aussi connu sous les noms de *Chevene*, *Chevane*, *Chavene*, *Chabuisseau* (sur la Loire), *Chaboisseau* (petit Chabot), dérivés de *Chef*; à Angers on l'appelle *Chouan*, de l'Anglais *Chus*, *Chieven*, d'où *Chevene*.

D'autres lui ont donné le nom de *Testard*, à cause de la grosseur de sa tête, et à Rome il porte le nom de *Squale*.

Toutes ces dénominations vagues ont causé le plus grand désordre dans la nomenclature ichthyologique, et les commentateurs qui se sont bornés à les admettre les ont appliquées à tort et à travers, à des poissons fort différens, comme il est facile de s'en assurer. Rondelet, lui-même, dans le chapitre cité plus haut, a confondu la Dobule et mon Cyprin bouche en croissant.

Gesner, *de Aquatilibus*, *p.* 216, 217, a décrit la Dobule sous le nom de *Capito*, pesant cinq livres et demie, (livre de 18 onces), long de dix-huit pouces. L'origine de la dorsale à dix rayons, dit-il, se trouve à égale distance de l'origine de la tête et de l'origine de la queue. Les dents au nombre de sept, sur deux rangées, cinq en dehors et deux en dedans, sont légèrement crochues au sommet. Ce poisson fraie en mai. Dans les environs de Bâle, les pêcheurs garnissent leurs hameçons avec un insecte appelé *Aletmuggen*, (*Capitonis musca,* mouche de *Capito*); c'est une mouche grande, oblongue, noirâtre, qui pendant l'hiver, est cachée dans l'eau. Ne serait-ce pas une espèce de Phrygane, ou de Semblis ?

Les œufs de ce *Capito,* dit Gesner, sont bons à manger, *Ova palato sapiunt.*

Je vais décrire l'appareil dentaire pharyngien de ce poisson.

L'apophyse de l'os basilaire présente une cavité presque triangulaire, dans laquelle est sertie la plaque dentaire supérieure ; cette apophyse est terminée postérieurement par un prolongement large et comprimé latéralement ; la première vertèbre a de chaque côté une apophyse assez longue et fort aigue.

Les dents pharyngiennes inférieures au nombre de sept sur deux rangées, cinq en dehors, deux en dedans, sont toutes crochues à leur sommet. Le nombre de ces dents peut varier par suite de la chute de plusieurs d'entre elles. J'ai vu des mâchoires où une dent manquait à la rangée extérieure, d'autres où il en manquait deux à la rangée extérieure et une à la rangée intérieure, d'autres où une dent manquait à chaque rangée, dans d'autres enfin une dent ne manquait qu'à la rangée intérieure. La place des dents manquantes est très-visible sur le rang extérieur.

Les dents tombées se remplacent-elles chez les Cyprins ? C'est ce que l'observation ne peut faire connaître ; et comme les dents pharyngiennes des Cyprins paraissent être un prolongement recouvert d'émail, des mâchoires, il est bien à croire que les dents une fois tombées ne se remplacent plus. En effet dans les Squales où le remplacement a lieu, il ne s'opère jamais dans la place vide, mais seulement par des dents postérieures couchées qui se redressent alors.

La description du *Cyprinus dobula,* donnée par

J. Hermann, *Observat. zoologicæ, p.* 321, sur un échantillon de huit pouces et demi, présente quelque différence avec la nôtre. Cela dépendrait-il de la différence de taille des échantillons examinés ?

On confond souvent le *Cyprinus jeses* avec le *Cyprinus dobula*. Bloch a signalé leurs différences, que nous allons mettre en parallèle.

VILAIN OU MEUNIER. *Cyprinus jeses,* Bl., *p.* 39, *pl.* vi.	DOBULE. *Cyprinus dobula,* Bloch , *pl.* v.
Devenant très-gros.	Moins grosse.
Tête beaucoup plus épaisse.	
Corps plus gros, bleuâtre.	Corps étroit, de couleur verdâtre.
Largeur d'une Carpe.	
Lobes de la queue obtus.	Lobes de la queue aigus.
Ecailles grandes.	Ecailles petites.
Poids jusqu'à dix livres [1].	Poids ne dépassant jamais une livre et demie.
Vie dure. 18 paires de côtes.	Vie peu dure. 15 paires de côtes.
Chair grasse, garnie d'arêtes, paraissant jaune quand elle est cuite.	*J'ajoute :* Sept dents crochues sur deux rangs.

[1] Le baron de Tschudy écrit à Duhamel, *Pêches,* 2e part., sect. iii, *p.* 502, qu'on prend dans la Moselle des Chevannes qui pèsent dix à douze livres. Ce sont des *Cypr. jeses.* Elles ont été indiquées par Ausone, sous le nom de *Capito.*

L'*Achon, Auchon* ou *Auçon* de la Moselle est un poisson blanc qui ressemble au Vilain ; seulement il est un peu plus alongé. Il est médiocrement estimé. Duhamel, 2e *part.,* sect. iii, *p.* 492, § 4. Ne serait-ce pas la *Dobule ?*

A l'occasion du *Cyprinus jeses*, décrit et figuré par Jurine, *Hist. des poiss. du lac Léman*, p. 207, n° 13, *pl.* 11, sous le nom de Chevène, je ferai remarquer que ce poisson est le *Cyprinus idus*, Bloch, *Ichthiolog.*, *part.* 1, p. 202, *pl.* 36, ainsi qu'il est facile de s'en assurer par la comparaison des figures et par celle des mœurs et des habitudes.

L'Ide, appelé par Cuvier *le Gardon*, Règn. anim., tom. 2, p. 275, habite les grands ¹ lacs; sa longueur

¹ Il faut rapporter à l'Ide le poisson appelé *Cyprinus clavatus* sive *Pigus* par Rondelet, *de Piscibus lacustrib. lib.*, *cap.* v, *p.* 153, Gesner, *de Aquatil.*, *p.* 375. C'est en effet le *Cyprinus idus* mâle, au temps du frai, pris dans le lac de Côme et dans le lac Majeur, où seulement il se trouve, au rapport des Milanais. Artédi, *Ichthyol.*, *part.* iv, *Synon.*, *p.* 13, *sp.* 25, le signale sous le nom de *Cyprinus piclo* (ne faut-il pas lire picho ?) *Pigo et Pigus dictus.* Il dit : « Des épines blanches et pyramidales paraissent à la fin du printemps et au commencement de l'été, sur le milieu des écailles, et durent environ quarante jours; passé ce temps on n'en observe plus. »

Duhamel, *Traité des Pêches*, ii° part., sect. iii, p. 514, en parle, sous le nom de *Carpe épineuse*; et Lacépède, *Hist. nat. des Poiss.*, t. ii, p. 86, répète ce qu'en dit Rondelet.

On trouve peu de renseignemens sur le Pigo, *Cyprinus pigus*, dans le *Dict. des Sc. nat.*, tom. 40, p. 457.

Pigo, poisson semblable à la Carpe, qu'on pêche en été dans le lac de Côme et le lac Majeur. Ce poisson a au milieu de chaque écaille, du côté de la tête, une espèce d'épine ou de boucle, piquant comme celle de la Raie; sa queue est fourchue; son ventre est blanc, tirant sur le rouge pâle; le dos d'un bleu noirâtre. Les plus grands de ces poissons pèsent cinq à six livres; la chair en est délicate. *Encycl. méth., Dict. des Pêches*, p. 219.

est d'un à deux pieds, et son poids de six à huit livres ;
il a la vie dure ; il mord surtout quand on prend pour
appât des queues d'Ecrevisses et des Grillons, *Gryllus
campestris* ; sa chair blanche est tendre et de bon goût ;
il a 41 vertèbres et 15 paires de côtes.

Dans l'article consacré par Jurine à son *Cyprinus
jeses* [1], on lit : C'est, je crois, le seul Cyprin [2] qui
mange d'autres poissons et morde aux hameçons auxquels
tient un Chabot ou une Loche.... Il parvient à une
grosseur assez considérable, puisqu'il n'est pas rare
d'en prendre de 4 à 6 livres. Quoique sa chair soit
blanche et délicate, on la prise peu, à cause du nombre
des arêtes.

On voit, par le rapprochement de ces passages et
par la confrontation des figures, que le *Cyprinus jeses* [1]

[1] Le nom de *Jeses* ne serait-il pas une altération de celui de *Jejunus ?*

On lit en effet dans le *Traité des Alimens*, par Lémery,
2e *édit.*, p. 418, au sujet du Mulet de rivière :

« Le Mulet, *Cephalus*, est encore nommé en latin *Mu-
« gil*, parce qu'il est fort agile ; il est appelé par quelques-
« uns *Jejunus*,..... parce qu'il ne mange point de chair.
« C'est pour cela, dit Jovius, que les poissons, qui comme
« lui n'en dévorent point d'autres, honorent et respectent
« très-fort le Mulet, le regardant comme un bon et sain
« poisson. »

[2] Les détails contenus ci-dessus, p. 151, dans notre
article Dobule, prouvent qu'il y a plusieurs espèces de
Cyprins qui mangent d'autres poissons.

Le basilaire auquel adhère la plaque pharyngienne de la
Dobule a postérieurement une crête longue et large, placée
de champ. La forme de la plaque est triangulaire.

de Jurine est très-différent du *Cyprinus jeses* de Bloch.
Il est le même que le *Cyprinus idus*, Bloch.

Cyprinus jeses.

Celui de Jurine diffère de celui de Bloch :

D. à la partie post. des V.   D. à l'origine des V.
C. à peine échancrée.   C. fourchue.
Corps alongé, droit de la D.   Corps gonflé, bombé de la
   à la tête.   D. à la tête.

Aussi la figure du *Cyprinus jeses* de Jurine est-elle la même que celle du *Cyprinus idus*, Bloch, pl. XXXVI, appelé *Gardon* par Cuvier, *Règn. anim.*, *édit.* 2, tom. 2, *p.* 275. Ainsi, le Gardon de Cuvier est différent du Gardon de Rondelet et de Duhamel.

Le *Cyprinus dobula* et le *Cyprinus leuciscus*, dit Bloch, se ressemblent beaucoup ; cependant le Meûnier, *Cyprinus dobula*, est plus arrondi et a les nageoires pectorales, ventrales et anales rouges, tandis que ces mêmes nageoires sont d'un rose très-pâle dans la Vandoise.

« *Chabuisseau*, nom que les pêcheurs de la Loire donnent à la Chevanne, en Poitou et en Aunis, à un petit poisson de deux à trois pouces de long, dont les écailles sont petites et blanches, qui a depuis les ouies jusqu'à la queue une bande de deux à trois lignes de largeur, d'un bleu clair et luisant; il a un petit aileron sur le dos, un ou deux derrière l'anus (ces deux derrière l'anus sont de la part de Duhamel une erreur dépendant d'une déchirure de la nageoire anale), l'aileron de la queue fendu, deux nageoires sous la gorge, une derrière chaque ouie, la tète petite. Quelques-uns le nomment *Chabisseau*; on le nomme aussi en patois des bords de la Loire, *Garbotin*, *Garbatteau*. » Duhamel, *Traité gén. des Pêches*, IIᵉ *part.*, *sect.* III, *p.* 565.

« Un excellent correspondant que j'ai au bord de la Loire, et qui me recommande fort de ne le pas nommer, m'écrit que les uns nomment la Chevanne *Garbottin*, d'autres *Garbotteau*, et d'autres *Chaboisseau*. » *Ouv. cité, p.* 502.

Cet article est une nouvelle preuve de la confusion introduite dans la nomenclature des poissons, lorsqu'on se rapporte uniquement aux noms, pour les indiquer. Aussi Duhamel n'a-t-il pas reconnu dans le *Chabuisseau* du Poitou et de l'Aunis, la Bouvière, *voyez ci-dessus, p.* 122, ou plutôt le *Cyprinus jaculus*; ce dont pourront s'assurer les naturalistes des bords de la Loire, en examinant la denture de ce poisson.

N. B. Le nom de *Chaboisseau* est employé par Cuvier, pour désigner les Chabots marins, *Cottus*, Linn. Lacépède l'attribue (mais bien à tort), à son Cyprin jesse.

Dans cet ouvrage j'ai eu à plusieurs reprises, p. 7, p. 74, l'occasion de signaler la difficulté de se procurer pour l'étude, les poissons que l'on désirerait; je reviens encore ici sur ce sujet. Toutes les espèces du sous-genre *Able*, Cuv., ont été confondues jusqu'à ce jour; j'ai précisé les caractères de toutes celles que j'ai examinées; le nombre et la disposition des dents pharyngiennes m'ont servi de base fixe. Aussi je regrette beaucoup de n'avoir pu obtenir, malgré des demandes réitérées, les deux espèces suivantes, connues dans l'arrondissement de Châtillon, et sur lesquelles mon estimable confrère, le docteur Bourée, m'a envoyé la note suivante :

« *Meûnier*, vulg. *Vilain*, *Cyprinus oblongus*, ou « *Dobula*, commun dans la Laigne, où il acquiert de « grandes dimensions; rare dans nos autres rivières.

« Ce poisson est connu sous le nom de *Vilna* dans « l'arrondissement de Châtillon.

« *Chevalot, Chavigneau,* sans doute le *Chevanne,*
« *Leuciscus jeses;* très-abondant dans toutes nos ri-
« vières, où ce poisson blanc acquiert quelquefois le
« poids de trois livres. » *Lettre de M. Bourée,* 11
novembre 1835.

Mais il suffira de comparer l'appareil dentaire pharyngien de ces deux poissons, dont l'un est certainement
la Dobule, pour reconnaître leur différence, indiquer
leurs caractères et appliquer les noms.

« La difficulté, dit Cuvier, de reconnaître les
« figures données par les auteurs d'espèces si semblables,
« dans le sous-genre Able, est encore augmentée,
« parce qu'il y a dans les rivières d'Europe plusieurs
« autres espèces qui n'ont pas encore été représentées. »
Cuvier, règn. animal, éd. 2, tom. 2, *p.* 276, *à la note.*

Les descriptions que je donne n'auront pas l'inconvénient que Cuvier attribue aux figures; et l'on peut
s'assurer de l'inexactitude de l'article suivant, inséré
par Bosc dans le *Nouv. Dict. d'Hist. nat.,* édit. 2,
tom. VI, *p.* 414.

« Chevanne, poisson du genre *Cyprin,* qu'on appelle
« aussi *Meûnier, Vilain, Testard,* et qu'on trouve
« dans les rivières et les ruisseaux; c'est le *Cyprinus*
« *Jeses* [1] de Linnæus, et non le *Cyprinus cephalus*
« du même auteur, comme Duhamel [2] et d'autres l'ont
« cru. Voy. au mot *Cyprin.* »

---

[1] Bosc aurait dû citer les autorités sur lesquelles il s'appuie pour dire que notre Chevanne est le *Cyprinus jeses,*
Linn.; ce qui n'est pas.

[2] Duhamel, dans son *Traité général des Pêches,* n'a
point rapporté la Chevanne au *Cyprinus cephalus,* Linn.
J'ignore s'il l'a fait dans quelqu'autre ouvrage.

J'ai prouvé que la Chevanne de nos pays est le *Cyprinus dobula*, Bloch; et la Chevene de Jurine, le *Cyprinus idus*, Bloch; on verra plus bas que le Chevanne de Duhamel est mon Cyprin bouche en croissant.

Le Chevenne mâle, au temps du frai, en mars et avril, a sur ses écailles des épines très-prononcées. Duhamel en parle *Pêches, p.* 514, sous le nom de *Pigo*, et lui donne le nom de *Carpe épineuse;* au surplus les mâles de beaucoup de Cyprins, du sous-genre *Able*, offrent à l'époque du frai des écailles chargées d'épines.

. La Chevanne offre quelquefois dans son intérieur :

1° La Giroflée changeante ;

2° Le *Distoma inflexum*, Encycl. méth., vers, t. 2, p. 272, n° 79 ;

. 3° Le *Tænia torulosa*, Batsch, Gmel., Syst. nat., édit. xiii, p. 3081, sp. 85, Dict. Sc. nat., t. 53, p. 64.

Je n'ai pu encore, malgré des demandes multipliées, parvenir à me procurer les poissons dont les noms suivent:

Aleuse, *Côte-d'Or.*

Bouille, petit poisson rond, blanc, et très-bon, *Yonne.*

Carpe beurnote , *Côte-d'Or.*

Carpe tanche, *id.*

Carrelet, poisson plat , *Yonne.*

Chatouille, ayant la peau de l'Anguille, et sur les côtés de la tête, deux crochets, *id.*

Chevalot, *Côte-d'Or.*

Gardon , *id.*

Gardon carpé , *id.*

Gremille, *id.*

Landoise, *id.*

Louvotte, petit poisson blanc plus court que l'Ablette, *Yonne.*

Meûnier, *Côte-d'Or* et *Yonne.*

Rotisson, Meûnier, Villena, *Yonne.*
Rousse courte et large, *Côte-d'Or.*
Rousse longue aux yeux rouges, *id.*
Rousset, Gardon rouge, ayant les panneaux rouges, *Yonne.*
Seufle rousse, *Côte-d'Or.*
Vandoise, *id.*
Vandoise imitant le Rotisson, mais plus petit, *Yonne.*
Vilna, *Côte-d'Or* et *Yonne.*

Il me serait facile de rapporter plusieurs de ces poissons aux espèces dont j'ai tracé l'histoire ; mais les noms ont donné lieu à trop d'équivoques, pour les appliquer sans voir les objets ; il n'y a d'ailleurs point de certitude, parce que les pêcheurs ne sont point d'accord entre eux ; d'ailleurs m'étant fait une loi de ne parler que des poissons soumis à mon examen, je m'interdis tout rapprochement jusqu'à ce qu'il me soit permis de vérifier par moi-même les caractères de ceux compris dans cette liste.

XVIII. La Rosse, *Cyprinus rutilus*, Linn., Gmelin, Syst. nat., XIII, p. 1426, sp. 16.

Rondelet, *de Piscibus lacustribus liber*, p. 156, *cap.* IX, en rejetant le titre et la figure [1], mais adoptant le nom de *Vangeron.*

[1] L'incurie de l'imprimeur a placé en tête de ce chapitre, qui contient une description exacte de la Rosse, appelée *Vangeron* par notre auteur, le nom et la figure de la *Féra*, *Coregonus Fera*, Jurine, *Act. Genev.*, 1825, *tom.* 3, 1re *part.*, p. 190, n° 9, *pl.* 7, décrite au chapitre XVIII, p. 164, en tête duquel se trouve la figure du Vangeron. Cette transposition de figures a été signalée par Gesner, *de Aquat.*, p. 35, et ensuite par Aldrovandi, *de Piscibus*, p. 620.

Gesner, *De Aquatil.*, p. 965. De Rutilo, *sive* Rubello fluviatili.

Marigli, *Danub. Pannon.*, tom. IV, p. 41, *tab.* XIII, *fig.* 4.

Duhamel, *Traité général des Pêches*, IIᵉ part., sect. III , p. 499, *pl.* XXIV , *fig.* 2.

Bloch, *Ichthyologie*, part. 1, p. 28, *pl.* 2.

Bonnaterre, *Tableau Encyclop.*, *ichthyologie*, *pl.* 80, *fig.* 334.

Lacépède , *Hist. nat. des Poiss.*, tom. x, p. 397.

Jurine, *Hist. des poiss. du lac Léman*, p. 211, nº 15, *pl.* 13.

Ce poisson, dont l'épine a 44 vertèbres, est connu, dans ce pays, sous le nom de *Rousse*. Quelques pêcheurs l'appellent *Dresson* (dénomination altérée de *Rousse* ou *Rousseau*).

On le reconnaît par la couleur rougeâtre ou orangée de ses nageoires. Les N. A. et C. sont d'une couleur orange bien plus prononcée sur les ventrales ; l'extrémité de la D. est d'un vert foncé. Le dos est carené depuis l'occiput à la nageoire dorsale, et arrondi depuis cette nageoire à la queue ; le corps a une forme ovale, un peu resserrée depuis l'anus.

La nageoire dorsale correspond, à peu près, à la partie postérieure des nageoires ventrales.

D. 12 : V. 9 : A. 12 ; ligne latérale un peu courbée, formée de 44 glandes ; longueur de la tête : 3 fois 1/4 dans celle du corps.

La mâchoire inférieure, légèrement ascendante, obtuse et dépassée sensiblement par la mâchoire supérieure.

Péritoine nacré, piqueté de points noirs nombreux. L'appareil dentaire pharyngien consiste en une plaque en poire, sertie dans la cavité de même forme de l'apophyse de l'os basilaire, terminée par un prolongement aplati, disposé horizontalement, et muni d'une crête médiane, imitant la saillie du sternum de poulet.

Les mâchoires pharyngiennes inférieures sont, chacune, pourvues de six dents, (quelquefois une [1] ou deux avortent, comme je l'ai vu), disposées sur un seul rang.

Cuvier, *Anat. compar.*, tom. 3, *p.* 191, se borne à dire : « La Rosse, *Cyprinus rutilus*, a les dents comme « la Tanche, et encore plus grosses à proportion. » Mais Jurine, *Act. Genev.*, tom. 1, *part.* 1, 1821, *p.* 24, en précise le nombre. « La Rosse ou le Vangeron, « *Cyprinus rutilus*, dit-il, a cinq dents qui ressemblent « à celles de la Tanche. » Jurine n'a vu qu'un individu à mâchoires incomplètes par l'avortement ou la destruction de la sixième dent, à moins qu'il n'ait examiné mon *Cyprinus xanthopterus*. V. ci-dessus, p. 147.

Suivant Duhamel, la Rosse de rivière a ordinairement dix pouces de longueur. On en trouve quelquefois d'un pied et demi et du poids d'une à deux livres. Bloch dit une livre, ou tout au plus une livre et demie.

Voici le passage de Duhamel :

« De la Rosse de rivière, *Roce*, *Rose*, Roche.

---

[1] Gmelin, S. N., éd. XIII, p. 1427, ne donnant que cinq dents à chaque mâchoire pharyngienne du *Cyprinus rutilus*, Linn., me fait croire qu'il a fait son observation sur mon *Cyprinus xanthopterus*, qu'il est facile de confondre avec la *Rosse* quand on néglige le caractère fourni par les dents. Gesner en a fait usage assez fréquemment, comme on peut s'en assurer par le passage suivant :

« De capitone anadromo illo quem Miseni *Zerte* vel *Blicke* « nominant. »

« Maxilla utrinque valida, dentibus senis oblongis val- « lata. Maximi qui apud Misenos capiuntur bilibres sunt. » Gesner, *de Aquatil.*, *p.* 1270.

Les dents du poisson mentionné par Gesner sont en même nombre que celles du Vangeron.

Elle confine beaucoup avec le Gardon ; elle a quelquefois 1 1/2 pied de long., et pèse 1 1/2 livre. Nageoires d'un rouge beaucoup plus vif que dans les Gardons.

Rosse, plus large que le Gardon ; trois et demi de largeur faisaient plus que la longueur ; beaucoup plus courte et plus large que la Chevanne ou le Vilain. Ecailles de la Rosse approchant beaucoup de la grandeur et de la couleur de celles de la Carpe.

Longueur, 10 pouces.

Iris de couleur d'or ; dessus de la tête d'un brun olivâtre foncé, chargé de noir ; gueule petite ; mâchoire inférieure paraît un peu plus longue que la supérieure. (Ce doit être le contraire.)

Chair moins délicate que celle du Gardon. »

Duhamel, *Trait. gén. Pêch.,* p. 499, *pl.* xxiv, *fig.* 2.

« Rosse, poisson de rivière fort commun en Suède ; il est de la grandeur d'une Carpe, et de même genre ; ses nageoires et ses ailerons sont d'un rouge vif ; l'iris de ses yeux est de couleur d'or ; le dessus de la tête et le dos d'un brun olivâtre foncé ; les côtés d'un jaune clair. Sa gueule est petite et sans dents ; sa chair est bonne, mais un peu amère. » *Encycl. méthod. , Dict. des Pêches,* p. 244.

« Rosière, poisson d'eau douce à nageoires molles et du genre des Carpes ; sa tête est grosse ; ses yeux sont grands ; sa chair est bonne à manger, mais de difficile digestion. » *Op. cit. , p.* 244.

Il est difficile de dire auquel des *Cyprinus rufus,* Nob. , ou du *Cyprinus rutilus,* Jur., appartiennent la *Rosse* et la *Rosière* citées par l'Encyclopédie méthodique.

Les échantillons que j'ai observés avaient neuf pouces de longueur, depuis l'extrémité du museau jusqu'à l'origine de la queue ; ils n'étaient pas du même sexe ; aussi ai-je remarqué de très-grandes différences dans la proportion de la tête avec le reste du corps, et dans celle de la largeur, comparée à la longueur totale. Le nombre des rayons des nageoires n'était pas le même non plus dans les deux sexes; tel est le motif pour lequel on ne doit pas beaucoup compter sur les caractères des poissons, tirés du nombre des rayons des nageoires, dans les Cyprins du sous-genre Able. L'appareil dentaire pharyngien m'a fourni des caractères invariables et constans, que l'habitude et l'exercice ne tardent pas à familiariser avec l'aspect extérieur des poissons, aspect plus facile à saisir qu'à décrire. Il ne faut donc point être étonné si dans le *Dict. des Sc. nat.*, tom. 1, *suppl.*, *p.* 4, *sp.* 2, *tom.* XLVI, *p.* 292, et dans le *Nouv. Dict. d'hist. nat.. édit.* 2, *tom.* IX, *p.* 73, les auteurs ont confondu la *Rosse* avec le *Gardon*; c'est le résultat des mêmes noms donnés par les pêcheurs aux différentes espèces de la sous-division du genre Cyprin, désignée par Cuvier, *Règn. anim.*, *édit.* 2, *tom.* 2, *p.* 275, sous le titre : des *Ables*, et par le vulgaire, sous celui de *Poissons blancs*.

La Rosse est aussi connue sous le nom de *Vangeron*, du mot suisse *Winger*, dont le radical *Wink*, clin-d'œil, désigne la rapidité avec laquelle nage ce poisson, qui a la vie dure et se nourrit de substances végétales et même animales.

A l'époque du frai, on rencontre souvent des Vangerons couverts d'aspérités. Ce phénomène s'observe dans plusieurs autres espèces de Cyprins : le *Chevène*, le *Gardon*, etc. Je l'ai remarqué dans le Vairon.

Ce poisson fraie en avril et au commencement de mai, ordinairement vers midi; la femelle dépose ses œufs, verdâtres, auxquels la cuisson donne une couleur rouge, dans les endroits couverts d'herbages ou de branches.

« C'est, dit Bloch, le plus rusé de tous les poissons
« de nos contrées ; il reste toujours caché dans le fond
« de l'eau, tant qu'il entend quelqu'un sur l'eau. »

De jeunes Vangerons, ayant à peine deux pouces de
longueur, ont déjà leur ovaire et leur laite tout à fait
développés. Cette disposition sert à éclaircir le chapitre
de Rondelet, intitulé : *de Phoxinis.* V. ci-dessous, *p.* 168.

On recherche peu le Vangeron, à cause de ses nombreuses arêtes, petites et fourchues, quoique sa chair
soit délicate et légère ; et lorsqu'on se décide à le servir
sur les tables, on le fait frire.

Les Truites et les Brochets font une guerre continuelle
à ce poisson, employé avec avantage pour amorcer ; il
est très-sujet aux vers.

« On trouve fréquemment dans les Vangerons, dit
« Jurine, *ouv. cité, p.* 213, un Tænia logé hors des
« intestins ; ce qui distend leur ventre au point que les
« pêcheurs ont fait de ces individus une espèce parti-
« culière, à laquelle ils ont donné le nom de *Ventru* ou
« *Goitreux.* »

Jurine n'a pas indiqué si ce Tænia était l'*Echinorynchus rutili,* Mull., Gmel., Syst. nat., xiii, p. 3050,
sp. 45. Encycl. méthod., Vers, tom. 2, p. 303, sp. 9,
ou l'*Echinorynchus affinis,* Mull., Gmel., Sc. nat.,
xiii, p. 3050, sp. 42, 44, p. 3048, sp. 32. Encyclop.
méthod., Vers, tom. 2, p. 303, sp. 10.

C'est aux observateurs à décider.

Jurine, *ouv. cit., p.* 213, a publié des remarques sur
la synonymie de la Rosse. Suivant lui, Rondelet a, le
premier, fait connaître ce poisson sous le nom de *Vangeron.*

Belon dit peu de chose sur la Rosse, qu'il croit être

quelque bâtard de la Brême, constituant cependant une espèce différente.

C'est effectivement le *Cyprinus latus*, Gmel., Sys⸱. N., tom⸱ 1, p. 1438, sp. 50, appelé *Rosière* par Rondelet, qui en avait déjà parlé sous le nom de *Ballerus*.

Sous le titre *de Phoxinis*, Rondelet parle d'un petit poisson qui, suivant Aristote, a des œufs dès qu'il est né.

« Cette disposition, dit Rondelet, se remarque dans
« plusieurs espèces de poissons ; je l'ai rencontrée sou-
« vent en Picardie sur le poisson appelé *Rosière*, [1] dont
« la taille ne dépasse jamais six pouces ; son corps est large
« et comprimé ; ses yeux sont grands relativement à son
« corps ; il est de couleur jaune, et ressemble entière-
« ment à de petites Brêmes ; quelque petit qu'on le
« prenne, il a toujours des œufs ; [2] aussi les pêcheurs les
« plus instruits disent qu'il naît avec des œufs. » *Ron-delet. de piscib. fluv. lib., cap.* XXVIII, *p.* 204.

La *Rosière* est représentée par la figure inférieure, dont la nageoire anale fort longue ressemble à celle de la Brême.

« *Rosière*, poisson d'eau douce du genre des Carpes ;

---

[1] Ce nom ne viendrait-il pas de *Roscies*, dénomination par laquelle les Anglais désignent le Gardon ?

De Leucisco altero, seu primo, Rondelet. Aldrov., *de Piscibus, lib.* V, *cap.* XXIII, *p.* 608, Gardon. Ab Anglis, *Roscies* ; Helvetiis, *ein Swal* ; Bellonius, *Sargum*, Sago-nemve ; Monspeliensibus, *Siège, p.* 608.

[2] De jeunes Vangerons, *Cyprinus rutilus*, ayant à peine deux pouces de longueur, ont déjà leur ovaire et leur laite tout-à-fait développés. Jurine, *Hist. Poiss. du lac Lé-man, p.* 212.

« il est long d'un demi pied, et sa chair est bonne à
« manger quoique de difficile digestion. » *Dict. théor.
et prat. de Chasse*, tom. 2, p. 320.

« Belon parle aussi d'un poisson qu'il nomme *Rosse*,
« qui est moins grand que la Brême, que les Anglais
« nomment *Rochiez*; [1] il inclinerait à penser que c'est
« une espèce de Brême; mais comme il a le dos brun
« de même que le Gardon, et les ailerons ainsi que
« les nageoires rouges, ce qui ne s'aperçoit point à la
« Brême, il en conclut qu'il ne faut pas confondre ces
« deux poissons, d'autant plus que son corps est plus
« épais que celui de la Brême; sa tête ressemble assez
« à celle du Gardon, ses écailles sont plus grandes et
« moins brillantes, et sa chair moins délicate. » *Duhamel, Pêches*, 11ᵉ part., *sect*. 111, p. 499.

Dans cet article Duhamel confond deux poissons,
savoir : le *Cyprinus latus*, Rosière de Picardie, et le
Cyprinus rufus, Rosse de Belon, ce dont pourront
s'assurer les naturalistes de l'ancienne province de
Picardie.

Dans le même chapitre, Rondelet rappelle la Rose
qui ressemble à la Rosière, mais elle est un peu plus
grande; elle a la queue rouge, son corps est moins
large et de couleur bleue. Ce poisson est toujours plein
d'œufs. *Rondelet, loc. cit.*, p. 205, *fig. super.*; c'est le
Cyprinus rutilus, *vid. supr.* p. 167.

Dans la traduction française, *part.* 2, p. 151, il y a
deux infidélités. Voici la première. « Vous le voyez tel
qu'il est au premier pourtrait. » Phrase qui n'est point

[1] Je rappellerai que le Gardon èst appelé en anglais
Roscies, en Suisse *Swal*, à Montpellier *Siège*. Belon lui
donne le nom de *Sargus* ou *Sago*. Aldr., *de Pisc.*, p. 608.

dans le texte, il faut lire : au *second* pourtrait. « Celui
de dessous, » lisez : celui de *dessus*. Le texte latin porte :
« Huic qui subjungitur....... non multum absimilis
« est *Rose*. » Ce qui signifie : la *Rose* ressemble à la
Rosière qui est dessous.

La seconde inexactitude est bien plus forte ; elle dit :
« moindre que le premier » et le texte latin porte :
Paulo major, ce qui signifie : la *Rose* ressemble
beaucoup au poisson représenté à la 2ᵉ figure ou à la
figure inférieure, mais elle est un peu plus grande.

Cette petite explication était nécessaire pour rectifier
le passage suivant de Gesner. « Omnino inversæ sunt
« figuræ, et nomina quoque mutanda, nam figuram
« Rose piscis subjungi ait, quæ major sit et minus
« lata. » Gesner, *de Aquatilib. p.* 841.

Gesner n'a pas compris la phrase de Rondelet ; les
mots *huic qui subjungitur*, ne se rapportent pas à la
Rose, mais à la Rosière, ce dont il est facile de s'assurer
par la confrontation du texte avec les figures.

La figure inférieure ou celle de la Rosière, à raison
de l'étendue de sa nageoire anale, ressemble beaucoup
à celle du poisson décrit et figuré par Duhamel, *Traité
génér. des Pêches*, ⅠⅠᵉ *part.*, *sect.* ⅠⅠⅠ, *p.* 506, *pl.* xxvɪ,
fig. 4.

La figure supérieure est effectivement celle d'un
jeune *Cyprinus rutilus*.

Si l'on a trouvé de l'équivoque dans le texte de Rondelet, c'est pour n'y avoir pas fait attention et pour
s'être arrêté à la proportion des figures sans avoir
comparé les descriptions.

Siego.

Rondelet n'ayant pas donné de description exacte
de ses *Mugiles, Leucisci*, rend très-difficile la déter-

mination des espèces de poissons qu'il a mentionnés
sous ces titres; cependant en les cherchant dans les lieux
où il les indique, on parviendra à les retrouver comme
je l'ai fait pour le *Cyprinus erythrophthalmus*, et pour
le *Cyprinus bipunctatus*.

Rondelet, dans un chapitre, *de Piscib. fluviatilib.
lib., cap.* xviii, *p.* 193, parle du *Siego*, Siege, poisson
extrêmement fréquent dans les ruisseaux et les rivières
des Cévennes, dans l'Hérault; sa taille est d'une cou-
dée [1]; il ressemble aux Mugiles, seulement il a le museau plus pointu.

Cette description, donnée par Rondelet, est aussi
inexacte que la figure supérieure de ce chapitre; figure
dans laquelle est oubliée la nageoire anale, et où le
placement des nageoires ventrales bien en arrière de la
dorsale, ne conviendrait qu'au *Cyprinus erythrophthalmus*, si la figure n'était pas aussi alongée.

L'ensemble de cette figure se rapporterait à mon *Cyprinus mugilis*, ou peut-être au *Cyprinus jaculus*,
Jurine; les naturalistes des Cévennes peuvent seuls confirmer ou infirmer cette synonymie, par l'examen des
dents pharyngiennes du *Siego*, poisson dont plusieurs
auteurs ont parlé plus ou moins exactement d'après
Rondelet.

Voici ce que Delisle de Sales dit de ce poisson :

« Siege, espèce de Muge d'eau douce, qu'on trouve
dans les rivières, proche des Cavernes. » *Dict. théor.
et pratique de Chasse et de Péche*, 1769, *tom.* 2, *p.* 359.

D'après cette indication il serait difficile de savoir

---

[1] Cette mesure est erronée, et la figure donnée par
Rondelet ne peut servir à aucune détermination; elle est
trop incomplète.

où se trouve le *Siego* ; car il ne viendrait à personne l'idée que les *Cevennes* ont été converties en *Cavernes* par l'auteur du *Dictionn. cité.* Au surplus les bévues des traducteurs sont connues depuis longtemps et confirment l'exactitude du proverbe italien : *Tradutore, Traditore.*

« Le *Siego*, écrivait D͏ALECHAMP à G͏ESNER, ne se trouve pas dans notre Saône, mais dans l'Hérault qui se jette dans la mer à Agde. » *Nomenclator aquatil. animant., per* Conradum G͏ESNERUM, 1560, *p.* 305.

Cette assertion de D͏ALECHAMP est contredite par celle très-positive de B͏OUSSUET, qui dans son ouvrage intitulé : *De natura aquatil. carmen in altera parte*, *p.* 104, dit expressément : « Ce poisson se trouve dans la Saône. »

Aussi je suis porté à croire que ce poisson est, comme je l'ai insinué plus haut, ou mon *Cyprinus mugilis*, ou le *Cyprinus jaculus*, Jurine.

« Le *Friton* et le *Siege*, dit Alleon Dulac, sont l'un et l'autre des espèces de *Muges* de rivière ; leur manière de vivre est la même, leur chair a le même goût et le même suc. Le bec du Siege est un peu plus pointu que celui du Friton ; c'est ce que nous apprennent Rondelet et Gesner. » *Hist. naturelle du Lyonnais*, etc., *tom.* 1, *p.* 158.

D͏UHAMEL parle aussi du Siege ; loin de le faire connaître exactement, il en augmente la confusion.

« *Siége*, on nomme ainsi en Languedoc de petits poissons, qui ressemblent au Gardon et encore plus à la Vandoise ; *voyez* Fritons. » *Traité général des Pêches, tom.* 2, *p.* 570.

« Il me semble, dit Duhamel, que le Siege approche

plus de la Vandoise. » *Ouvr. cité, n*e* part., sect.* III, *p.* 556.

Lacépède ne parle pas du *Siego* dans son *Histoire naturelle des Poissons*; aussi les *Dictionnaires* modernes d'*Histoire naturelle* ne font aucune mention du Siege.

XIX. Le ROTENGLE, *Cyprinus erythrophthalmus*, Linn., Gmel., S. N. XIII, p. 1429, sp. 19.

Rondelet, *de Piscib. fluviat. liber, cap.* XVI, *p.* 191. De Leucisco. Le Gardon.[1]. La forme de la tête, la direction de la mâchoire inférieure ne laissent aucun doute.

Aldrovandi, *de Piscib. p.* 608, *lib.* V, *cap.* XXIII. De Leucisco altero seu primo Rondeletii.

Duhamel, *Pêches,* 2e *part., p.* 498, *sect.* III, *pl.* XXIV, *fig.* 1. Le Gardon.[1]

Bloch, *Ichthyol., part.* 1, *p.* 25, *sp.* 1, *pl.* 1.

Bonnaterre, *Tableau encyclop. des trois Règnes, ichthyol., p.* 199, *sp.* 38, *pl.* 81, *fig.* 337, La Sarve.[2]

Lacépède, *Hist. nat. des poiss., tom.* X, *p.* 400.

Jurine, *Hist. des poissons du lac Léman, p.* 209, *n*° 14, *pl.* 12.

Nouv. Dict. d'Hist. nat., édit. 2, *tom.* 9, *p.* 74.

Ce poisson parfaitement décrit par Artedi, *Ichthyol., pars* V, *p.* 9,[3] sous le nom suédois *Sarv* ou *Sarf,* est désigné par nos pêcheurs sous les noms de *Cherin,*

---

[1] Cuvier, *Règne animal,* 2e *édit., tom.* 2, *p.* 275, rapporte le nom de *Gardon* au *Cyprinus idus,* entièrement différent du *Cyprinus erythrophthalmus*; et Bosc, *N. D. H. N., éd.* 2, *tom.* 9, *p.* 73, au *Cyprinus rutilus.* Dans le *Dict. des Sc. nat., tom.* XVIII, *p.* 54; *tom.* XLVI, *p.* 292, on appelle aussi, par erreur, le Gardon *Lemiscus* (lisez *Leuciscus*) *rutilus.*

[2] Le nom de *Sarve,* altéré de *Sargus,* est donné au Gardon par quelques auteurs.

[3] Bramis affinis. Icon hujus nulla extat. Artedi, *Ichthyol., pars* IV, *p.* 4, *sp.* 3.

Chairin, Charin, Scherin, dérivés probablement du suédois ; à Genève on l'appelle *Raufe,* à Evian *Platelle,* à St.-Saphorin *Plateron.*

D'après Alléon Dulac, le Gardon, poisson blanc ,mat, peu estimé, a le corps large, le dos bleu, la tête verdâtre, le ventre blanc et les yeux grands. *Mémoires pour servir à l'Hist. nat. du Lyonnais, tom.* 1, *p.* 141.

Cette description vague convient à plusieurs poissons.

Rotengle, poisson assez semblable à la Brême, fort connu en Allemagne ; ses nageoires sont rouges, son corps et ses yeux sont tachetés de la même couleur. *Encyclop. méth., Dict. des Pêches, p.* 244.

Rotèle, poisson de rivière et de lac, blanc, plus large que la Rose et la Carpe et plus épais que la Brême. Sa couleur est d'un brun jaune ; il a la queue et les nageoires du ventre rouges ; il a aussi une tache rouge sur les ouies. On pèche de ces poissons dans le Rhin et dans plusieurs lacs d'Angleterre ; il s'en trouve qui ont douze à seize pouces de longueur. *Encycl. méth., Dict. des Pêches, p.* 244.

Duhamel est plus précis ; le Gardon, dit cet auteur, est semblable à la Vandoise, dont il diffère par la rougeur des yeux, par le corps moins large et le museau moins aigu ; ses œufs fermes et roux sont délicats ; il a le dos bleuâtre, voûté, les côtés argentés et brillans.

Ce poisson blanc est aussi appelé *Gardo* ou *Sargus ;* il est long de huit pouces, quelquefois, mais rarement, de onze pouces ; il a reçu le nom de *Gardon,* parce qu'il vit plus longtemps que beaucoup d'autres dans un vase plein d'eau ; la largeur de son corps est quatre fois dans sa longueur, les écailles paraissent distin-

guées par des traits bruns qui forment des lozanges [1] ,
la chair est blanche et délicate, mais elle n'a pas beaucoup de goût; néanmoins elle est assez bonne quand
on apprête ce poisson au sortir de l'eau et lorsqu'il a été
pêché dans une eau très-vive; quand il est gros on le
fait griller, s'il est petit on le fait frire. On en prend
quelquefois qui ont près de douze pouces de longueur :
Ceux-là sont les plus estimés parce que leurs arêtes sont
moins incommodes. Voy. Duhamel, p. 498.

Ce poisson est distingué depuis longtemps comme
le prouve la citation suivante :

« Gardo piscis est fluviatilis, gratissimi saporis den-
desiœ (*lisez* Vendosiœ) similis, sed per ruborem
oculorum ab ea discernitur. Uterque autem mediocris
quantitatis (*lisez* qualitatis) est. » *Vincent de Beauvais,
Specul. naturœ, tom.* 1, *lib.* xvii, *cap.* lv.

Gesner répète ce passage en ces termes : Gardus
piscis Vendosiæ similis est : sed rubore oculorum ab ca
differt ; uterque mediocris est magnitudine.

J. Cuça parle aussi du Gardon. « Ce poisson, dit-il,
a le corps large, le dos bleu, voûté, la tête verdâtre,
les côtés argentés et brillans, le ventre blanc mat. Sa
chair est blanche.

Lacépède n'a point parlé du Gardon.

Le Rotengle est facile à reconnaître par sa mâchoire
inférieure ascendante, par la dépression à la partie
postérieure de la tête, résultat de la saillie brusque
de l'origine du dos. La longueur de la tête est trois fois
et demie dans celle du corps.

Le pêcheur Noblot m'a donné ce poisson sous le nom

---

[1] Jurine attribue le même caractère au *Cyprinus rutilus.*

de *Vandoise*; ainsi est confirmée la note suivante d'Alléon Dulac [1].

Le pêcheur Reverdy me l'a donné sous le nom de
Rousse; c'est, d'après M. Pataille, sous ce même nom
de *Rousse*, que ce poisson est connu sur la Bèze.

Le Rotengle est agile et vivace, d'où vient le proverbe des Français, parlant d'un homme dispos et sain :
Il est sain comme un Gardon.

Malgré la description que Duhamel a donnée du
Gardon, cet auteur l'a confondu avec d'autres poissons.
« Gardo, Gardon, petit poisson assez estimé, dit-il ;
« suivant Rondelet on le nomme en Languedoc *Siège*
« et les petits *Fritons*, mais il me semble que le *Siège*
« approche plus de la Vandoise. » *Duhamel, Pêches,*
p. 566.

Dans cet article, Duhamel confond le *Gardon* de
Rondelet, avec le *Siège* et le *Friton* du même auteur,
qui en sont bien différens.

D'après la description du *Gardon*, faite par Rondelet, Belon et Duhamel, Jurine avait soupçonné que ce
poisson pouvait être son *Vangeron* (*Cyprinus rutilus*).
Afin de dissiper ses doutes à ce sujet il consulta divers
auteurs français ; et ne trouvant le nom de ce poisson

---

[1] La Vandoise, dit Alléon Dulac, est un petit poisson
qui a le corps large et le museau pointu. Il est couvert d'é-
cailles moyennes et de petites lignes. Sa couleur est entre
le brun, le vert et le jaune ; il a l'estomac petit, et le foie
blanc, où est attachée la bourse du fiel. Il devient fort
gros. Sa chair est molle et assez agréable au goût. *Mémoires*
pour servir à l'Histoire nat. du Lyonnais, tom. 1 , *p.* 147.
Voilà la source de l'opinion de l'auteur du Dictionnaire des
Sc. nat.

ni dans le tableau encyclopédique de Bonnaterre, ni dans l'ouvrage de Lacépède, il se détermina à faire venir de Paris, dans de l'eau-de-vie, quelques-uns de ces poissons. En les examinant, il reconnut que quoique ces deux espèces fussent très-voisines, elles étaient néanmoins différentes. Le corps du *Gardon* lui a paru un peu plus étroit que celui du *Vangeron*, la tête bien plus épaisse, et le dos rond plutôt que caréné; outre cela la nageoire anale est moins longue, n'étant composée que de onze rayons, de même que la dorsale. Quant à la couleur des écailles et des nageoires, il ne peut en rien dire, parce que l'eau-de-vie les avait altérées. *Mém. de la Société de Physique et d'Hist. nat. de Genève, t.* 3, 1ʳᵉ *part., p.* 216.

J'ai démontré que le *Gardon* de Rondelet et le *Gardon* de Duhamel se rapportaient au *Cyprinus erythrophthalmus;* on en a aussi la preuve dans le passage suivant de Gesner.

« Gardus, dit-il, piscis Vendosiæ similis est; sed « rubore oculorum ab ea differt, uterque mediocris est « magnitudinis, obscurus. » *Gesn., de Aquat., p.* 32.

« Argentinæ Gardon dicitur *Rettel* vel *Rotang.* « Ova solidiuscula et rufa habet, quæ multis in cibo « grata sunt. » *Gesn., p.* 30.

Il dit ensuite : « Le Gardon des Français est appelé « *Schwal* à Zurich; sur les bords du lac de Cons-« tance (*Acronium lacus*) *ein Furn,* dans lequel les « yeux sont plutôt jaunes. Sarge, Sargon, Gardon, « *Roscies* des Anglais, *Schwal* des Suisses. Calculum « quemdam, vel similem calculo, sed molliorem sub-« stantiam in capite habet Gardus noster. » *P.* 30, *lin.* 26.

Celui envoyé de Paris à Jurine était probablement

notre *Cyprinus rufus.* Si Jurine eût examiné les dents, il ne lui serait point resté d'incertitude.

Le *Rotengle* se reconnaît à la couleur dorée de son iris, à sa tête petite, relativement à son corps large et plat, se rétrécissant subitement de l'anus à la queue ; les nageoires ventrales, anale, caudale, sont d'un rouge de cinabre ; les écailles sont grandes et striées ; la ligne latérale est courbée du côté du ventre ; et la nageoire dorsale est insérée beaucoup plus en arrière que les ventrales. Dans leur jeunesse on pourrait confondre les *Cherins* avec le Spirlin ; mais on les distinguera facilement parce que dans le Spirlin, la base de la nageoire est colorée, tandis que dans les jeunes Chérins c'est l'extrémité.

Les nageoires du Rotengle sont rouges comme celles de la Rosse, mais le corps est plus haut et plus épais.

Ce poisson, dont la longueur est de 10 pouces à 12, et le poids rarement d'une livre, se nourrit de plantes, de coquillages et de substances animales ; c'est de tous les Cyprins, celui qui se prend le plus aisément à toutes sortes d'appâts. Il parvient quelquefois à un pied de long.

Il fraie en mai, en avril, suivant Bloch ; à cette époque on voit sur les écailles du mâle de petites excroissances dures, pointues, qui disparaissent après ; la chair cassante est peu estimée ; d'ailleurs, remplie d'arêtes, elle est pénible à manger.

Le meilleur emploi que l'on puisse faire de ce poisson qui a la vie dure, est de l'employer à la nourriture des Brochets, des Perches et autres poissons voraces qu'on élève dans les étangs, ou que l'on conserve dans des viviers.

On le prend dans toutes les saisons de l'année.

Le Rotengle fraie en avril ; lorsqu'il fait chaud pour la saison , le frai ne dure communément que quatre jours ; les œufs sont déposés sur toutes sortes de plantes aquatiques ; ces œufs ne sont point pondus en masses , mais peu à peu, de manière que si une partie est perdue par quelque cause, l'autre se trouve conservée.

Dans le temps du frai et en hiver, ce poisson est ordinairement maigre ; mais en été, il est gras, et sa chair est blanche et de bon goût, surtout s'il est jeune. Cependant comme il a beaucoup d'arêtes, il n'y a guère que les gens du peuple qui s'en nourrissent. *Bloch , icht., part.* 1, *p.* 26.

Il a 37 vertèbres et xvi paires de côtes. Artédi a dit : « Ce poisson a 14 ou 15 côtes longues ; celui que j'ai « décrit avait huit pouces neuf lignes. »

Dans le *Dict. des Sc. nat.*, au mot Gardon, *tom.* xviii, *p.* 154, on renvoie au mot Able, *tom.* 1, *supplém.*, où il n'est nullement parlé du Gardon. Au mot Rosse, *tom.* 46 , *p.* 292, l'on est de même renvoyé aux mots Able et Gardon. Au mot Rotengle, *tom.* 46 , *p.* 310, on est encore renvoyé au mot Able.

Jurine , *Hist. des poissons du lac Léman, p.* 216 , s'est assuré de la différence qui existe entre le Gardon, décrit par Rondelet [1] , Belon et Duhamel, et le *Van-*

---

[1] Les erreurs qui, avant l'invention de l'imprimerie, naissaient de la négligence ou de l'ignorance des scribes, sont, en ce qui touche l'histoire naturelle, extrêmement fréquentes ; et comme les fautes allaient toujours en croissant dans les copies qui se faisaient d'un même livre, l'erreur, loin de disparaître, se fortifiait davantage. C'est à cette cause qu'il faut attribuer les noms défigurés qui se

geron, ou la Rosse, *Cyprinus rutilus*, Lin. : le corps du *Gardon* lui a paru un peu plus étroit que celui du *Vangeron*, la tête bien plus épaisse, et le dos rond plutôt que caréné ; outre cela, la nageoire anale est moins longue, n'étant composée que de onze rayons, de même que la dorsale ; tandis que la *Rosse* ou le *Vangeron* a treize ou quatorze rayons à sa nageoire anale, et douze à la dorsale, comme on peut le voir p. 177.

Plus haut Jurine avait dit : Duhamel, *Traité des Pêches*, art. 5, *p.* 310, a décrit la *Rosse de rivière* et le *Gardon*, de manière à faire apprécier la différence qu'il y a entre ces deux espèces de Cyprins ; mais la description qu'il fait du premier de ces poissons laisserait croire qu'il a en vue l'*Erythrophthalmus*, plutôt que le *Rutilus*, quoique la figure qu'il en donne appartienne plus au *Rutilus* par la position de la nageoire dorsale presque opposée à la ventrale. *Jurine, ouv. cit., p.* 214.

Le Gardon est accidentellement épineux, *Magaz. encycl.*, 1805, *tom.* 6, *p.* 210. Cette observation a été faite sur le mâle qui perd ses épines après avoir rendu sa laite, comme la Rosse, le Chevène. Cette remarque ancienne a produit : De Cyprino clavato, sive Pigo. Rondelet, *de Piscib. locustr. lib., cap.* v, *p.* 153.

Le Gardon a le corps large, le dos bleu, voûté ; sa chair est blanche et délicate. Quand on parle d'un homme bien portant, on dit qu'il est frais et vif comme un *Gardon*. On l'appelle *Gardon*, parce qu'il se garde très-longtemps dans un vase plein d'eau. *Deleuze* dit

trouvent dans Albert le Grand, Vincent de Beauvais, etc.

Beaucoup de ces erreurs ont pour origine la substitution d'une lettre, comme on le voit dans *Bufo*, mis pour *Bubo*; *Hirundo*, pour *Hirudo*, etc.

que ce poisson paraît être le même que le *Vengeron* du lac de Lauzanne. *Pisciceptologie, par J.* *** (J. Cuça), 4ᵉ *édit.*, 1828, *p.* 142.

L'ostéologie du Rotengle, *Cyprinus erythrophthalmus*, offre quelques singularités que je vais faire connaître.

L'*os impair* ou *occipital supérieur* est pourvu d'une crête triangulaire mince, dentelée irrégulièrement à son côté postérieur.

L'*os basilaire* ou *occipital inférieur* est remarquable par son apophyse, dont la partie antérieure, creusée en vallon, reçoit la plaque dentaire pharyngienne supérieure.

La partie postérieure de l'apophyse, disposée de champ, imite un sabre obtus légèrement recourbé, dont le dos élargi présente à sa base une cavité ouverte des deux côtés.

Les dents pharyngiennes inférieures sont au nombre de huit, disposées sur deux rangs, cinq sur l'extérieur et trois sur l'intérieur.

Sur une mâchoire pharyngienne je n'en ai trouvé que six, par suite de l'oblitération ou de la chute d'une dent de chaque rangée.

Ces dents terminées en crochet recourbé sont comprimées à leur partie supérieure, garnies intérieurement de dentelures peu apparentes il est vrai sur les dents de la rangée intérieure.

La première vertèbre a de chaque côté une apophyse très aigue disposée horizontalement.

La seconde vertèbre, plus longue que les autres, a cinq apophyses dont une verticale et quatre horizontales. La dorsale, évasée à son sommet, présente une cavité irrégulière sur ses bords et imite un verre à pate ; la base de cette apophyse, assez volumineuse, se projette en avant.

Les deux apophyses antérieures sont comprimées, lancéolées et dirigées horizontalement.

Les deux apophyses postérieures, également horizontales, partent de la partie médiane de la vertèbre; elles imitent les aîles de ces oiseaux de plaisir inventés pour provoquer l'adresse des tireurs; la partie antérieure de ces larges apophyses est aigue et dirigée sur les apophyses antérieures, et la partie postérieure, également aigue, se dirige sous la base des apophyses de la troisième vertèbre, base qu'elle enveloppe.

La troisième vertèbre présente quatre apophyses dirigées en bas et dont celles d'un même côté se réunissent par leur base.

Les antérieures, plus longues, sont comprimées latéralement à leur extrémité, et les postérieures, comprimées de devant en arrière, forment une sorte de lame triangulaire, contre laquelle porte le sommet de l'apophyse de l'*occipital inférieur* ou de l'os basilaire. Cette lame triangulaire occupe la place de l'*os mitral*, indiqué dans la carpe, par Petit.

Sous la rubrique *de Rutilo sive Rubello fluviatili* (*Cyprinus rutilus*), Gesner donne une description exacte du *Cyprinus erythrophthalmus*, et il le caractérise dans les termes suivans : « Dentibus quinis (1), qui ab inte-« riore parte singuli serræ instar asperantur; quod in « aliorum piscium dentibus nondum memini animad-

---

[1] Gesner n'a parlé que des cinq dents du rang extérieur, parce que les dentelures, peu apparentes sur les trois dents de la rangée inférieure, les lui auront fait négliger. Cependant Gmelin, S N., édit. XIII, p 1430, n° 19, dit positivement : *Mandibulæ æquales duplici dentium serratorum incurvorum serie armatæ, inferior incurva.*

« vertisse. Piscis satis vivax, parit junio mense. Mus-
« carum fluviatilium (sive Lacustrium) genus quod-
« dam magnum, oblongo, terete, varioque corporis
« alveo (Tufelschossz [1] vulgus nostrum appellant).
« Has infigunt hamis ad inescandos rutilos. » *Gesner,*
de aquatil. p. 966, *lin.* 48-56.

XX. Cyprin fauve, *Cyprinus fulvus,* Nob.

Cette espèce de Cyprin, confondue avec beaucoup
d'autres sous le nom vulgaire de *Blanc,* se rapproche
de la Rosse par son apparence extérieure.

Le museau de ce Cyprin est plus obtus, la mâchoire
inférieure est légèrement ascendante.

Le poisson mâle que j'ai examiné avait cinq pouces
quatre lignes de longueur depuis l'extrémité du museau
jusqu'à l'origine de la nageoire caudale.

La tête est contenue 3 1/4 dans la longueur du corps,
c'est-à-dire dans l'espace compris entre l'extrémité de
l'opercule des ouies et la naissance de la nageoire caudale : proportion que j'ai toujours conservée dans
toutes mes mesures.

La largeur du corps est contenue un peu plus de
quatre fois dans la longueur totale, c'est-à-dire depuis
l'extrémité du museau jusqu'à l'origine de la nageoire
caudale.

La ligne latérale, moins courbée, offre au moins
50 glandes.

La nageoire dorsale est placée de manière que son
premier rayon correspond au dernier des ventrales.

D. 9. V. 10. A. 10.

---

[1] Ne serait-ce pas des Libellules?

Le péritoine est nacré, piqueté de points noirs assez larges.

L'appareil dentaire pharyngien de ce Cyprin se compose de la plaque sertie dans la cavité de l'apophyse de l'os basilaire, et des dents placées sur les arcs pharyngiens.

La cavité de l'apophyse de l'os basilaire présente un contour pentagonal, et une surface comparable à celle d'un ogive; cette surface est traversée par une ligne saillante et arquée.

Les dents pharyngiennes sont au nombre de huit sur chaque mâchoire; elles sont crochues à leur sommet; disposées sur deux rangs, on en voit cinq extérieures et trois intérieures, ou six extérieures et deux intérieures, comme je l'ai remarqué dans l'individu soumis à mon examen; une des mâchoires offrait la première disposition, et l'autre la seconde.

N'ayant encore observé qu'un individu de *Cyprinus fulvus*, je ne puis assurer si la même irrégularité a lieu dans d'autres.

Ce poisson a été trouvé au marché, où il était mêlé avec des Rousses, *Cyprinus rutilus*, Linn., pour former des fritures. Sa chair, farcie d'arêtes comme celle de ses congénères, conserve toujours une saveur de vase.

J'engage les naturalistes à examiner attentivement tous les poissons qu'on leur présentera sous le nom de *Rousse*; ils trouveront probablement de nouvelles espèces, dont il sera nécessaire de fonder les caractères sur la disposition de l'appareil dentaire pharyngien; cette base est la seule certaine et la seule exempte d'équivoques.

Le nombre des rayons des nageoires est sujet à varier; celui des glandes de la ligne latérale n'est pas constant. Les rapports entre la longueur de la tête et celle du corps, ceux de la largeur avec la longueur totale sont trop incertains pour ne pas laisser beaucoup à l'arbitraire ; l'inspection de la denture pharyngienne est le seul moyen pour préciser les espèces d'une manière constante.

Gesner s'en doutait : mais il n'en a point fait usage pour distinguer les poissons dont il parlait ; aussi dans son article *de Rutilo*, il en a confondu plusieurs comme je le dis ci-dessus.

XXI. Cyprin roux, *Cyprinus rufus*, Nob.

J'ai reçu de Dijon, de Pontailler et d'Auxonne, sous le nom de *Dresson*, un poisson que quelques pêcheurs appelent *Feurtou*, d'autres *Rousse,* à raison de la ressemblance qu'il offre au premier aspect, avec le *Cyprinus rutilus*, Linn.

Il faut en effet beaucoup d'habitude pour ne pas confondre ces deux espèces, et si je n'eusse pas choisi l'appareil dentaire pharyngien pour servir de caractère, j'aurais été fort embarrassé pour préciser exactement cette espèce, qui présente une sinuosité sur le bord postérieur de la pièce principale de l'opercule.

La mâchoire inférieure est ascendante, un peu dépassée par la mâchoire supérieure ; la dépression de la tête à la nuque est très-apparente et imite celle de la figure intitulée de *Leucisco*, donnée par Rondelet, *de Piscib. fluviatil. lib., cap.* xvi, *p.* 191 ; fig. que j'ai rapportée à l'*erythrophthalmus* et qui conviendrait peut-être mieux à notre *Cyprinus rufus.*

Ce poisson, appelé par nos pêcheurs *Dresson,*

Dreuçon [1] , sans doute par corruption du mot *Rousseau*, a le péritoine nacré , piqueté de noir.

La cavité de l'os basilaire, qui reçoit la plaque dentaire pharyngienne, est en ogive élargi, traversé par une crête ; la queue ou l'apophyse postérieure de l'os basilaire, comprimée latéralement, est placée de champ.

Les dents pharyngiennes inférieures sont au nombre de sept sur deux rangées à chaque mâchoire ; savoir : cinq à la rangée extérieure, et deux à la rangée intérieure.

Les deux dents les plus grosses ne présentent pas des crochets aussi pointus que les autres.

Cette espèce de poisson est peu estimée ; la multitude d'arêtes qui farcissent sa chair, la rendent incommode à manger. Aussi n'en fait-on usage qu'en friture.

On n'avait rien de positif sur l'époque du frai de ce poisson, qui jusqu'à présent a été confondu avec la Rousse ; si, comme dans ce dernier poisson, les jeunes étaient pourvus d'œufs et de laitance, on aurait retrouvé tous les *Phoxini* indiqués par Rondelet, *de Piscib. fluviatil. liber, p.* 204 , *cap.* 28.

Le péritoine est nacré, on y remarque des points noirs très-fins et rares.

J'ai trouvé, sur le marché, des échantillons de ce poisson, désignés sous le nom vulgaire de *Blanc.*

Les échantillons que j'ai examinés avaient l'un cinq pouces neuf lignes de longueur, l'autre six pouces trois quarts. La tête grosse offrait un museau un peu saillant, des narines larges et enfoncées, des yeux gros, une

[1] Ce nom vulgaire pourrait aussi venir du grec θρισσα, à cause des nombreuses et fines arêtes, comparées à des cheveux , dont sa chair est farcie.

bouche ovale ; la mâchoire supérieure recouvre l'inférieure un peu remontante et arquée sans rebord. Cette
tête était comprise trois fois et demie dans la longueur
du corps, dont la largeur était près de quatre fois
dans la longueur totale, c'est-à-dire y compris la tête.

La mâchoire inférieure plus courte que la supérieure,
était un peu ascendante, et la dépression de la tête à la
naissance du dos était moins marquée que dans le *Cyprinus rutilus*, Linn.

La ligne latérale jaune un peu arquée en avant, était
composée de cinquante glandes. Les nageoires P. V.
A. sont rouges.

L'origine de la nageoire dorsale correspond à peu près
au milieu des ventrales, dont le disque offre une légère
teinte orangée, tandis que le sommet et la base sont
blanchâtres.

J'ai compté 8 rayons à la nageoire dorsale, 10 à l'a-
nale, et 10 à chacune des ventrales.

On reconnaîtra facilement ce poisson aux caractères
signalés ci-dessus ; et aux suivans : sous un certain jour
la surface de ce poisson offre un aspect nacré, frappant ;
sous un autre, il présente une couleur bleue admirable
entre la ligne latérale et le dos, qui examiné perpendiculairement est d'un gris verdâtre.

Le péritoine est nacré et piqueté de points noirs
rares. Je me suis assuré de l'époque du frai de ce poisson,
il a lieu en janvier, février et mars.

Toutes ces différences entre les caractères de ce poisson et ceux de la Rousse, *Cyprinus rutilus*, ne peuvent
laisser les plus légers doutes sur la constance de cette
espèce.

Jurine, *Hist. des poissons du lac Léman*, p. 213,
annonce avoir vu souvent des Vangerons, *Cyprinus*

rutilus, Linn., dont le corps était sensiblement plus large et les nageoires bien plus colorées que chez d'autres de même grandeur.... Il a supposé que le frai de ce poisson pouvait être fécondé quelquefois par des raufes, *Cyprinus erythrophthalmus*, Linn., qui habitent les mêmes lieux, et produire ainsi une espèce de métis.

Jurine, n'ayant point examiné les dents pharyngiennes de ces métis, nous met dans l'impossibilité de prononcer sur eux. De plus, il est une loi certaine dans la nature, c'est que la promiscuité des espèces n'est que le résultat de l'influence de l'homme et de l'état de domesticité auquel il réduit les animaux ; que d'ailleurs cette promiscuité ne réussit que dans des cas fort rares. Autrement il n'existerait nulle constance dans les espèces, et le désordre le plus complet se ferait remarquer dans la nature. Or c'est ce qu'on n'observe pas, et c'est d'ailleurs ce à quoi s'oppose l'ordre établi par la volonté du Créateur.

XXII. Cyprin bouche-en-croissant, *Cyprinus toxostoma*, Nob. [1].

Ce poisson est connu sous les noms de *Seuffe*, *Seufle*, *Seuffre*, etc., évidemment dérivés du mot grec ΚΕΦΑΛΗ, prononcé d'une manière vive et contractée, en adoucissant la première syllabe, *Seffle*, et ensuite *Seffe*, d'où *Saiffe*.

Le nom de *Cephalus* a été appliqué sans distinction à plusieurs poissons du sous-genre *Able*, à raison du volume de leur tête.

---

[1] Pour éviter d'augmenter la confusion de la nomenclature ichthyologique, j'ai adopté des dénominations particulières et précises, au lieu des noms anciens, causes de beaucoup d'équivoques.

Le Cyprin bouche-en-croissant, se reconnaît par sa bouche arquée ou en croissant et située en dessous; la mâchoire supérieure dépasse d'une manière très-sensible l'inférieure, dont la lèvre amincie a l'air d'être tranchante sur les bords.

La longueur de la tête est contenue quatre fois dans celle du corps, depuis la partie postérieure de l'opercule jusqu'à la naissance de la nageoire caudale; la largeur du corps est cinq fois dans la longueur [1] totale du poisson.

La ligne latérale légèrement inclinée, en partant de la tête, est presque droite dans le reste de son étendue; elle est formée par 55 à 57 glandes. L'insertion du rayon antérieur de la nageoire dorsale correspond au milieu de la base des ventrales; le lobe supérieur de la nageoire caudale est plus court que l'inférieur.

Hors le temps du frai, l'orifice du cloaque est dans une espèce de fossette ovale formée par deux replis latéraux de la peau du ventre.

Le Péritoine est noir : telle est la cause du nom d'*Ame noire* donné à ce poisson par quelques-uns de nos pêcheurs, dont l'un m'a apporté ce poisson sous le nom de *Seufle grise, Alonge*; il en faut cinq à six pour la livre, lorsqu'il n'a que cinq à six pouces de long; j'en ai vu un de la taille de huit pouces, pesant cinq onces. Sa chair est fade et peu estimée; mais, dit Rondelet, confite dans le sel, elle devient meilleure; aussi rappelle-t-il l'usage où l'on est de la traiter ainsi.

Cette espèce fraie en mars et avril.

L'appareil dentaire pharyngien de ce poisson se distingue par l'apophyse de l'os basilaire élargie en

---

[1] Je ne compte jamais la longueur de la nageoire anale.

ovale, pour recevoir la plaque de même forme, tenant lieu des dents pharyngiennes supérieures, contre laquelle viennent jouer les inférieures ; l'apophyse est terminée par un prolongement aplati, dont l'extrémité s'appuie sur les apophyses de la 3ᵉ vertèbre dorsale, comme dans tous les autres Cyprins.

Les dents pharyngiennes inférieures, au nombre de six, sont disposées sur un seul rang ; leur tige assez longue est terminée par un élargissement securiforme, ressemblant beaucoup au dernier article des palpes de la coccinelle.

Une mâchoire ne m'a présenté quelquefois que quatre dents, suite de la chute de quelques-unes, comme on l'observe dans bien des poissons.

Dans les villages des bords de la Saône, du côté de Pontailler, le Cyprin bouche-en-croissant est salé, comme le hareng, par les gens de la campagne, mais jamais avant le mois de septembre, à cause des chaleurs ; après avoir vidé le poisson, ils le placent dans un vase ou biquet sur une couche de sel, alternativement : après une quinzaine de jours, ils le suspendent à la cheminée pour le sécher, et ils le conservent pour l'usage.

Rondelet, dans son chapitre *de Cephalo fluviatili*, a bien décrit ce poisson, fort commun dans nos rivières ; voyez *de Piscib. fluviatil. liber*, p. 191.

Ce *Cephalus fluviatilis* de Rondelet est très-certainement notre *Cyprinus toxostoma*, caractérisé par son péritoine noir, (*Peritoneum nigricans*, la toile du ventre noire, *voy*. la traduction franç., p. 138), par son genre de vie et par la nourriture dont il fait usage : *Vescitur cœno et aqua, a carne abstinet, ut ex frequenti dissectione et ventriculi inspectione cognovimus.* Rondelet, *de Piscib. fluv.*, p. 191.

Or la Dobule, *Cyprinus dobula* ; la Chevesne, (*Cy-*

prinus jeses, Jurine, non Linn., non Bl., *Cyprinus idus,* Bloch), etc., et les autres Cyprins auxquels on a rapporté à tort le *Cephalus fluviatilis* de Rondelet, sont carnaciers et voraces. A la vérité la figure placée en tête du chapitre de Rondelet, ne convient point à notre Cyprin bouche-en-croissant; elle ressemble à notre Chevenne, *Cyprinus dobula,* Linn.; mais Rondelet l'a confondu avec la Dobule, *Cyprinus dobula,* dont il donne la figure, et avec le *Capito* d'Ausonne, (*Cyprinus jeses,* Bloch), dont il cite les vers. C'est ce dont aucun ichthyologiste ne s'est douté; aussi ne doit-on pas être surpris de la confusion observée dans la nomenclature ichthyologique.

Gesner, *de Aquatilibus,* a donné une description bien plus exacte de mon Cyprin bouche-en-croissant, dans son chapitre intitulé : *De naso pisce fluviatili;* il suffit de parcourir le texte suivant pour en être convaincu.

Cyprinus nasus duorum triumve palmorum magnitudine (7-10 pouces), seni utrinque dentes, pixidatim in se invicem infixi. Venter intrinsecus nigerrima membrana ambitur. Mihi specie, squamis et colore capitonem fl. referre videntur. Sed ad eam magnitudinem non perveniunt, et oris formam peculiarem habent.

Gesner n'a pas indiqué cette forme particulière, c'est-à-dire la bouche en croissant et située en dessous, comme dans les squales , d'où le nom de *Squalus* donné à ce poisson par quelques auteurs.

Verno tempore præferuntur et pinguescunt, apud nos tamen novembri mense laudantur : si modo unquam laudandi sunt, nam caro eorum semper laxa et insipida est , quamobrem assare eos potius quam elixare peritiores coqui solent. Gesner, p. 731 , *De naso pisce fluviatili.* Cyprinus nasus, *Herm., Obs. zool., p.* 326.

Aldrovandi, *de Piscibus, lib.* v, *cap.* xxiv, *p.* 610, indique notre Cyprin bouche en croissant, sous le nom de *Simus, Pachyrhinchus,* en italien *Saveij.* On le confond, dit-il, avec le *Capito fluviatlis,* auquel il ressemble, mais il est plus mince et a le nez épais; la couleur noire de son péritoine, dit-il, a porté les Allemands à donner, par plaisanterie, à ce poisson le nom d'Ecrivain, *Scriba.*

Tous ces caractères et le nom italien, analogue à *Saïffe,* conviennent à notre poisson; mais lorsque Aldrovandi ajoute : « Cette couleur noire du péritoine se remarque « aussi dans le *Capito fluv.* ; » il me paraît alors désigner le *Cyprinus nasus* de Bl., dont nous parlerons plus bas.

Duhamel, *Traité général des pêches,* ii* part., sect. iii, *p.* 5o2, *pl.* xxiv, *fig.* 4, sous le nom de *Chevanne* ou *Chevesne* de Belon; *Meunier* de Rondelet; décrit notre Cyprin; le péritoine noir, et la taille de dix pouces [1] ne laissent aucun doute à ce sujet.

Les noms donnés par Duhamel sont fondés sur ceux indiqués par le pêcheur duquel il tenait son échantillon.

Je ne saurais affirmer si le *Cyprinus nasus* d'Artedi est mon *Cyprin bouche en croissant;* je le pense d'après ce qu'il dit de son *Cyprinus nasus* [2].

---

[1] Dans cette longueur est comprise celle de la nageoire caudale, dont je ne fais aucun usage dans mes mesures.

[2] Cyprinus rostro nasiforme prominente, pinna ani ossiculorum xiv.

Nasus Auctorum, *Nase* Germanorum.

Figura Leucisci. Venter *planus latus.*

Pinnæ omnes pronæ partis aliquantùm rubescunt.

Squamæ amplæ. Linea lateralis ventri propior.

Peritonæum nigrum. Parit aprili in fluviis.

Petri Artedi *genera piscium, p.* 5, *sp.* 15.

Bloch, sous le nom de Nase (*Cyprinus nasus*), *Ichth.* *p.* 31-33, a décrit et figuré un poisson différent du nôtre, par sa forte taille [1] et son poids ; Meyer, Lacépède et Bosc, copistes de Bloch, n'ont rien donné de certain sur ce poisson, propre au Rhin, disent-ils. Gmelin, *S. N.*, *p.* 1431, *sp.* 21, ne donne non plus rien de précis sur le Nase.

Cuvier donne au Nase un caractère qui l'éloigne entièrement de notre Cyprin, c'est le nombre des dents qu'il fixe à une vingtaine. *Voy. ci-dessous*, *p.* 195.

Le *Nasus fœmina minor*, Marsili, *Dan.*, *pl.* 3, *fig.* 2, me paraît pouvoir se rapporter à mon Cyprin bouche-en-croissant.

Meyer, *Représ.*, *tom.* 1, *p.* 4, *tab.* XI, figure un nase long de 13 pouces ; il donne, *fig.* 1, le dessin des dents, qui ont l'air de ressembler à celles de notre Cyprin bouche-en-croissant ; il rappelle la dénomination vulgaire du nase, qui, à raison de sa chair peu délicate et farcie d'arêtes, est connu sous le nom de *poisson de tailleur*. Meyer fait observer que le Nase a aussi le péritoine noir et six dents, représentées sur la même planche ; elles diffèrent peu de celles de mon Cyprin bouche-en-croissant.

La couleur noire du péritoine était un caractère trop saillant pour être négligé ; aussi a-t-il été signalé par tous les observateurs qui ont vu le poisson en nature. Je l'avais remarqué avant de savoir qu'il dût me servir à distinguer mon *Cyprinus toxostoma* et le *Cyprinus jaculus* des autres espèces du sous-genre *Able*.

Ayant retrouvé ce signalement dans plusieurs au-

---

[1] C'est le Nase de Willugby, long d'un pied ; le Nase de Marsili, *Danub.*, *tom.* IV, *p.* 9, *pl.* 3, *fig.* 1.

teurs, je dois les mentionner pour mettre les naturalistes à même de s'assurer si les Cyprins, dont ils parlent,
sont différens de notre Cyprin bouche-en-croissant, car
nous verrons un autre petit poisson du même sous-
genre nous offrir le péritoine noir.

Artedi, dans la troisième partie de son Ichthyologie,
Gener. et specier., *p.* 5, *sp.* 15, parle d'un *Cyprinus
rostro nasiformi prominente, pinna ani ossiculorum
quatuordecim*, rapporté, dans sa Synonymie, *Ichthy.
pars* IV, *p.* 6, *sp.* 9, au *Cyprinus nasus*, Linn. C'est,
dit-il, le *Nasus* des auteurs, le *Nase* des Allemands;
les Italiens l'appellent *Savetta*, et les habitans de Fer-
rare *Sueta*. Celui de Belon seulement a un demi-pied, il
ressemble au *Leuciscus* (figura leucisci), il a le ventre
plane et large, son péritoine est noir.

De tous les Cyprins qu'a disséqués Artedi, le Nase
est le seul où il ait rencontré ce caractère. Il me paraît
que dans cet article le savant Suédois parle de mon *Cyprin bouche-en-croissant.*

Dans l'*Encyclopédie méthodique, hist. nat.*, tom. 3,
p. 274, on lit : « Le Nase…. a la gueule très-étroite, et
l'endroit où elle est fendue représente un arc de
cercle…. n'a ordinairement qu'un demi-pied de longueur. »

C'est bien certainement de notre Cyprin bouche-
en-croissant qu'il est question dans ce passage.

Lacépède qui parle des poissons, sans les avoir vus,
et qui s'est contenté de copier Bloch avec plus ou moins
de fidélité, dit : « Le Nase a le péritoine noir…. Lors-
« que ce Cyprin pèse un kilogramme (deux livres, ce
« qui arrive quand il a vingt pouces de longueur
« comme celui dont parle Bloch), il arrive souvent
« que ses nageoires offrent une couleur grise. » *Hist.*

nat. des poissons, tom. xi , *p.* 65. « On lui donne , dit-
« il p. 55 , le nom d'*Ecrivain ventre noir* [1]. »

Cet article de Lacépède , copié par Bosc , suivant
lequel, d'après Bloch , *Nouv. dict. hist. nat.*, édit. 2 ,
tom. ix , *p.* 75 , les deux mâchoires du Cyprin nase sont
armées de six dents , ne convient à notre *Cyprinus
toxostoma* qu'à raison de la couleur noire du péritoine ,
et des six dents pharyngiennes , sur une seule ligne , à
chaque arc pharyngien.

Les naturalistes allemands sont invités à examiner de
nouveau le *Cyprinus nasus*, décrit et figuré par Bloch ,
dans la description duquel, *Ichthyol.*, *part.* 1, *p.* 32 ,
je trouve des caractères bien différens de ceux de notre
Cyprin bouche-en-croissant. Bloch annonce « bouche
« carrée ; il y a , dit-il , à chaque mâchoire six dents
« aplaties des deux côtés et qui engrainent les unes
« dans les autres. L'individu que j'ai examiné avait
« un pied trois pouces de long , il pesait une livre. »
Cette taille diffère beaucoup de celle de notre poisson.
D'ailleurs, d'après Cuvier , le Nase a une vingtaine de
dents pharyngiennes , toutes comprimées , et qui vont
en diminuant vers le haut ; les inférieures seules sont
un peu grosses. *Cuvier , Anat. comparée, tom.* 3,
p. 191 , comme on l'a vu plus haut, *p.* 193.

La couleur noire du péritoine se remarque non seulement dans quelques-uns de nos poissons d'eau douce ,

---

[1] Lacépède n'a fait que copier Aldrovandi, qui, *Hist.
Pisc.*, *p.* 601 , dit : Le *Capito* d'Ausone a le péritoine noir ;
et *p.* 611 : Le Nase d'Albert se trouve dans le Bas-Rhin. Sa
longueur est de deux à trois palmes. Le péritoine est très-
noir : de là , en plaisantant , les Allemands ont appelé ce
poisson *Ecrivain.*

mais aussi dans des poissons de mer. Je me bornerai à celui signalé par Muller, sous le nom de *Clupea villosa*, Gmel. S. N., p. 1409, sp. 14; *Salmo groenlandicus*, Bloch, pl. 381; *Salmone Lodde*, Lacép., Hist. nat. pois., tom. IX, p. 279; *Salmo arcticus*, Cormack; *Bullet. Féruss.*, 1828, *Sciences nat.*, tom. XV, p. 134. C'est le *Capelan*, Duhamel, *Histoire générale des Pêches*, sect. 1, *pl.* XXVI, petit poisson employé pour appât à la pêche de la Morue; sa taille est de 6 à 7 pouces au plus. Il arrive vers la fin de juin, en se formant par essaims de plus de 60 milles de longueur sur plusieurs milles de largeur; il part vers le commencement d'août; son péritoine est noir.

Linné, *S. N.*, *p.* 531, *sp.* 25, à l'art. *Vimba*, dit d'après Kramer : *Abdomen intus nigrum*; c'est certainement par un *lapsus calami*, car Artedi, en parlant du *Cyprinus vimba*, dit positivement : *Peritoneum argenti coloris*; aussi Gmelin, *S. N.*, *p.* 1435, *sp.* 25, C. *Vimba*, a supprimé la note de Linné.

XX. Cyprin Mugile, *Cyprinus mugilis* [1], Nob.

Cette espèce, confondue par nos pêcheurs avec notre *Cyprin bouche-en-croissant*, sous le nom de *Seuffe* donné à l'une et à l'autre, en diffère essentiellement.

Sa mâchoire supérieure, légèrement prolongée, forme un mufle; la bouche est en dessous ; mais la mâchoire inférieure se termine antérieurement par un ovale aigu, comme la petite pointe de l'œuf.

La tête est large, et le front légèrement déprimé.

---

[1] Ce nom vient de *multum agilis*, qui correspond au nom *Dard* donné à une espèce du sous-genre *Able*.

La longueur de la tête se trouve un peu plus de trois fois dans celle du corps, dont la largeur est le quart de la longueur totale; le dos est arrondi; la nageoire dorsale est en arrière des ventrales.

La ligne latérale se compose de 45 glandes.

Le péritoine nacré est ponctué de noir.

L'appareil dentaire pharyngien présente la disposition suivante :

L'apophyse de l'os basilaire offre une cavité à ogive élargi, avec un petit enfoncement en arrière. Dans cette cavité est sertie la plaque rhomboïdale formant la mâchoire supérieure; le prolongement de l'apophyse imite une lame mince, large, disposée verticalement, et tronquée à la partie postérieure.

Les mandibules pharyngiennes inférieures sont chacune garnies de sept dents alongées, crochues au sommet, et disposées sur deux rangs, savoir : cinq en dehors, et deux, plus courtes, en dedans.

Le Cyprin Mugile fraie en mars et avril.

On le sale sur les bords de la Saône.

M. Pataille m'a transmis sur ce poisson des renseignemens précieux que je dois faire connaître.

« Malgré les caractères saillans que vous avez signalés
« dans les deux espèces de *Seufles*, m'écrit-il, les pê-
« cheurs persistent à n'en reconnaître qu'une seule
« espèce, dans laquelle ils les classent toutes, n'y
« regardant pas de si près. Je vous envoie la descrip-
« tion du procédé usité sur les bords de la Saône pour
« saler et dessécher les *Seufles*.

« On prend un vase de terre, ou mieux encore un
« baquet en chêne; après avoir vidé le poisson et rem-
« pli son corps de sel, on met d'abord un lit de *Seufles*,
« puis un lit de sel, ensuite un autre lit de poisson,

« puis un lit de sel, et ainsi de suite, jusqu'à ce qu'on
« ait employé tout ce que l'on destine à la salaison.
« Cette opération, à raison des chaleurs de l'été, ne se
« fait qu'à commencer au mois de septembre. Lorsque
« le poisson est bien saturé de sel, c'est-à-dire après
« dix ou quinze jours au plus, on le retire du saloir et
« sans l'essuyer on l'enfile par les ouïes dans de petites
« baguettes qu'on place dans les côtés de la cheminée,
« où il s'enfume, se dessèche et devient une espèce de
« hareng *sauret*, après y être resté au moins une quin-
« zaine de jours, ou plus, suivant le feu déterminé par
« la saison d'hiver ou d'été. A mesure des besoins, on
« le détache de la cheminée. Lorsqu'il est bien desséché,
« on pourrait le conserver dans un endroit très-sec,
« près de la cheminée. L'hiver est la saison où la chair
« de ce poisson est meilleure, étant alors plus ferme et
« moins fade que l'été. Frais, ce poisson se mange ordi-
« nairement grillé. Sa taille est de 5 à 6 pouces. »

Rondelet, *de Piscib. fluviatil. lib.*, *cap.* xvii, *p.* 192,
me paraît avoir parlé de notre poisson, sous le titre :
de Leucisci secundi specie; les traits suivans me portent
à le croire : « A Gallis *Vandoise* [1], à Santonibus et
« Pictonibus *Dard*, quod sagittæ modo sese vibret; à
« nostris (c'est-à-dire en Languedoc), *Sophio*; à Lug-
« dunensibus *Suiffe*, » (ou plutôt *Saiffe*, comme il
est dit dans la traduction française, et comme il est
prouvé par le nom de *Seuffe*, donné chez nous, non-
seulement à cette espèce, mais encore à d'autres du
sous-genre *Able*.)

[1] Artedi, *Ichthyol.*, *pars* iv, *p.* 10, dit : Ce poisson
s'appelle en français *Vandoise, Dard* et *Suisse*. (Il faut
lire *Saiffe*.)

« Piscis iste ex iis est qui sale condiuntur, et qui lacustris est, ita conditus seipso melior efficitur. *Rond., p.* 193. » [1]

Duhamel, *Traité gén. des Pêches*, ıı^e part., ııı^e sect., p. 5o1, *art.* vı, de la *Vandoise* ou *Dard*, Leuciscus, Albicula, Jaculus, pl. xxıv, fig. 3, parle de notre Cyprin Mugile.

« La Vandoise, dit-il, est un petit poisson d'eau
« douce, de la longueur d'un hareng, mais plus large ;
« il est rare d'en prendre d'un pied de long [2] ; il va si
« vite dans l'eau, qu'il semble s'élancer comme un
« dard ; ce qui lui a fait donner ce nom par les pêcheurs
« de la Loire ; il devient fort gras ; sa chair est molle,
« néanmoins d'un goût assez agréable ; elle passe
« pour être fort saine. ,

« La Vandoise que je vais décrire avait huit pouces
« quatre lignes de longueur [3] ; son corps, propor-
« tionnellement à sa longueur, est moins large que celui
« du Gardon. Le museau est plus pointu ; la gueule
« n'est pas grande ; son ouverture est ronde, à peu près
« comme celle de la Carpe ; la mâchoire supérieure est
« un peu plus longue que l'inférieure ; la ligne latérale,
« un peu courbée du côté des ouïes, se prolonge en
« ligne droite du côté de la queue. Ce poisson se pré-
« pare comme le Gardon ; et quand il est frais et pêché
« en bonne eau, il est assez bon. »

Cet article est répété dans l'*Encycl. méthod., Dict. des Pêches, p.* 293.

---

[1] On pêche en grande quantité dans le Gange une petite espèce de Cyprin appelée *Angana*, pour être envoyée dans l'intérieur du pays. *Tableau pittoresque de l'Inde*, par Buckingham, 1833, *p.* 243.

[2] Ici Duhamel confond ce poisson avec la Dobule.

[3] En y comprenant la longueur de la nageoire caudale.

Notre *Cyprinus mugilis*, la *Vandoise* de Rondelet et de Duhamel, est très-différente de la *Vandoise* de Jurine, *Cyprinus jaculus*, longue seulement de quatre pouces, et de la *Vandoise* à laquelle Lacépède, qui certainement ne l'a pas vue et qui l'a appelée improprement *Vaudoise*, Hist. nat. des Poiss., tom. 10, pp. 395, 396, attribue la taille de cinq à six décimètres (18-22 pouces).

Le *Nouv. Dict. d'Hist. nat.*, édit. 2, tom. 9, p. 72; tom. 31, p. 399, a suivi Lacépède.

Le *Dict. des Sc. nat.*, tom. 1, *suppl.*, p. 4, 3°; tom. 49, p. 467; tom. 56, p. 463, dit : « La Vandoise ou Vaudoise [1], corps élargi [2] ; mais Cuvier, *Règn. anim.*,

[1] Le nom de *Vaudoise*, employé dans l'*Encyclop méth.* et répété par plusieurs copistes, est fautif; il faut lire *Vandoise*, de *Vendosia*. Les pêcheurs de Zug et de Lucerne, dit Gesner, appellent *Winger* la *Vendoise* et le *Dard* des Français. Le nom *Vendosia* vient de l'allemand *Winken*, cligner, à cause de la rapidité de la natation de ce poisson.

[2] Le Rotengle, *Cyprinus erythrophthalmus*, Linn., est désigné par plusieurs de nos pêcheurs sous le nom de *Vandoise* : c'est ce nom qui a guidé Alléon Dulac, dont la description a été adoptée dans le *Dict. des Sc. natur.*

« La Vandoise, dit Alléon Dulac, est un petit poisson
« qui a le corps large et le museau pointu. Il est couvert
« d'écailles moyennes et de petites lignes; sa couleur est
« entre le brun, le vert et le jaune; il a l'estomac petit et
« le foie blanc, où est attachée la bourse du fiel. Il devient
« fort gros. Sa chair est molle et assez agréable au goût. »
Mémoires pour servir à l'Histoire naturelle du Lyonnais, tom. 1, p. 147.

Ainsi, en employant le même nom, on désigne deux poissons différens.

édit. 2, *tom.* 2, *p.* 275, disant : « corps étroit », caractère convenant à notre espèce comme à d'autres, prouve
quelle confusion existe dans les descriptions, faites sur
des noms, sans examiner les objets. Nous indiquons dans
la note (2) la cause de la contradiction entre corps
élargi et corps *étroit,* attribué au même poisson, ou
plutôt au même nom.

C'est une nouvelle preuve de la confusion qui existe
dans la nomenclature des poissons et qui rend si difficile
la détermination exacte de ceux mentionnés par divers
auteurs.

Lemery, *Traité des Alimens,* 2ᵉ *édit.*, *p.* 417, nous
en fournit encore la preuve à l'occasion du Mulet, appelé en latin *Cephalus, Mugil.* « L'os que l'on trouve
« dans la tête de ce poisson, dit-il, se nomme en latin
« *Echinus* et *Sphondylus ab echinatâ specie,* parce
« qu'il est entouré de pointes, comme une chataigne
« ou comme un hérisson. »

Cet os ne serait-il pas la mâchoire pharyngienne garnie de ses dents? à moins qu'il ne soit l'osselet de l'o-
reille ; mais ses dentelures sont presqu'imperceptibles.

Duhamel, *Traité des Pêches,* IIᵉ *part.*, VIᵉ *sect.*,
p. 146, parle de notre poisson dans les termes suivans :

« Indépendamment des Muges qui passent dans les
eaux douces, les auteurs parlent d'un petit Muge qui
n'a guère plus d'un pied de longueur, qu'il nomme
Muge de rivière, et qu'on appelle à Strasbourg vil poisson, *Schnotfisch* ; ses écailles sont d'un vert argenté et
sa chair molle, ce qui, comme je l'ai dit, convient aux
Muges qui ont passé du temps dans les eaux douces ; ils
ont l'avantage d'avoir la chair grasse et délicate, mais
elle n'a pas autant de goût que celle de ceux qu'on
pêche à la mer. »

Hermann, *Observat. zoologicæ*, *p.* 322, blâme, avec juste raison, Duhamel d'avoir rangé le *Schnotfisch* parmi les poissons délicats.

A la même page, Duhamel parle d'un autre poisson, qu'on devrait peut-être rapporter à notre Cyprin Mugil.

« Il y a, dit-il, en Languedoc une espèce de Muge qu'on nomme *Same*; il ne diffère du Cabot, que parce que sa tête est un peu moins grosse et son museau plus pointu; on trouve sa chair plus molle, il est sujet à sauter par dessus les filets pour s'échapper; à ces indices le Same paraît être, à peu de chose près, le Mulet dont nous avons parlé plus haut. On en prend dans la Garonne, le Rhône, la Loire; on dit qu'il se nourrit de vase. »

Same étant le nom vulgaire donné au Mulet de mer, *Mugil cephalus*, Linn., pourrait faire soupçonner équivoque de ma part dans la citation que j'extrais du *Traité gén. des Pêches*; mais des noms de poissons de mer ayant été plusieurs fois appliqués à des poissons d'eau douce, il est probable que celui de *Same* a été employé aussi abusivement que ceux de *Cabot*, *Chabot*, *Tétard*, etc.

Gesner, *de Aquatil.*, *p.* 32, sous le titre *De Mugilis vel cephali fluviatilis genere minore quod piscibus albis adnumerandum videtur*, a donné une bonne description de ce poisson, mais sans figure. *Non opus est, dit-il, icone. Nam per omnia capitonem fluviatilem refert, nisi quod minor est.* Voici le texte de Gesner.

Haselæ nostræ (quas cephales aut mugiles fluviatiles minores dixerim, nam fluviatilem cephalum sive Squalum, multo magis quam leucisci supra dicti referunt) pisciculi sunt molles, duos aut tres palmos longi, albicantes, per dorsum in viridi nigricantes, cauda et pinna dorsi glaucis, cæteris rubicundis ; minime lati ;

squamulis tenuibus , argenteis, branchiis ternis. Caro eorum aristis referta est, ut mugilum fluviatilium majorum. Ex his qui in fluvio apud nos capiuntur, oculis rubere audio : qui in lacu non item observavi, postea lacustres superna oculorum parte flavere. Dentes in faucibus utrinque conditos habet ut Capito fluviatilis, in mandibula curva, exteriore ordine quinque majusculos, interim binos minores , omnes ferè in summo leviter aduncos. Parere incipiunt medio aprili vel paulo ante.

Suo tempore (maio et aprili præcipue , deinde junio et julio) satis grati in cibo et salubres habentur. Aliquando vero vermes eis innascuntur (ligulas nostri vocant, *Nestel*) et omnino insalubres fiunt. Hyeme macri sunt ac minimè placent. Fluviatiles etiam lacustribus præferuntur. Elixari debent in vino fervido; circa initium novembris ova in hoc pisce reperi , quæ magis quam piscis placebant.

Haselæ nostræ dentes in faucibus utrinque conditos habet ut capito fluviatilis (Cyprinus dobula) in mandibula curva. Exteriore ordine quinque majusculos , interius binos minores , omnes fere in summo leviter aduncos. Gesner, *de Aquat.*, p. 33, *lin.* 10.

Hermann, *Observ. zoologicæ*, p. 321, dit : « le « poisson appelé *Haesel* à Bâle, *Schnotfisch* à Stras- « bourg, est le *Cyprinus dobula*. » C'est une erreur démontrée par le texte de Gesner, rapporté ci-dessus.

Le *Schnotfisch* des pêcheurs de Strasbourg est mon *Cyprinus mugilis*.

En effet la dénomination allemande *Schnotfisch,* signifie *vil poisson,* c'est-à-dire poisson de nulle valeur, non estimé, comme je l'ai expliqué à l'article Dobule, p. 153, caractère convenant parfaitement au

Cyprinus mugilis, dont on fait peu de cas, comme de toutes les autres espèces du sous-genre *Able*.

XXIV. Le Ryssling [1], *Cyprinus jaculus*, Jurine, *Vandoise* du même, *Hist. des Poiss. du lac Léman*, p. 221, n° 18, *pl.* 14.

Rondelet, *De piscib. fluviatil. lib.*, *cap.* xviii, p. 193, *fig. supérieure.*
Gesner, *de Aquatilibus*, p. 479, Riserle, Ryssling, *fig. passable.*
Meyer, *Représ.*, tom. 2, *pl.* 97. Die *Laugele.*

Ce petit Cyprin, longtemps confondu avec l'Able, auquel il ressemble beaucoup, en diffère par la grandeur (2) de sa nageoire anale qui n'offre que quatorze rayons.

D, 11 : P, 16, 17 : V, 9, 10 : A, 14 : C, 28.
Ligne latérale formée de 44 glandes.

La tête de ce poisson est petite; sa longueur est un peu plus de 3 3/4 dans la longueur du corps; l'ouverture des narines très-ample; l'œil fort grand; l'iris argentin, jaune et pointillé de noir en haut; les mâchoires sont d'égale longueur; et quand la bouche est ouverte, la mâchoire inférieure, qui est ascendante, ne dépasse pas la supérieure, comme chez l'Able. Le corps est plus épais et plus large que celui de l'Able.

Les écailles du dos ont, durant la vie de l'individu, une couleur olivâtre, qui passe promptement au bleu après la mort. Les nageoires à l'époque du frai, au printemps, sont fréquemment lavées d'une teinte rougeâtre.

[1] Pour éviter toute équivoque, j'ai substitué le nom allemand de ce poisson à celui de Vandoise adopté par Jurine.

[2] Dans la Vandoise, l'anale est plus saillante ou plus haute, mais moins étendue ou moins longue que dans l'Ablette, ou l'Able; c'est cette disposition que Jurine appelle grandeur.

La grandeur ordinaire de ce poisson est de quatre pouces, sa largeur est un peu plus de quatre fois dans sa longueur totale.

Péritoine noir comme dans mon *Cyprinus toxostoma*, dont le *Cyprinus jaculus* diffère par la taille, et surtout par la mâchoire inférieure ovale et sans rebord, imitant celle du *Cyprinus mugilis* par sa denture. Aucune des descriptions données par les divers auteurs, (dont Jurine rapporte le texte), du poisson qu'ils appellent *Vandoise*, ne convient à celui dont a parlé Jurine, et qui est le nôtre; la figure de Bloch, qu'il a citée, se rapprocherait plutôt de notre *Cyprinus toxostoma*.

Le petit Cyprin dont nous parlons dans cet article, est connu à Dijon sous le nom de *Seuffe*; et les enfans l'appellent *un Blanc*. Il est très-abondant à l'aval du pont des moulins d'Ouche, à raison du voisinage de la tuerie.

Lorsqu'on veut le pêcher à la ligne, il suffit d'amorcer avec des mouches dont il est très-friand.

La ligne latérale est jaune; elle commence à la partie supérieure de l'ouïe, descendant ensuite pour parcourir le milieu des côtés du poisson. Au dessus de cette ligne on remarque une bande assez large produite par une multitude de points noirs très-fins, placés sur les écailles.

La mâchoire supérieure dépasse un peu l'inférieure, ascendante et ovale; ce qui différencie le *Cyprinus jaculus*, Jurine, du *Cyprinus toxostoma*, auquel on serait tenté de le rapporter, à cause de la couleur noire du Péritoine; mais en comparant la bouche de ces deux poissons, on verra que celle du *Cyprin* bouche-en-croissant est en croissant, avec la lèvre inférieure, bordée; tandis que la bouche de notre Ryssling est ovale, avec la lèvre inférieure sans rebord.

Les dents pharyngiennes, crochues au sommet, sont sur deux rangs au nombre de sept, dont deux sont sur l'intérieur, et les cinq autres sur l'extérieur ; (dans le *Cyprinus toxostoma* , les dents pharyngiennes au nombre de six, sont sécuriformes, et sur un seul rang) ; la cavité de l'os basilaire dans laquelle est sertie la plaque dentaire est en ogive élargi.

La queue du basilaire est en spatule disposée verticalement.

De plus, l'anus est aux 2/3 de la longueur totale du poisson , dont le dos est olivâtre.

Il y a dans les anciens auteurs d'ichthyologie, une si grande confusion dans les dénominations des poissons blancs, que je n'ai pu me décider à rapporter les synonymes d'Aldrovandi et des ichthyologistes subséquens.

Je me suis borné à bien décrire le poisson que j'ai eu sous les yeux. Son frai a lieu au printemps. Ce petit poisson se mange seulement en friture, c'est la seule manière de ne point être incommodé de la multitude de fines arêtes qui en farcissent la chair.

La couleur noire du Péritoine se remarque dans le *Cottus gobio* et dans les athérines , *Cuv.*, *Hist. nat. des Poissons, tom.* x, *p.* 416 ; elle me rappelle que l'Amphacanthe cordonnier , poisson des Sechelles , de l'Ile Bourbon, de la côte de Malabar , a la chair fort bonne quoique noirâtre. *Cuv.*, *op. cit., p.* 149.

Le nom de *Vandoise* me paraît avoir été appliqué à différentes espèces de poissons ; aussi existe-t-il à ce sujet une grande confusion. Aldrovandi, *Hist. Piscium, p.* 606, en fournit la preuve dans le passage suivant :

« *Leuciscus ,* en Français *Vandoise , Vindosa* d'Al-
« bert : sur la Loire et dans le Poitou, on l'appelle un

« *Dard* [1] ; à Lyon *Suiffe* ; sur les bords de quelques
« lacs de Suisse, *Winger* ; en Savoie, *Vengeron* : il
« diffère du *Vangeron* du lac Léman [2], auquel les
« Suisses ont donné un nom à cause de la couleur de
« ses nageoires. »

C'est effectivement, d'après Rondelet, le *Cyprinus*

[1] Vendosia vel Dardus Gallorum pisciculus est quem Argentinæ vocatur ein *Lauck*, Basileæ *Laugele*, à Zug et
Bieg *Winger*, en Savoie *circa Neocomum* Vengeron. (Différent du Vangeron du lac de Genève, qui a les nageoires
rouges, *Cyprinus rutilus.*)

Cum minimis densis agminibus natant, animæ à nostris
dicuntur, aiunt enim pisciculos esse vix longiores palmo,
squamosos, quibus multi abstineant, quod circa latrinas
pascantur.

Ego in faucibus utrinque mandibulam curvam quinis ar-
matam denticulis reperi, ut in Ballero.

Commendantur strigiles aprili et maio mensibus. Memini
etiam februario edisse non insuaves, quo tempore lactes in
mare pleni erant et eodem mense laudantur à nostris.
Gesner, *de Aquat.*, p. 31, 32.

C'est un *Cyprinus jaculus*, Jurine, dans lequel Gesner
n'aura pas vu les deux dents de la rangée intérieure. En effet
Gesner n'indiquait quelquefois que le nombre et la forme
des dents extérieures, comme il est facile de s'en assurer
dans sa description du *Cyprinus erythrophthalmus.*

[2] Vangeron, poisson des lacs de Lausanne et de Neufchâtel. Il a près des ouïes deux nageoires couleur d'or, deux
sous le ventre qui sont jaunes ; un aileron derrière l'anus,
un sur le dos ; celui de la queue est fourchu. Ce poisson a
la figure et la chair semblables à celles de la Carpe. *Encycl.*
méth., *Dict. des Pêches*, p. 293.

Ce Vangeron est le *Cyprinus rutilus*, Linn.

rutilus, Linn. Malgré la distinction faite par Gesner,
du *Vangeron* du lac Léman, (*Cyprinus rutilus*), cet
auteur n'a pas moins, dans cet article, confondu les noms
du *Cyprinus jaculus*, Jurine, et celui de plusieurs
autres poissons.

Le *Cyprinus jaculus*, Jurine, est le *Ryserle*, *Ryssling*
de Gesner, dont la figure convient parfaitement à notre
poisson : mais ce qui ne laisse aucun doute est la
couleur noire du Péritoine.

On trouve dans le Ryssling, le *Triœnophore nodu-*
leux, Dict. Sc. nat., tom. 55, p. 69, 185, pl. 48, fig. 3,
tom. 57, p. 596. Encyclop. méthod., vers, tom. 2,
p. 753, pl. xlix, fig. 12-15.

XXV. L'Able, *Cyprinus alburnus*, Linn., Gmel., S. N., édit. xiii, p. 1434, sp. 24.

Rondelet, *piscium fluviat. lib , cap.* xxxiii, *p.* 208, de Alburno.
Duhamel, *Pêches,* 2ᵉ *part., sect* iii, *p.* 493, *pl.* xxiii, *fig.* 1,
fig. 2, et *p.* 550.
    Bloch . *Ichthyologie,* p. 47, *pl.* viii , *fig.* 4.
    Bonnaterre, *Tableau encyclopédique des trois règnes. Ichthyol.,*
pl. 83 , *fig.* 343.
    Jurine, *Hist. des Poissons du lac Léman,* p. 219, n° 17, *pl.* 14.
Nouv. Dict. d'Hist. nat., édit. 2, tom. 1 , p. 50, tom. 9, p. 76.
    Dict. Sc. nat., tom. 1, *suppl.,* p. 4, *Atlas icht.,* pl. 70, *fig.* 2,
tom. 15, p. 364.
    Hermann , *Observat. zoologicæ,* p. 326. *Cyprinus alburnus.*

Ce poisson, dont il faut 20,000 pour obtenir une livre
d'essence d'Orient, a reçu les noms d'*Ablette*, [1] *Ablet*,
Aubet, du mot latin *Albus*.

[1] Il y a quelques autres espèces de poissons que le peuple
nomme *Ablettes;* ce ne peut être qu'à cause de leur blancheur et de l'argent de leurs écailles, dit Delisle de Sales,
auteur anonyme du *Dict. théor. et pratique de Chasse et*
de Pêche, tom. 1 , p. 3.

On le reconnaît à son corps étroit , argenté , brillant. Les mâchoires sont égales quand la bouche est fermée, et quand elle est ouverte , la mâchoire inférieure, qui était ascendante, dépasse la supérieure ; le front est droit, les nageoires sont pâles, le rayon antérieur de la nageoire pectorale est jaunâtre.

La nageoire anale, à 21 rayons, suffit pour distinguer ce poisson de celui appelé par nos pêcheurs sur le pont de l'Ouche , *Seufle,* et avec lequel, à raison de sa taille qui est aussi de 4 pouces, on pourrait le confondre ; mais la *Seufle* ayant son péritoine noir , et seulement 10 rayons à la nageoire anale, est suffisamment distinguée de l'Able.

Artedi , dans la diagnose de l'Able , donne 20 rayons à l'anale qui se fait remarquer par sa longueur, et 21 dans la description *Ichthyol. , part.* v , *p.* 17 , *sp.* 7.

La dorsale est située bien en arrière des ventrales ; la caudale est profondément échancrée.

La ligne latérale descendante antérieurement , droite postérieurement , paraît dorée sous un certain jour sur le poisson vivant ; les écailles finement striées, adhèrent peu à la peau et tombent au moindre attouchement.

La taille ordinaire de l'Able est communément de quatre pouces ; elle atteint rarement celle de six pouces ; [1] cependant je viens de voir un Able de 5 pouces 3/4. La longueur de la tête était 3 3/4 dans la longueur du corps ; la largeur de cet échantillon était un peu

---

[1] l'Able de Willughby, long de 6 pouces , large de deux , à dents comme la Carpe , plus longues et plus aiguës ; à palais garni d'un os triangulaire , cité dans l'*Encycl. méthod. , Hist. nat. , tom.* 3 , *p.* 3 , est-il le même que le *Cyprinus alburnus ?* Cela me paraît très-douteux.

plus de quatre fois dans sa longueur totale. Duhamel a donné à l'*Able* les noms d'*Ablette, Ovelle* [1], *Albula minor,* ou *Alburnus.* Voyez *Pêches,* 2ᵉ *part., sect.* 3, *p.* 493, et 11ᵉ *part., sect.* 11ᵉ, *p.* 229 ; le même auteur dit : « l'Able est un petit poisson blanc qu'on prend au « haut de la Seine, et qu'on nomme à cause de la res- « semblance, mais mal à propos, *Eperlan* [2] *d'eau* « *douce.* »

« L'Ablette, dit Gesner, *de Aquatil., p.* 27, est un « poisson de rivière de la grandeur du doigt, semblable « aux petites aphyes [3] ; il est vorace et se laisse facile- « ment prendre à l'hameçon. Est-il le même que ces « petits poissons appelés en France des *Blanches,* à « cause de leur couleur et de leurs écailles [4] argentées « qui tombent au plus léger contact ? »

---

[1] Ce nom d'*Ovelle* vient , dit Gesner, *de Aquatil., p.* 43ı , *lin.* 56 , de ce que ce poisson a des œufs en tout temps.

[2] Ne s'agirait-il pas du *Spirlin ?* que Duhamel appelle *Able bordé,* et qu'il dit , mais à tort, être une simple va- riété accidentelle de l'*Able.* Il en est, suivant les pêcheurs, une espèce qui porte une raie sur les parties latérales, c'est l'*Able rayé ;* on le rejette parce que la couleur des écailles de cette raie ternirait l'essence d'Orient. Cet Able rayé est le *Spirlin.*

[3] C'est sans doute à raison de cette ressemblance que J. Hermann , *Observ. zoolog., p.* 319, a désigné, suivant les naturalistes de Strasbourg, de jeunes Ablettes sous le nom de *Cyprinus aphya,* à moins que sous ce nom il n'ait voulu parler du *Cyprinus jaculus* de Jurine.

[4] Les cannelures des écailles de l'Able, dit Réaumur, sont au nombre de dix, dont six en éventail, tournées du côté

Marsigli, *Danubius pannonicus*, tom. iv, p. 54,
tab. xviii, *fig.* 2, parle de l'Ablette sous le nom de
Phoxinus squamosus, I^us. Suivant Bloch, ce poisson,
outre les noms dont nous avons parlé, porterait encore
en France celui de *Borde*; à Genève on l'appelle *Rondion*
ou *Mange-Merde*; dans le canton de Vaud et en Savoie,
il porte le nom de *Blanchet, Blanchaille, Sardine.*

Ce dernier nom ne serait-il pas la cause de celui
porté sous le n° 18 du tableau des poissons des environs d'Aix, inséré dans le *Manuel de l'étranger aux
Eaux d'Aix en Savoie, par le docteur Despine fils,*
1834, *p.* 8, et mentionné ci-dessus, *p.* 10?

On y lit : Sardine, *Clupea sardinia,* le lac, *Mirandele,*
vulg. [1]

de la queue, et quatre du côté de la tête. *Act. Paris.*, 1716,
p. 236. On distingue sur l'Able deux lignes latérales ponc-
tuées, *ibid.*, signalées déjà par Rondelet, et revues par moi.

Dans son curieux Mémoire, Réaumur rappelle, *p.* 242,
« un insecte qui se loge volontiers dans les livres rarement
feuilletés, ressemblant fort aux Ables par sa couleur argentée, et qui en a aussi quelque air par sa figure, à ses
jambes près. Son corps est couvert d'écailles qui se déposent
sur les doigts qui le touchent. »

Cet insecte, appelé vulgairement *Poisson d'argent,* est
la Forbicine, *Lepisma saccharina,* Linn., indiquée par Aldrovandi, *de Insect., p.* 570, n° 5.

[1] La Sardine, étant un poisson de mer non anadrome,
ne peut se trouver dans le lac du Bourget. La Sardine de ce
lac est ou l'*Able* ou le *Cyprinus agone,* Scopoli, *Deliciæ
Flor. et Faun. Insubriae,* 1786, *part.* 1, *p.* 71, dont je
donne le texte à l'article *Clupea Sardinella.*

C'est aux naturalistes d'Aix à nous apprendre auquel de
ces deux poissons doit être rapportée leur Sardine.

Je serais tenté de le croire d'après la remarque suivante faite par Jurine. « L'Able, dit ce savant, porte « aux environs de Vevay le nom de *Naze.* » *Hist. des Poissons du lac Léman,* p. 221. Razoumowsky, *Hist. nat. du Jorat,* 1789, tom. 1, p. 132, § 45, en a conclu que le *Cyprinus nasus* se trouvait dans le lac de Neufchâtel.

Des équivoques de cette nature se retrouvent dans tous les livres qui sont faits à coups de ciseaux, et dont les auteurs n'ont jamais vu les objets dont ils parlent.

L'Able est la proie des poissons voraces, et employé comme appât pour les prendre; comme il a beaucoup d'arêtes, il n'est acheté que par les gens du peuple qui le mangent en friture. Sa chair est d'assez bon goût, quoique peu estimée.

On compte 11 rayons dans la nageoire dorsale; 16 dans les pectorales; 9 dans les ventrales; 21 dans l'anale; et 24 dans la caudale.

L'appareil dentaire pharyngien de l'Ablette se reconnaît aux caractères suivans :

Plaque [1] sertie dans l'espace pentagonal alongé de l'os basilaire, dont le prolongement dorsal est de champ et spatuliforme.

Les dents minces et aigues, au nombre de six, sont placées sur deux rangs : savoir, quatre à l'extérieur, et deux à l'intérieur.

Le péritoine nacré est piqueté de points noirs.

Les Ables fraient en mai et juin, près du rivage, où

---

[1] Cette plaque, qui adhère au basilaire par une membrane intermédiaire, se détache facilement par la cuisson et tombe lorsqu'on enlève les chairs pour dénuder l'os. Cela arrive pour tous les Cyprins, dans la même circonstance.

ils se rassemblent en troupe ; à cette époque on voit, chez les mâles, le dessus de la tête, du dos et même des opercules, hérissé de petites aspérités qui transforment la surface de ces parties en une espèce de râpe.

Tous les ans, à l'époque du frai, des particuliers de Lyon viennent dans notre département pêcher les *Ables* [1], pour s'en procurer les écailles, dont ils tirent l'essence d'Orient, (conservée par l'ammoniaque liquide), et employée pour la fabrication des fausses perles [2], genre d'industrie découvert en 1680 par un

[1] Les particuliers dont nous parlons rejettent avec soin l'*Able rayé*, c'est-à-dire le Spirlin, *Cyprinus bipunctatus*.

[2] L'*Argentina sphyrœna* est employée en Italie pour colorer les fausses perles.

C'est le derme qui sécrète sous les écailles cette matière d'un éclat métallique argenté, qui rend tant de poissons si brillans ; elle se compose de petites lames pâles comme de l'argent bruni, qui se laissent enlever par le lavage soit de la peau, soit de l'écaille, dont elles vernissent la face inférieure. C'est cette matière qui colore les fausses perles. Voyez le Mémoire de Réaumur à ce sujet dans les *Act. Paris.*, 1716, *p.* 229.

Il se sécrète aussi de cette matière argentée dans beaucoup de poissons, dans l'épaisseur du péritoine et des enveloppes que le péritoine fournit à certains viscères, particulièrement à la vessie natatoire. Cuvier, *Hist. nat. des Poiss.*, tom. 1, *p.* 483.

Il se sécrète aussi de cette matière argentée dans l'interstice des muscles : je l'ai retrouvée sur les os de la mâchoire inférieure de l'Alose et dans beaucoup d'autres poissons ; d'où je conclus que les membranes muqueuses sont les organes dans lesquels se sécrète la matière nacrée.

Parisien nommé Jacquin [1], ainsi qu'en a acquis la certitude J. Hermann, *Observat. zoologicæ*, p. 327.

Les Lyonnais, après avoir détaché les écailles, abandonnent sur le rivage les corps dépouillés de l'Able ; sa décomposition, excessivement rapide, répand dans le voisinage une infection épouvantable, qu'un prompt enfouissement préviendrait efficacement en procurant un engrais avantageux.

L'Able est tourmentée quelquefois par la Ligule très-simple.

XXVI. Le SPIRLIN [2], *Cyprinus bipunctatus*, Bloch, Gmel., Syst. nat., édit. XIII, p. 1433, sp. 48.

Bloch, *Ichthyologie*, *part.* 1, *p.* 43, *pl.* VIII, *fig.* 1.
Bonnaterre, *Tableau encycl. des trois Règnes*, icthyologie, *pl.* 82, *fig.* 340.
Jurine, *Hist. des poiss. du lac Léman*, p. 226. n° 19, *pl.* 14.
Rondelet, *de Piscib. fluviatil. lib.*, *cap.* XVIII, p. 193, *fig. infer.* Fritou.
Gesner, *De Aquatil.*, *p.* 844, Phoxinus squamosus.

[1] Dans le *Dict. des Sciences natur.*, *tom.* 15, *p.* 365, on appelle ce Parisien Janin, parce qu'on s'est contenté de copier la faute typographique du *Dictionnaire du Commerce de Savary* ; car, dit J. Hermann, j'ai souvent entendu donner le nom de *Jacquin*, au fils de l'inventeur. L'assertion d'Hermann est d'ailleurs confirmée par le témoignage plus ancien de l'*Encycl. méth.*, *Dictionn. des Arts et Métiers*, *tom* 2, 1783, *p.* 420.

[2] Bloch, *Ichthyologie*, *part.* 1, *p.* 44, a dit : « M. Her-« mann, professeur à Strasbourg, m'a envoyé ce poisson « sous le nom de *Spirlin* »

Dans ses *Observat. zoolog.*, *p.* 320, Hermann assure n'avoir jamais envoyé à Bloch de *Cyprinus bipunctatus*, ne connaissant ni ce poisson ni le nom de *Spirlin*.

Lacépède, *Hist. nat. des poissons, tom.* XI, *p.* 67.

Cuvier, *Règne anim.*, *édit.* 2, *tom.* 2, *p.* 276. Le Spirlin ou Eper-lan de Seine.

Ce poisson, dont la taille est d'environ 3 pouces, m'a été donné par le pêcheur Reverdy, sous le nom de *Vairon de Saône.*

On le connaît aux environs de Pontailler sous les noms de *Lugnote* ou *Lignotte*, à cause de sa ligne laté-rale fortement caractérisée, ce qui l'a fait aussi appeler *Able rayé* ou *Able bordé.*

« Quelques-uns nomment *Ables bordés* [1] ceux où la partie colorée a plus d'étendue, et ils prétendent qu'ils sont moins alongés. J'avoue que je n'ai pas aperçu sen-siblement cette différence. » *Duham., pag.* 433.

Dans les environs de Dijon, les enfans le nomment *Poisson blanc,* et quelques pêcheurs, *Eperlan.* Un autre pêcheur me l'a donné sous le nom de *Chérin.*

A Genève, on l'appelle *Platet*; à Coppet, *Boroche.*

Ce poisson est assez semblable à l'Ablette ; il en dif-fère par beaucoup de caractères, et entr'autres par deux points noirs sur chacune des écailles de la ligne latérale.

Sa mâchoire inférieure, ascendante, est recouverte par la supérieure lorsque la bouche est fermée ; ses na-geoires sont orangées à leur base ; les yeux sont grands ; le corps est aplati ; les écailles sont grandes et sillonnées ; une double rangée de points noirs accompagne les écailles de la ligne latérale sinueuse et arquée.

La dorsale, composée de 10 rayons, est en arrière des ventrales, qui en ont 9 : pectorales, 16 : anale, rouge à sa base, 18 : caudale, XXIV–XXVI.

[1] L'Able bordé a le corps moins alongé que l'Able. *Du-hamel,* 2ᵉ *part., sect.* III, *p.* 493. Contradiction du texte.

La longueur de la tête est 3 1/2 fois dans celle du corps; la largeur du Spirlin est 3 fois 1/2 dans sa longueur totale.

Le Spirlin a 33 vertèbres et 15 paires de côtes. Le péritoine est nacré et piqueté de points noirs petits et rares.

Lacépède, *Hist. nat. des Poiss.*, édit. in-12, tom. XI, p. 67, se borne à copier Bloch plus ou moins exactement.

Bosc, *Nouv. Dict. d'Hist. nat.*, édit. 2, tom. 9, p. 76, copie Lacépède.

Dans le *Dict. des Sc. nat.*, tom. 50, p. 295, on se borne à dire :

Spirlin, nom spécifique d'un Cyprin, *Cyprinus bipunctatus*, du genre des Ables.

Rondelet, *de Piscib. fluviat. lib.*, cap. XVIII, p. 193, *fig. infer.*, parle d'un petit poisson appelé à Lyon *Fritou* et *Friteau*, semblable au *Siego*, mais plus petit. Sa taille n'excède pas trois pouces; il est commun dans la Saône. *Loc. cit.*

Dalechamp avait envoyé à Gesner deux *Fretus*, *Friton* et *Friteau* salés. *Nomencl.*, p. 306.

Ce poisson, jusqu'à ce jour, n'a pas été reconnu par les naturalistes. Tous les auteurs d'Ichthyologie se sont bornés à copier Rondelet; loin d'éclaircir le passage ils l'ont embrouillé.

« Le *Friton* ou *Fritan*, est le nom qu'on donne à « Lyon, dit Rondelet, *chap.* 15, *trad. franç.*, à un « petit poisson semblable au *Siège*. » Alléon Dulac, *Hist. nat. du Lyonnais*, tom. 1, p. 158.

« *Fritons* ou *Friteaux*. On nomme ainsi en Lan- « guedoc, suivant Rondelet, les petits *Sièges*, poisson

« qui tient beaucoup du Gardon ou de la Vandoise. »
Duham., *Pêches*, ııᵉ *part.*, *sect.* ııı, *p.* 566.

Dans cette citation, Duhamel a erré : les noms de *Fritons* (il faut lire *Fritous*), ou *Friteaux*, sont employés à Lyon et non en Languedoc. Rondelet n'a point dit que les petits *Sièges* étaient appelés *Fritous*; il a dit seulement dans le chapitre cité : « Le *Siego* appartient « au genre des Mugiles, de même que ce petit poisson « appelé à Lyon *Fritou* et *Friteau*. »

Lacépède et les *Dict. d'Hist. nat.* les plus modernes (excepté celui de Lachenaye des Bois, tom. 2, p. 228), ne parlent point du *Fritou* ou *Friteau*. Ces noms ont un certain rapport avec *fretin*, mot employé pour désigner des choses de peu de valeur, et appliqué plus particulièrement aux petits poissons en général, sans doute parce qu'on les mange frits.

La chair du Spirlin est blanche, d'un bon goût, et se mange ordinairement en friture.

Ce poisson se plaît dans les ruisseaux d'eau vive et courante; il joue à leur surface; il fraie dans le mois de mai; alors il cherche les endroits les plus rapides, afin de se frotter contre les petits cailloux. Hors ce temps, il se tient continuellement à la surface de l'eau. Il se nourrit d'herbes, de vers, et sert de nourriture à la Truite.

On le trouve dans la Saône, dans l'Ouche, etc.

Il vit longtemps dans des bocaux de verre, dont on renouvelle l'eau, et alors on l'entretient avec des substances végétales.

La mâchoire pharyngienne supérieure offre une plaque sertie dans la cavité pentagonale élargie de l'os basilaire, dont le prolongement, placé de champ, est ovoïde.

Les dents pharyngiennes inférieures sont au nombre

de sept, dont cinq sur le rang extérieur, et deux sur le rang intérieur; elles sont crochues au sommet.

Je ne sais pourquoi Cuvier, *Anat. comp.*, tom. 3, p. 191, ne donne que cinq dents au *Cyprinus bipunctatus*; il n'aura, sans doute, examiné qu'un individu, chez lequel des dents étaient tombées, ainsi que je l'ai vu moi-même sur une des mâchoires d'un des Spirlins qui m'ont servi à faire ma description.

Duhamel a parlé du Spirlin, dont la ligne latérale, formée d'une suite de points géminés, imite effectivement une sorte de bordure. Il le désigne sous le nom d'*Able bordé.*

XXVII. Le Vairon, *Cyprinus phoxinus*, Linn., Gmel., p. 1422, sp. 10.

Bloch, *Ichthyol.*, part. 1, p. 51, pl. viii, *fig.* 5.

Jurine, *Histoire des Poissons du lac Léman*, p. 229, n° 20, pl. 14.

Duhamel, *Pêches*, 2ᵉ part., sect. iii, p. 515, pl. xxvi, *fig.* 7.

Bonnaterre, *Tableau Encycl. ichthyol.*, pl. 79, *fig.* 328.

Lacépède, *Hist. nat. Poissons*, tom. x, p. 387.

Rondelet, *de Pisc. fluv. lib.*, cap. xxix, p. 205, de Pisciculo vario.

Meyer, *Représ.*, tom. 2, tab. 96, *fig. infér.*

Gesner, *de Aquatilib.*, p. 841.

Aldrovandi, *De piscib.*, lib. v, cap. x, p. 582.

Nouv. Dict. d'Hist. nat, édit. 2, tom. ix, p. 71.

J. Hermann, *Observat. zoolog.*, p. 318.

D. 9. P. 14. V. 8. A. 10. C. 26-28.

Le nom français de ce poisson lui vient de la variété de ses couleurs, *pisciculus varius*, disent les anciens; et nullement, comme le dit Duhamel, parce qu'il est de la grosseur à peu près d'un ver. Cet auteur, trompé par son orthographe, a écrit Véron, et de là est tombé à son étymologie; il aurait dû indiquer le ver dont la grosseur peut servir de comparaison à celle du Vairon.

Il est surprenant qu'un poisson, aussi commun et aussi bien caractérisé par ses écailles fort petites, pointillées de noir et irisées, par la variété de couleur des cinq bandes longitudinales des côtés du corps, ait été confondu avec d'autres ; cela vient, comme Cuvier, *Hist. nat. des poissons, tom.* 10, *p.* 423, l'a fait observer relativement à Lacépède, de l'habitude où l'on est de faire des livres avec des livres, et de ne pas étudier les objets dont on parle.

Dans le *Dict. des sciences naturelles, tom.* 1, *suppl.,* *p.* 4, en parlant du Véron, *Leuciscus phoxinus,* il est dit : « Sa chair est amère. » Cette assertion n'a d'autre autorité que le passage suivant de Duhamel : « Le « Véron a quelquefois deux pouces et demi de longueur; « on dit que sa chair est toujours un peu amère, peut- « être parce qu'on a de la peine à vider ce poisson sans « rompre la vésicule du fiel. » *Pêches,* 2ᵉ *part.,* *p.* 515.

Duhamel dans ce passage a confondu le Vairon avec la *Bouvière* ou *Peteuse, Cyprinus amarus,* Bloch [1].

La chair du Vairon est au contraire fort délicate, comme l'a dit Rondelet depuis long-temps. *Fellis multum habet, quare non nisi evisceratus coquendus..... Carne est molli et suavi.* Aussi a-t-on soin de vider ce poisson avant de le préparer pour la table.

Duhamel ne s'est pas contenté de confondre les propriétés du Vairon avec celles de la Bouvière ; trompé

---

[1] Si Duhamel eût recouru à Artédi, *Ichthyol., pars* v, *p.* 11, *sp.* 20, il aurait promptement reconnu le Goujon, appelé par Schonevelde, *Ichthyol., p.* 35, *Fundulus,* Gallis *Govian,* Ital. *Vairon,* Angl. *Gudgion.* Artédi, par erreur sans doute, a dit : Gallis *Gonion* et *Vairon.*

par le mot *Phoxinus* donné par Rondelet à la *Rosière*, et par Linné au *Vairon*, il a encore sous ce dernier nom rangé un autre poisson, qui, d'après sa détermination, a fait naître un nouvel embarras, ainsi qu'il est aisé de s'en assurer par les passages suivans :

« Véron, petit poisson de rivière, qui n'est pas le « Vairon dont nous avons parlé, quoiqu'il ait des rap- « ports avec lui. » *Dict. théor. et prat. de chasse et de pêche* (par Delisle de Sales), 1769, *tom.* 2, *p.* 418.

« Vairon, petit poisson blanc et à nageoires molles, « qu'on pêche dans les rivières; c'est une espèce de « Goujon. » *Tom.* 2, *p.* 413 ; *tom.* 1, *p.* 452.

La variété de couleur offerte par le Vairon, *Cyprinus phoxinus*, Lin., et par le Goujon, *Cyprinus gobius*, Lin., est la cause du même nom donné à deux poissons très différens. Ce qui a engagé Gesner à dire : Galli veronem suum digiti (palmi minoris) longitudine faciunt.

Aussi Delisle de Sales, sous le titre *Véron*, indique le *Cyprinus phoxinus*, et sous celui de *Vairon*, le *Cyprinus gobio*, Lin.

« Artedi semble penser qu'il y a des Vérons de cinq « pouces de longueur ; je n'en ai point vu qui approche « de cette grandeur, ce qui me fait croire qu'il veut « parler de la Rose ou Rosière de Picardie, qui, sui- « vant Gesner, est un poisson à écailles assez ressemblant « au Goujon, et qui a quelquefois un demi-pied de « longueur : le corps est un peu aplati, l'iris des « yeux jaunes; suivant lui, les plus petits ont des œufs; « il me paraît que toutes ces choses établissent plus de « ressemblance avec le Goujon, qu'avec le Vairon que « nous avons décrit. » *Duham.*, *Traité des pêches*, IIᵉ *part.*, *sect.* III, *p.* 515-516.

Duhamel a très bien vu.

« Les Vairons de cinq pouces [1] , suivant Artedi, dit
« Duhamel, sont des *Roses* ou *Rosières de Picardie,*
« décrites par Rondelet, *de piscibus fluviatilibus liber.,*
« *cap.* xxviii, *p.* 205, Phoxinus, Rosière, dont Gesner,
« *de aquatilibus,* p. 27, rapporte les termes, et p. 844,
« donne une nouvelle description sous le titre *Bambele;*
« ces *Roses* ou *Rosières,* suivant Gesner, ressemblent
« au Goujon. » *Duhamel, pêches,* 2ᵉ *partie, p.* 516.

Aussi dans le *Dict. des Sciences naturelles, tom.* 3,
suppl., p. 174, on lit :

« Bambele (Ichthyol.). Dans le canton de Zurich,
« on appelle ainsi une espèce d'Able, très voisine du
« Véron (*Leuciscus phoxinus*). Voyez Able. »

N. B. Il n'est pas question de Bambele dans l'art. Able
où l'on est renvoyé.

« Rosière (*Ichthyol.*), un des noms vulgaires du
« Véron. Voyez ce mot et Able, dans le supplément du
« tom. 1 de ce Dictionnaire. » *D. S. N., t.* 46 , *p.* 291.

Dans ces deux articles, *Able* et *Bambèle,* le nom de
Rosière n'est pas rappelé.

On a eu tort dans le *Dict. des Sc. nat.,* de donner le
nom de *Rosière,* comme un des vulgaires du Vairon.

Pour débrouiller cette confusion il faut recourir aux
texte originaux et les comparer.

Quelquefois d'après la remarque de Raj, Rondelet a
parlé dans plusieurs endroits d'un même poisson sous
différens noms. *Artedi, Bibl. Ichthy., p.* 26.

Revenons actuellement au Vairon, dont la discussion
précédente nous avait écarté.

---

[1] Il est facile de distinguer le Vairon (sous-genre Able)
de la Bouvière (sous-genre Cyprin). Les caractères essen-
tiels sont très-différens.

Ce petit poisson, dit Rondelet, ressemble par la figure de son corps au *Cephalus fluviatilis*, Rond., *de Piscib. fluv. lib.*, *cap.* xv, *p.* 190, le Chevanne, *Cyprinus dobula*. La variété de couleur répandue sur sa robe a été signalée par tous les observateurs, et c'est elle qui a engagé Pazumot à signaler les Vairons sous le nom de *petits Poissons de la belle fontaine de Vermanton*, comme je l'ai déjà fait observer dans les *Act. Divion.*, 1827, *p.* 71.

Le Botriocéphale du Phoxin attaque le Vairon. *Dict. Sc. nat.*, *tom.* 57, *p.* 71.

Le Vairon se nourrit de vers, de larves d'insectes aquatiques, de substances animales et végétales en décomposition; il fraie à la fin du printemps, Bloch dit à la fin de juin, et périt aussitôt qu'il est hors de l'eau ; sa taille surpasse rarement deux pouces et demi. Il préfère les petits ruisseaux où il ne trouve pas autant d'ennemis que dans les rivières. Pendant l'hiver, il se cache au fond de l'eau autour des herbes qui y croissent; aussitôt que l'atmosphère est réchauffée par les rayons solaires, les Vairons viennent en troupe, se jouer à la surface de l'eau en s'élançant souvent au dessus; ce qui fait, dit Jurine, que lorsqu'on veut les conserver dans des bocaux, où ils vivent fort longtemps, il faut avoir l'attention de les couvrir. Dans les beaux jours d'été, lorsque le ruisseau qui traverse le jardin botanique n'est pas à sec, on peut se procurer le spectacle des jeux du Vairon au dessous du dernier barrage ; on voit les Vairons en troupe se presser en foule contre ce barrage, afin de jouir de l'eau qui s'échappe en cascade, et plusieurs d'entre eux s'élancent au dessus de la surface de l'eau, retombent et recommencent le même jeu.

Le Vairon aime beaucoup à remonter le cours des

ruisseaux , et à recevoir de la nouvelle eau : aussi dans le grand bassin du Jardin Botanique , on les voit, réunis en masse considérable, se porter continuellement contre le grillage globuleux placé à l'extrémité du conduit qui l'alimente , lorsque les fontaines des Chartreux ne sont pas taries , ou plutôt , ne sont point rendues mal saines , par la quantité de savon employée par les laveuses; car dans ce dernier cas , presque tous ces poissons meurent, et on voit leurs cadavres flotter à la surface de l'eau.

L'étang de la Valduc , à deux lieues de la ville de Martigue en Languedoc , renferme , suivant Foderé , une espèce de petits poissons de la grosseur du petit doigt , le seul qui puisse y subsister , dont le frai très-abondant recouvre quelquefois une partie de la chaussée. *Montfalcon, Hist. méd. des mar.*, 1826, 2ᵉ éd., p. 70 (1).

Ne serait-ce pas le Vairon ?

Pazumot, *Nouv. Mém. Acad. de Dijon*, 1782, 2ᵉ *semestre, p.* 114, parle des petits poissons de la belle fontaine de Vermanton, sans leur donner de nom. Ces petits poissons sont des Vairons, comme il est facile de s'en assurer. Le Péritoine nacré des Vairons est piqueté de très-petits points noirs.

L'appareil dentaire pharyngien du Vairon présente sur l'apophyse de l'os basilaire , un cavité pentagonale , aussi large que longue. Le prolongement postérieur de l'apophyse est en forme de sabre tronqué.

Les dents pharyngiennes inférieures sont crochues , au nombre de six à chaque mâchoire , et disposées sur deux rangs; l'extérieur montre quatre dents, et l'intérieur, deux beaucoup plus petites, plus minces, que la loupe fait distinguer très-facilement.

Sur une mâchoire j'ai vu seulement trois dents au rang externe, et une au rang interne.

Sur d'autres, j'ai vu cinq dents extérieures et une intérieure. D'autres fois il y a quatre dents extérieures et seulement une intérieure.

Le Vairon de la Bèze a le dessous de la mâchoire inférieure noir. Au mois d'avril on voit sur la tête du mâle des petites épines coniques ; j'ai revu à la fin de mai ces mêmes caractères sur des Vairons pris dans l'Ouche, à l'aval du pont de l'hôpital. Un mâle avait sur la tête une multitude de ces petites épines coniques, si remarquables sur la majeure partie des mâles du genre Cyprin, à l'époque du frai.

« Véron, petit poisson de rivière , différent du Vairon dont nous avons parlé ; il ressemble assez pour la forme du corps , à un petit Gardon ; mais il en diffère beaucoup par les couleurs, qui sont très-brillantes, surtout dans le temps du frai.... Ces couleurs appartiennent à la peau , car il n'a pas d'écailles. » *Encycl. méthod., Dict. des Pêches , p.* 293.

De cette description , il faut conclure que l'auteur n'avait jamais vu de Véron.

Genre des LOCHES *ou* DORMILLES, *Cobitis*, Linn. *Drumilles ,* dans quelques parties du Dauphiné.

Bloch , *Ichthyologie , part.* 1 , *p.* 172.

Tête petite , corps alongé , revêtu de petites écailles et enduit de mucosité ; les ventrales fort en arrière et au-dessus d'elles une seule petite dorsale ; la bouche au bout du museau , peu fendue , sans dents , mais entourée de lèvres propres à sucer , et de barbillons.

Les Loches sont sujettes à la *ligula abdominalis,* Bloch, Gmel. , S. N., XIII, p. 3043 , sp. 2, a. *Ligule très-simple ,* Encyclop. méthod., Vers , tom. 2, p. 494, sp. 6 ; Dict. Sc. nat. , tom. XXVI, p. 403, LVII, 611. Atlas , Vers, pl. 46, fig. 5.

XXVIII. La Loche franche, *Cobitis barbatula*, Linn.,
Gmel., S. N., édit. xiii, p. 1348, sp. 2.

Bloch, *Ichthyol.*, *part.* 1, p. 179, *pl.* xxxi, *fig.* 3.
Jurine, *Hist. des poissons du lac Léman*, p. 156, *nº* 5, *pl.* 2.
Marsili, *Danub.*, *tom.* iv, p. 24, *tab.* ix, *fig.* 1. *De* Cobitide
fluviatili, p. 74, *tab.* xxv, *fig.* 1, Fundulus.
Bonnaterre, *Tableau encyclop.*, *ichthyol.*, *pl.* 61, *fig.* 241.
Lacépède, *Hist. nat. des poiss.*, *tom.* ix, *p.* 10.
Rondelet, *De piscibus fluv. lib.*, *cap.* xxvii, [1] p. 204. Barbatula.
Cap. xxvi, p. 203, *de* Cobite fluviatili ; la figure ne convient guère,
à raison de l'absence des barbillons.
Belon, *Lochia pinguis. Dromilla.*
Aldrovandi, *de Piscib.*, *lib.* v, *cap.* xxix, p. 616. *De* Cobite
fluviatili. *Cap.* xxxi, p. 618. *De* Cobite barbatula.
Meyer, *Représ.*, *tom.* 1, *pl.* 74, *fig. infér.* die Grundel.
Dict. des sc. nat., *tom.* ix, p. 484. *Atlas. Ichthyol.*, *pl.* 67, *fig.* 1.
Nouv. Dict. d'hist. nat., *édit.* 2, *tom.* vii, p. 236.
Duhamel, *Traité général des Pêches*, 11e *part.*, *sect.* iii, *p.*
521, *pl.* xxvii, *fig.* 4.
Dans quelques communes du Lyonnais, *Barbou.*

40 vertèbres, 20 paires de côtes.

D. 10 : P. 11 : V. 7 : A. 7-8 : C. 24-26.

Ce poisson est appelé *Dormille*, [2] *Baromètre*, [3] à

---

[1] La figure supérieure de ce chapitre a une grande ressemblance avec celle du Gobioïde Broussonnet, donnée dans le
Nouv. Dict. d'Hist. nat., *édit.* 2, *tom.* xii, *p.* 454, *pl.*
D. 32, *fig.* 7. L'arcure de la nageoire de la queue, fort
prononcée dans la figure donnée par Rondelet, ne s'observe
pas dans le dessin du Gobioïde.

La figure aura peut-être été déplacée, comme il y en a
plusieurs exemples dans l'ouvrage de Rondelet ; cependant
on y voit figuré l'aiguillon de la *Perce.*

[2] Avant les travaux de Gesner, la Moutelle s'appelait
déjà Dormille sur les bords du lac de Genève.

[3] Le nom de *Baromètre* a été donné à la *Loche franche*,
parce qu'à l'approche de l'orage elle se tient à la surface de

Genève; *Gremeliette*, à Rolle; *Moutaile, Motaile de ruis-*
seau, à Lutry ; *Moustache, petit Barbot*, à Versoix et à

l'eau pour saisir les moucherons qui s'en rapprochent davantage, ainsi que le dit Jurine.

Cette habitude ne dépendrait-elle pas plutôt de l'organisation de la Loche qui la rendrait très sensible aux vicissi-
tudes de l'atmosphère? On observe un pareil effet dans un
de ses congénères, le Misgurne, *Cobitis fossilis*, Linn. ,
Loche d'étang, Bloch, *Ichthyol.*, *part.* 1, *p.* 173, *pl.* xxxi,
fig. 1 ; Lacépède, ix, *p.* 22 ; Misgurne fossile ,applée *Ba-*
romètre vivant, que, par un lapsus calami, Linné, *S. N.*,
éd. xii, *p.* 500, a dit *Thermometrum vivum*, désigné par
Frisch, Miscell. Berolin., *tom.* vi, *p.* 119, *Tab.* iv, *n° 2*,
sous le nom de *Lampetra barbata.*

Ce poisson monte à la surface de l'eau, l'agite et la trouble au moment de l'orage ; et cette habitude le fait conserver, dans un vase plein d'eau, dans plusieurs officines de
pharmaciens allemands ; il est appelé par Cuvier *Loche*
d'étang, dans son *Règne animal, éd.* 2, *tom.* 2, *p.* 278.
Sa robe bleuâtre, chargée latéralement de cinq lignes noires
longitudinales, distingue cette espèce de ses congénères.

Le Misgurne, *Cobitis fossilis*, Linn., J. Hermann, *Obs.*
zoologicae, p. 307, avale sans cesse de l'air atmosphérique,
en convertit l'oxigène en acide carbonique, en le faisant
passer au travers de ses intestins ; il le rend par l'anus. On
peut consulter les curieuses expériences de M. Ehrmann à
ce sujet. Voyez Cuvier , *Hist. nat. des Poissons, tom.* 1, *p.*
519, et *Règne animal, éd.* 2, *tom.* 2, *p.* 278.

Dans tous les poissons, il se fait à la peau et sous les
écailles une transmutation semblable. *Ibid.*

Gabriel Clauder a donné à ce poisson, bien représenté
par Meyer, *tom.* 2, *pl.* 95, le nom de *Thermometrum vi-*
vum , parce que, dit il, lorsque la température de l'atmosphère doit varier du chaud au froid ou du froid au chaud,

St.-Prix ; *Gaul,* à Strasbourg. J. Hermann , *Observ.*
zoolog. , p. 3o7.

Dans notre pays on lui donne le nom de *Moutelle,*
parce qu'à raison de sa forme et des couleurs de sa
peau, on l'a regardée comme une petite Lotte, *Mustela,*
et on lui en a donné le nom ; effectivement Gesner , *de*
Aquatil. , p. 714, parle de la Loche franche sous le nom
de *Mustela minima,* [1] et *p.* 480, il avait rappelé

ce poisson , dès la veille de ce changement , manifeste une
agitation continuelle ; mais surtout lorsque le temps menace
d'orage et de tonnerre , ce poisson l'annonce par une sorte
de bruissement (*Sibilos edere solet*).

C'est en suivant Clauder que Linné a mis *Thermome-*
trum vivum.

Le nom de *Loche d'étang* a fait commettre à Alléon
Dulac , *Mémoires pour servir à l'Hist. natur. du Lyonnais,*
tom. 1, *p.* 152, une singulière bévue : s'attachant aux mots
Loche et *Goujon,* employés par Rondelet pour désigner les
Gobies Aphye et *Paganel,* il a cru que Rondelet voulait
parler de nos poissons d'eau douce , désignés sous ce nom ;
et ne faisant point attention au titre du livre *De Piscibus*
stagni marini, il a copié le chapitre , et l'a donné comme
indiquant la Loche. Cependant Rondelet avait eu l'attention
de dire : La *Loche franche,* c'est-à-dire *Cobitis fluviatilis,* est
plus longue et plus grêle. Mais c'est ainsi qu'on fait des livres
avec des livres, comme le fait observer Cuvier, *Histoire na-*
turelle des Poissons, tom. x, *p.* 423, en parlant des travaux de Lacépède , qu'il rectifie dans toutes les occasions.

Le même Alléon Dulac, *Mémoires, p.* 156, donne sous
le nom de *Chabot* une description fort confuse de la Loche
de rivière, *Cobitis taenia,* qu'il n'avait jamais vue.

[1] Moteila (*sic vulgus profert pro Mustela*) dicitur
pisciculus, magnitudine fere piscis Chassot (*id est Gobii*

la dénomination *Moutelle* (dérivée de *Mustela*), donnée en Bourgogne à ce poisson. Quelques-uns, dit-il, écrivent *Mouttoile*; d'autres disent *Estoile*, par mauvaise prononciation, à moins qu'on n'ait voulu par ce nom désigner les taches de son corps.

D'après ce passage, le nom *Mouttoile* était employé pour désigner et la *Lotte* et spécialement la *Loche franche* [1].

Les *Loches*, dit Albert-le-Grand, d'après Aldrov., *de Piscib.*, *p.* 618, sont de petits poissons qui portent les noms de *Lostes* [2], ou *Loxes*, ou *Fundules*, parce qu'ils s'enfoncent dans la vase pendant l'hiver.

Belon donne l'origine du nom Dormille. « Les Lyon- « nais, dit-il, par le déplacement de quelques lettres « du mot *Andromis*, ont employé celui de Dromille, « pour désigner un petit poisson très-abondant en été, « rare en hiver, et dont la chair maigre et sèche est « par cela même très-saine. » Gesner, *de Aquatil.*, *p.* 45. De Andromide, Bellonius.

Lugdunenses detortis quibusdam ab Andromide litteris Dromillam vulgo vocant, pisciculum quem æstate frequentem habent, hyeme raro..... De fluvia-

capitati) : cinerei est coloris, et stellis insignis; in deliciis maximè et propter caritatem à divitibus tantum delicatulis emitur. *Gesner,p.* 715.

Gesner, en parlant de la cherté de ce poisson, a été trompé par le nom *Mustela*, qui était employé pour désigner la *Lotte* qui effectivement orne plutôt la table des riches que celle du pauvre.

[1] Ce qui est prouvé par la note ci-dessus qui parle des étoiles sur la peau.

[2] Origine du mot français *Lotte*.

tilibus edant eum qui dicitur andromis. Quibus ex verbis intuli piscem hunc macra ac sicca, et ob id salubri carne constare, quo factum est ut Lugdunensium Dromillam cum Plinii andromide contulerim. *Gesner, de Aquatil., p.* 45. *De Andromide, Bellonius.*

C'est bien la Loche franche.

Les mots *maigre* et *sèche* sont les opposés de *visqueux* et *mollasse*, qualité de la chair des poissons dits lourds et indigestes.

La Loche franche ou *Moutelle* se reconnaît à son corps cylindroïde, nuagé et pointillé de brun sur un fond jaunâtre, à ses six barbillons, à sa tête sans aiguillons, à ses écailles très-petites.

Sa longueur varie de trois à quatre pouces.

Ce poisson commun dans nos ruisseaux, se tient comme le Chabot sous les pierres, d'où il s'échappe quand on les remue, avec une telle vitesse que l'œil peut à peine le suivre.

Il fraie au printemps, c'est-à-dire en mars et en mai, suivant Marsigli, qui dit que sa couleur à cette époque devient d'un rouge cinabre ; ses œufs sont nombreux, jaunes et petits ; ils sont déposés sur le sable et entre les pierres. Ils sont si abondans, dit Marsigli, qu'ils s'échappent du ventre de la mère, déchiré par la cuisson.

Il se nourrit de vers et d'insectes ; on peut le conserver longtemps en vie dans des bocaux, sans qu'il soit nécessaire de renouveler l'eau trop souvent, dit Jurine ; ce qui détruit l'assertion d'H. C., qui, dans le *Dict. des Sc. nat.*, x, *p.* 485, dit : il meurt très-rapidement dans un vase dont l'eau est dans un repos absolu, comme l'assure aussi Bloch, *p.* 180.

Sa chair est grasse, délicate et de fort bon goût, très-recherchée en automne et au printemps , c'est-à-dire en novembre et en mai ; aussi Bloch a-t-il indiqué la ma‑ nière d'élever ce poisson dans les viviers. Elle est répétée dans le *Dict. des Sc. nat.*, *tom.* ix, *p.* 485 ; qui, pour faire réussir ces poissons dans une rivière ou dans un ruisseau, donne un extrait de Bloch, tiré de son *Ichthyologie*, *part.* 1, *p.* 180, 181.

On trouve quelquefois dans les intestins de ce poisson l'*Echinorhyncus cobitidis*, Goèze, Gmel., p. 3048, sp. 32. *Echin. carpionis*, Koelreut, Gmel., p. 3050, sp. 42. *Echin. affinis*, Mull., Gmel., p. 3050, sp. 44. *Echinorhynque de la Loche*, Encyc. méth., vers, tom. 2, p. 304, n° 10.

XXIX. La Loche de rivière. *Cobitis tænia*, Linn.

Bloch, *Ichthyologie*, *part.* 1, *p.* 177, *pl.* xxxi, *fig.* 2.

Bonnaterre, *Tableau Encyclop. des trois Règnes*, *ichthyologie*, *pl.* 61, *fig.* 242.

Duhamel, *Pêches*, 2ᵉ *part.*, *sect.* iii, *p.* 521, *pl.* xxvii, *fig.* 3.

Marsili, *Danub.*, *tom.* iv, *p.* 3, *pl.* 1, *fig.* 2. Cauda perperam furcata *de* Cobitide aculeata.

Rondelet, *de Piscib. fluviat. liber*, *cap.* xxvii, *p.* 204; *de* Cobite aculeata; *fig. super.* Perce.

Lacépède, *Hist. nat. Poiss.*, *tom.* ix, *p.* 18.

Gesner, *de Aquatilib.*, *p.* 479. Cobitis aculeata *Rondelet*. Loche perce [1], *de Belon.*

Meyer, *Représent.*, *tom.* 2, *pl.* 96, *fig. super. Der* Steinbesser.

[1] Cette espèce est appelée *Perce*, parce que, par son corps oblong, cylindrique et gluant, elle a l'air de percer les pierres. Gesner, *de Aquatil.*, *p.* 479.

Ce nom me paraît plutôt venir du grec πιρκις, moucheté de noir ; caractère qu'offre en effet ce poisson.

Gesner, *p.* 482, sous le titre *Cobitis aculeata*, parle d'un *Piscis mordens lapidem*, appelé en grec *Dacolithus*, en fran‑ çais *Perce*, et en Savoyard *Mortpierre* (lisez *Mord-Pierre*),

Nouv. Dict. d'Hist. nat., éd. 2, tom. VII, *p.* 237.
Dict. Sc. nat., tom. IX, *p.* 485.
Miscell. Berolin., *tom.* VI, 1740, *p.* 120, *tab.* IV, *fig.* 3.
Loche à piquans.

4o vertèbres, 28 paires de côtes.

Cette espèce, beaucoup plus petite que la précédente, et dont Artédi donne une description très-étendue, *Ichthyol., part.* v, *p.* 4-6, se reconnaît à ses six barbillons, à son corps comprimé, orangé, marqué de séries de taches noires, et surtout à l'aiguillon fourchu et mobile que le sous-orbitaire forme en avant de l'œil. Schonevelde l'appelle *Tænia cornuta*, Icthyolog. *p.* 74.

Les habitudes de ce poisson se rapprochent de celles de la Loche franche : il est beaucoup plus vif qu'elle ; se tient entre les pierres ; perd la vie difficilement, et fait entendre une sorte de bruissement quand on le saisit. Il vit de vers, d'insectes aquatiques, de petits poissons, de frai ; il fraie en avril et en mai.

Sa chair maigre, coriace et peu recherchée, est incommode à manger à cause des aiguillons et des arêtes, fait signalé bien clairement par Rondelet, en indiquant le fraude des marchands de poissons, qui vendent la Loche de rivière, pour la Loche franche. Duhamel a donné à la Loche de rivière le nom de *Barbotte grasse* [1].

désigné ensuite sous le nom de *Mustela fluviatilis parva imberbis*.

On voit que dans cet article Gesner a fait une macédoine du *Cobitis tænia* (Perce) et de la Lamproie (Mord-Pierre).

Aldrovandi, *de Piscib., lib.* v, *cap.* xxx, *p.* 6₁7, *De Cobite aculeata*, répète le dire de Gesner.

[1] Il ne faut pas s'arrêter à cette épithète, donnée par Duhamel, et confondre cette espèce avec la *Lochia pinguis* de Belon, la Loche franche.

« Ce poisson , dit-il , long de quatre pouces , et large
d'un demi pouce , se plaisant dans la fange , est moins
bon que la *franche Barbotte;* » et *p.* 55o, il ajoute : « la
figure 3 est une petite Barbotte , dite *Grane*, (sans
doute pour *Grasse*). Elle est différente du Barbeau ,
par sa grosseur , par la forme de sa tête, par le nombre
de ses barbillons. Quelques-uns veulent que ce soit une
Loche. »

C'est en effet la *Loche de rivière, Cobitis tænia,* Linn.,
dont l'*Encyclopédie méthodique, Hist. nat.,* tom. 3 [1] ,
p. 232, dit : « La Loche en Bourgogne, *Mouteille.* »

« La Loche de rivière a été trouvée dans un vivier
« du hameau des Grands Moulins, bord de la Bèze. »
Note fournie par M. Pataille.

M. Dumas, secrétaire perpétuel de l'Académie royale
des sciences , belles-lettres et arts de Lyon, nous apprend que dans quelques communes du département du
Rhône, le *Cobitis tænia,* Lin., est appelé *Shatouillie.*
« Cette espèce, écrit-il, moins grosse que la Loche
franche, en diffère essentiellement par une disposition
remarquable de son sous orbitaire. Cet os proéminent
en dehors et en arrière se termine par un double aiguillon ; son articulation avec les autres os de la face est
très mobile ; un muscle fixé à sa base lui fait éprouver
un mouvement de bascule de dedans en dehors, d'où résulte nécessairement la saillie des aiguillons ; ce petit appareil de défense est surtout mis en jeu, lorsque l'animal

---

[1] Haüy, auteur de ce Dictionnaire, confirme le proverbe
Ne sutor ultrà crepidam. Autant ses découvertes cristallo-
graphiques l'ont rendu célèbre , autant le *Dictionnaire
ichthyologique* lui fait peu d'honneur. Cuvier, *Hist. nat.
des Poissons, tom.* 1 , *p.* 152, en porte le même jugement.

est saisi ; les blessures qu'il peut faire sont bien légères ; c'est ce qui a valu sans doute au poisson qui le porte, le nom de *Shatouillie* ou *Chatouille*. » Voyez *Lettre du 21 juin* 1837, adressée à l'Académie de Dijon.

Les noms de *Shatouillie*, ou *Chatouille*, appliqués à cette *Loche* fournissent une nouvelle preuve de l'abus des noms, puisque celui de *Chatouille* a toujours été, et depuis longtemps, employé pour désigner l'Ammocète.

Je n'ai trouvé dans aucun des ouvrages d'Ichthyologie que j'ai consultés le nom de *Satouille*, *Shatouillie* ou *Chatouille*, donné à la Loche.

Ces noms ne se trouvent ni dans la table de Duhamel, ni dans celle de Lacépède.

Aldrovande parle seulement du *Chatilion*, *Chatillon*. Gesner dit *Chatoile*.

Dans l'*Encycl. méth.*, *Poissons*, *Pêches*, on trouve *Chatillon*, *Chatouille*.

Mais tous ces noms désignent l'Ammocète.

Suivant Marsili, la chair de ce poisson est dure et tenace ; ce qui confirme le dire de Rondelet.

Les œufs de la Loche de rivière sont très-petits, peu nombreux et blanchâtres.

Ce poisson fraie au mois de juin, entre les pierres, dans le courant des rivières.

Deuxième famille des *Malacoptérygiens abdominaux*.

Esoces.

Bord de la mâchoire supérieure formé par l'inter-maxillaire ; nageoire dorsale opposée à l'anale.

Bloch, *Ichthyolog.*, *part.* 1, *pag.* 182.

Une description détaillée de la tête du Brochet est donnée par Cuvier, *Règne animal*, *éd.* 2, *tom.* 2, *p.* 282.

XXX. Le Brochet, *Esox* (peut-être d'*esitare*, à cause de la voracité de ces poissons) *lucius*, Linn., Gmel., Sc. nat., XIII, p. 1390, sp. 5.

Bloch, *Ichthyologie*, *part.* 1, p. 183, *pl.* XXXII.
Juriue, *Hist. des Poissons du lac Léman*, p. 231, *n°* 21, *pl.* 15.
Duhamel, 11e *part.*, p. 522, *pl.* XXVII, *fig.* 6, *tom.* 3, *p.* 70.
Lacépède, *Hist. nat. des Poiss.*, *tom.* X, p. 20.
Meyer, *Représentations*, *tom.* 1, *pl.* 9.
Bonnaterre, *Tabl. encycl.*, *Ichthyol.*, *pl.* 72, *fig.* 296.
Geoffroi, *Mat. médic.*, *in-4°*, *tom.* 3, *p.* 269.
Rondelet, *de Piscibus fluviatil. liber*, *cap.* XIII, *p.* 188.
Marsigli, *Danub.*, *tom.* IV, p. 63, *tab.* XXII, *fig.* 1.
Nouv. Dict. d'h. nat., *édit.* 2, *tom.* IV, *p.* 363.
J. Hermann, *Observ. zoolog.*, p. 313.
Dict. des Sc. nat., *tom.* XV, p. 307.

Vertèbres, 61 : paires de côtes, 30. Bloch, p. 187.

D. 20 : P. 13 : V. 12 : A. 18 : C. 25. Membrane branchiale, 14 feuillets; vertèbres, 61; 39 paires de côtes, d'après Artédi, *Ichthyolog.*, *part.* v, *p. 53-55.*

Le nom de ce poisson lui vient de sa forme alongée, comparée à une broche ; sa dénomination latine, *Lucius*, donnée par Ausone, vient du mot λύκ̓, *Lupus*, altéré par les copistes, qui se contentaient souvent d'abréger les mots et de favoriser ainsi leur transformation. Dans le *Dict. des Sc. nat.*, *tom.* XV, *p.* 317, on dérive le mot *Lucius* de *lucere*.

[1] Le Brochet [1] est, comme on le sait, d'une voracité

[1] Les Brochets sont au nombre des poissons qui ont le plus de dents. Le Brochet ordinaire en a de très-grandes en crochet; sa langue, ses deux os palatins en sont hérissés d'une multitude dont les palatines sont plus grandes; le vomer est tuberculeux comme une râpe. Cuvier, *Anatom. comparée*, *tom.* 3, *p.* 192.

La conformation du sac de l'oreille dans le Brochet pré-

extrême ; on pourrait l'appeler *Requin d'eau douce*, comme le fait observer Lacépède, et il mérite le nom de *Loup des rivières* [1], qui lui est donné quelquefois. On tire parti de cette voracité pour entretenir dans les étangs une certaine proportion parmi les poissons qu'on y élève. C'est pour cela, par exemple, qu'on met du Brochet dans les étangs, pour modérer la multiplication excessive de la Carpe, dont la fécondité est si considérable. Il suffit, pour atteindre ce but, de mettre dix Brochets pour cent Carpes.

On reconnaît facilement le Brochet à son museau oblong, obtus, large et déprimé.

« Les petits intermaxillaires sont garnis de petites « dents pointues, au milieu de la mâchoire supérieure, « dont ils forment les deux tiers ; les maxillaires qui en « occupent les côtés, n'ont pas de dents. » Cuvier, *Règn. anim.*, *édit.* 2, *tom.* 2, *p.* 28. Et dans son *Anat. comp.*, *tom.* 3, *p.* 578, il dit : Le Brochet a des dents dans tous les endroits de la bouche où il peut y en avoir.

sente une disposition qui n'a été trouvée jusqu'ici que dans ce seul poisson. *Ouv. cité, tom.* 2, *p.* 457.

C'est un petit appendice creux.

Le grand osselet de l'oreille interne du Brochet offre deux tubercules ou avances à son extrémité antérieure. *P.* 458.

La partie antérieure du crâne offre un grand espace vide, au travers duquel passent les nerfs olfactifs. *Dict. Sc. nat., tom.* 42, *p.* 168.

Les intermaxillaires des Brochets sont très-petits, courts, triangulaires et aplatis. *Dict. Sc. nat., tom.* 42, *p.* 171.

[1] On appelle le jeune Brochet *Lançon* ou *Lanceron*, à cause, dit Belon, de la rapidité avec laquelle il s'élance sur sa proie.

Dans la tête, quelques parties demeurent toujours cartilagineuses [1], quoique le reste du squelette ait une grande dureté ; par suite de cette disposition, on sépare facilement les os de la tête du Brochet, dans laquelle on a prétendu trouver tous les instrumens de la passion, comme on a cru les démontrer dans la fleur de la grenadille. *Voyez ci-dessous, p.* 248.

On distingue aisément sur ce poisson la manière dont les chairs sont disposées dans les animaux de cette classe, comme nous allons l'indiquer.

Les grands muscles [2] latéraux du tronc sont divisés

---

[1] La colle que l'on tire des mâchoires du Brochet a, suivant Spielmann, tant de tenacité, qu'elle enlève l'émail de la faïence. *Digressions académiques,* par Guyton de Morveau, 1772, *p.* 284, (1).

Notre compatriote ne dit pas avoir vérifié la réalité de l'assertion de Spielmann, qu'il faut entendre de la manière suivante :

La colle tirée de la tête du Brochet (c'est ainsi qu'il faut entendre les mâchoires, indiquées par Spielmann) n'est pas plus tenace que la colle de poisson ordinaire ; elle peut en effet enlever de la faïence l'émail qui la recouvre s'il n'y est pas très-adhérent.

[2] Il est difficile, dit M. Geoffroi-St.-Hilaire, de faire de la myologie avec des poissons : leurs muscles sont rapprochés par un tissu cellulaire si court et si serré qu'on hésite souvent sur leur réelle séparation. Pour savoir à quoi s'en tenir, il faut observer à la fois deux sujets de la même espèce, l'un frais, l'autre bouilli. Le feu agit vivement sur le tissu cellulaire et le déchire, et les muscles laissent apercevoir, d'une manière plus prononcée, leurs limites et leur encaissement. *Philosoph. anatomique, p.* 96.

Cuvier n'a point été découragé par la difficulté signalée

transversalement par des lames aponévrotiques, en autant de couches de fibres qu'il y a de vertèbres. Ce sont ces couches, qui, détachées par la cuisson (lorsqu'elle a dissous la gélatine des tendons), font paraître la chair des poissons feuilletée. Cuvier, *Hist. nat. des Poiss.*, tom. 1, *p.* 391. On peut se former une idée très-exacte de cette disposition, en jetant un coup-d'œil sur la *tab.* III, *fig.* 1, de l'*Hist. des Poiss., par Gouan.*

Le Brochet, très-carnassier, avale des grenouilles, des serpens, des rats, des jeunes canards et autres oiseaux d'eau, même des chiens et des chats qu'on noie à leur naissance pour s'en débarrasser ; il est aussi goulu que le Requin ; sa nourriture habituelle consiste en poissons. Albert-le-Grand, *Oper.*, tom. VI, *lib.* XXIV, *p.* 656, et Vincent de Beauvais, *Specul. natur.*, tom. I, *lib.* XVII, *cap.* LXIV, donnent sur le Brochet des renseignemens assez exacts ; ils indiquent très-clairement la précaution employée par ce poisson pour avaler les poissons Acanthoptérygiens ; ils signalent sa voracité, qui lui a fait donner le nom de *Loup des rivières*, et qui pourrait le faire appeler le *Crocodile de nos rivières*, et cela avec d'autant plus de raison, que, pareil à ce saurien, pendant les chaleurs de l'été il se tient presque constamment à la surface de l'eau où il dort des journées entières ; ce qui permet, suivant Jurine, de le pêcher au harpon.

Le Brochet fraie, suivant Bloch, de février en avril, et, d'après Jurine, pendant les trois mois du printemps. Sa chair, dépourvue d'arêtes, forme une excellente

par M. Geoffroi-St.-Hilaire ; et on peut lire une myologie très-savante des poissons dans l'*Histoire nat.* de ces animaux, tom. 1, *livre* II, *chap.* IV, *p.* 385.

nourriture ; ses œufs sont nuisibles, comme ceux de la Lotte et du Barbeau ; aussi a-t-on soin de les jeter. Mais le foie est estimé et recherché, au dire d'Arnault de Nobleville et Salerne, MM. D. D. d'Orléans, et au dire de Lieutaud.

Les Brochets de la Norge étaient jadis très-estimés, soit par leur grosseur, soit par la délicatesse de leur chair ; aujourd'hui l'on n'en parle plus. Le Brochet a la vie dure, d'après Bloch.

Les Brochets truités de la fontaine sans fond près de Sablé en Anjou, et indiqués par l'infatigable compilateur Buchoz, *Dict. min. et hydrograph. de la France*, tom. 1, *p.* 318, comme une espèce singulière qui ne se voit point ailleurs, ne sont, s'ils existent, qu'une variété.

« Un de nos pêcheurs m'a assuré avoir vu, il y a environ douze ans, un Brochet, pesant une livre et demie et sorti du Doubs, qui était absolument noir. Ce poisson ne fut vendu à Dijon qu'avec peine à cause de sa couleur. Le pêcheur prétend que cette couleur provenait de ce que ce Brochet avait été retenu dans un creux d'eau bourbeuse. » *Lettre de M. Baudot,* 13 *novembre* 1835.

Cette variété accidentelle de couleur ou cette mélanose, que l'on remarque aussi dans l'écrevisse, se retrouve encore dans la Truite, (la Truite saumonée noire, *Salmo alpinus*), dans l'Omble chevalier, etc.

M. Dupuis, marchand de poissons en gros, a vu plusieurs fois des Brochets noirs, il en a aussi rencontré d'entièrement bleus.

Ces variétés de couleur, sur une espèce aussi tranchée que le Brochet, vient bien à l'appui de l'opinion de Jurine consignée à l'article Truite.

Suivant Hermann, *Observat. zoologicæ, p.* 314, les

Brochets noirs se trouvent dans les eaux froides et dures ; dans les eaux stagnantes ils sont jaunes. On en voit de rouges.

Jurine, *Mém. de la Société de phys. et d'hist. nat. de Genève, tom.* III, 1*re part.*, *p.* 175, a vu un gros Brochet contrefait, de manière qu'à partir de l'occiput le dos s'arrondissait, puis le milieu du corps se courbait en sens inverse, pour se relever près de la queue, qui conservait toujours la rectitude naturelle. Il a examiné avec soin les vertèbres de ce poisson, sans pouvoir pénétrer la cause de cette déviation.

Cette difformité se remarque sur plusieurs espèces de poissons.

Dans la fontaine du *Gabard*, en Angoumois, on pêche souvent des Brochets aveugles [1], et jamais un qui ne soit borgne de l'œil droit, lequel, chez les aveugles, a été attaqué le premier, et est beaucoup plus endommagé que l'autre. Cette fontaine est une espèce de gouffre dont on ne peut trouver le fond. *Act. Paris.*, 1748, *Hist.*, *p.* 27, § 1.

La cause de ce phénomène aurait-elle du rapport avec celle de la cécité de l'Omble Chevalier (*Salmo umbla*), tenu en réservoir? fait dont Jurine, *Mémoire cité*, *p.* 183, s'est assuré par expérience. Cet auteur a vu de même les yeux des *Féras* (*Corregonus fera*), commencer à blanchir au bout de quelques heures qu'elles étaient placées dans le réservoir, où l'on peut à peine les garder un jour. *Mém. cit.*, *pp.* 193, 194.

______

[1] Ce phénomène de cécité a-t-il du rapport avec celui des canards de Valvasor, aveugles et sans plumes, dont M. DANIEL de Cette a entretenu l'Académie des Sciences le 30 octobre 1836?

Ces différens phénomènes sont bien dignes de fixer l'attention des naturalistes.

Au dire de Bloch, *Ichthyolog.*, *part.* 1, *p.* 185, le Brochet est, de tous les poissons, celui qui croît le plus promptement [1]. A la fin de la première année, il a 8-10 pouces ; la troisième, de 18 à 20 ; un Brochet de six ans doit avoir une aune et demie de long ; un de douze ans, deux aunes. Il parvient jusqu'à la longueur de six à huit pieds.

L'œsophage et l'estomac sont garnis de grands plis, qui donnent à ce poisson la facilité de rendre à son gré les corps qu'il a avalés, faculté qui, dit Bloch, ne lui est commune qu'avec le Cabeliau.

Cette assertion est inexacte, parce que tous les poissons voraces ont, comme les oiseaux de proie, la faculté de rejeter les matières indigestes qu'ils ont avalées.

« Le Brochet se trouve dans la Seine en descendant le fleuve depuis Châtillon ; il y est très-rare en remontant vers la source. Il est abondant dans l'Ource et assez fréquent dans l'Aube. » *Note de M. Bourée.*

« Il n'est pas rare, dit J. C*** (J. Cuça), *Piscisceptol.,* « 1828, *p.* 80, de voir des Brochets dont la grosse « arête et une partie de la chair sont de couleur verte. « Les gourmets estiment beaucoup cette variété. Le foie « du Brochet est très-bon à manger. »

---

[1] M. Duquaire, dans un *Mémoire sur les Etangs, et les Moyens d'en tirer les meilleurs produits,* rapporte le fait suivant :

« On avait mis dans un étang du Beaujolais, de trois quarts « d'arpent, seize petits Brochets : au bout de deux ans « quelques-uns d'entr'eux pesaient cinq à six livres. » *Mém. Société d'Agriculture, d'Hist. nat. de Lyon,* 1834, *p.* 45.

L'appareil de l'audition chez les poissons est logé sur les parties latérale et intérieure de la tête ; il se trouve à peine séparé de la cavité cérébrale par une membrane. Le Brochet seul, parmi les poissons, semble présenter une troisième division du sac auriculaire.

Pour envoyer les Carpes et les Brochets au loin, il faut leur emplir la gueule avec de la mie de pain gonflée dans l'eau de vie, et leur verser ensuite dans la gueule un demi verre d'eau de vie ; arrivés au lieu où on les envoie, on enlève le pain et l'on met le poisson dans l'eau. *Décade philosoph.*, 1806, *tom.* L, *p.* 187.

Le Brochet est sujet à plusieurs espèces de vers intestinaux.

On trouve dans son foie :

1° l'*Ascaris lacustris,* Fabr., *Gordius lacustris,* Linn., Gmel., *Sc. nat.,* XIII, *p.* 3036, *sp.* 66.

Dans ses intestins vivent :

2° l'*Ascaris acus,* Bloch, Gmel., *p.* 3037, *sp.* 71.

3° L'*Echynorynchus Lucii,* Mull., Gmel., *p.* 3049, *sp.* 33.

4° Le *Tænia nodulosa,* Goèze, Gmel., *p.* 3072, *sp.* 50, figuré dans l'Encyclop., Atlas, vers, pl. 49, fig. 12-15. *Tricuspidaria,* Bremser, vers, *p.* 196, 399. *Triænophorus nodulosus,* Bremser, *p.* 138. *Triænophore noduleux,* Encycl., vers, tom. 2, p. 753. Dict. Sc. nat., tom. LV, p. 185, pl. 48, fig. 3. Cuvier, Règne animal, édit. 2, tom. 3, p. 270.

Cette espèce de vers est très-abondante au printemps, on n'en trouve point en automne d'après la remarque de Bremser.

Dans l'ésophage et l'estomac du Brochet vit 5° la *Fasciola Lucii,* Mull., Gmel., *p.* 3058, *sp.* 36. *Distoma tereticolle,* Encycl. méth., vers, tom. 2, p. 268, sp. 54. *Douve à long col*, Annal. Sc. nat., 1824, tom. 2, p. 490, tab. 23. Mém. de la Société de physique et d'Hist. nat. de Genève, 1823, tom. 2, 1ʳᵉ part., p. 145, tab.

Dans le crâne du Brochet, à l'état frais, (*Cuv.*, *hist. 1, p.* 333), les solutions de continuité sont fermées par des membranes ou des cartilages ; une solution de continuité entre le pariétal, le mastoïdien et l'occipital externe, se remarque dans le Brochet, qui en a encore une autre entre le frontal postérieur, la grande aîle et le mastoïdien ; c'est même au milieu de ce cartilage dans le Brochet qu'est suspendu un très-petit vestige de rocher. Cuvier, *Histoire naturelle des Poissons, tome 1, page* 333.

Cette disposition est la source d'une assertion dont tout le monde parle dans la société, et qu'il est assez difficile d'éclaircir, quand on veut s'en occuper.

Le Brochet est, comme on le sait, un des poissons que l'on sert sur les meilleures tables ; du temps d'Ausone, il n'était point estimé ; il était un mets de cabaret ; la conformation singulière de sa tête, dont le museau se rapproche de celui ou du canard, ou de l'ornithorinque, a donné lieu à des considérations variées, d'après l'une desquelles certains religieux, probablement des Jésuites, astreints au régime maigre, ont cru trouver, dans les pièces qui composent cette tête, les instrumens de la passion : peu de personnes sont dans le cas de les indiquer.

Désirant faire tourner à l'avantage de la science cet objet d'amusement, j'ai jugé utile de rapporter à chacune des pièces la dénomination anatomique des os qui entrent dans la composition de la tête de brochet, dénomination concordante qui n'a jamais été donnée, et qui servira à éviter des erreurs analogues à celles contenues dans le *Nouv. Dict. d'Hist. nat.*, où il est dit, *édit.* 2, *tom.* 20, *p.* 332. « Le Mésentère est ce « qu'on nomme le *Riz de veau* chez le jeune animal ; » et *tom.* 22, *p.* 576, « Nerf de bœuf : on nomme ainsi « les tendons de cet animal.... on prend ordinairement « pour cela les tendons de la jambe et du calca-« neum, qui correspondent au tendon d'Achille dans « l'homme. »

Le *Mésentère* est connu dans les cuisines sous le nom de *Fraise*.

Le *Riz de veau* est le *Thymus* du jeune animal, ainsi appelé parce qu'il offre des *rides*, ou à cause de sa blancheur comparée à celle du Riz.

Le *Nerf de bœuf* est la verge tendineuse, desséchée de cet animal, mentionnée dans le *Moyen de parvenir* (par Beroalde de Varville), *tom.* 2, *p.* 345.

Voyez pour de plus amples détails, *Act. Divion.*, 1818, *p.* 51, et 1819, *p.* 58 (2).

1. La portion désignée sous le nom de *Lanterne* par quelques personnes, et par d'autres sous celui de *Colonne*, de *Poteau* ou de *Siége*, parce qu'elles la comparaient au banc sur lequel on représente l'*Ecce Homo* assis ; cette portion, dis-je, est formée par le crâne, auquel on laisse adhérer les *frontaux principaux*, dont le long prolongement antérieur sert de suspensoir, si c'est une lanterne, ou imite une colonne, si l'on admet la seconde comparaison.

On trouve dans cette masse les *Frontaux postérieurs* ; les *Mastoïdiens*, reconnaissables à leur longue apophyse ; les *Pariétaux* ; *l'os impair* ou *interpariétal* ou *occipital supérieur* ; les *occipitaux externes* remarquables par leur crête intermédiaire ; les *occipitaux latéraux* flanquant le *Basilaire;* les *Rochers*, et les *grandes ailes.*

2. L'*Echelle* est représentée, suivant les uns, par le rapprochement des deux *dentaires*, dont les dents sont prises pour les échelons; et suivant d'autres, par le rapprochement des maxillaires, dont plusieurs personnes font ou une *scie* ou une *lime.*

3. Le *Couteau* ou la *Hache* est formé par la réunion de l'*Hyosternal* et de l'*Hyposternal.*

4. Les *Palmes* sont représentées par les *inter-maxillaires*, pris par quelques personnes pour le *Roseau*, par d'autres pour le *Fouet.*

5. Le nom de *Lance* est donné au *Sphénoïde;* quelques personnes croient trouver la *Lance* dans les *inter-maxillaires.*

6. La *Croix* principale est l'*Ethmoïde*, constamment cartilagineux, qui, tronqué, est pris quelquefois pour le *Marteau.*

7. Les *Croix des larrons* se trouvent dans les *Temporaux.*

8. On appelle *Marteau*, le *Jugal;* il me paraîtrait plutôt se rencontrer dans le *Sous-opercule;* d'autres personnes ont cru le trouver dans l'*Ethmoïde* tronqué.

9. Le *Fouet*, ou le *Faisceau de verges*, est la *queue* de l'os *Hyoïde.*

10. Le *Coq;* on croit en trouver la ressemblance dans la réunion du *Jugal* avec le corps du *Tympanal* et le *Ptérygoïdien interne.*

11. Le *Soleil* et la *Lune* sont représentés par les opercules, dont la forme orbiculaire et l'éclat nacré ont servi de points de comparaison.

12. Les *Dez* sont les premières vertèbres; quelques personnes les remplacent par des *boules*, c'est-à-dire, par le *Cristallin.*

13. Le *Vase du fiel* est formé par la *Sclérotique* ou la tunique la plus extérieure de l'œil.

14. La *Couronne d'épines* est trouvée dans la *Ruyschienne,* qui forme effectivement un cercle de plis rayonnans et très fins.

15. L'*Ecriteau* paraît représenté par le *Cubital* et le *Radial;* il le serait peut-être mieux par l'*os lingual.*

16. Les *Cordes* sont les tendons engagés dans les dentaires.

17. L'*Eponge* est rapportée à une portion spongieuse située à la base de la queue de l'os hyoïde; ne se trouvant plus dans l'échantillon qui m'a été envoyé, je n'ai pu la rapporter à sa véritable dénomination.

18. Les *Clous:* on appelle ainsi la pièce placée supérieurement à la partie postérieure des inter-maxillaires. On ne trouve rien d'analogue à cette pièce, dans la Perche.

19. Les *Tenailles:* on prend pour cet instrument des portions osseuses particulières au brochet, et placées sur le prolongement des frontaux, et recouvrant leur extrémité; ces portions sont réunies par une substance cartilagineuse.

On ne doit pas s'attendre à trouver dans toutes ces pièces une représentation fidèle des objets dont elles portent les noms; il faut nécessairement aider à la comparaison qui n'a pu prendre naissance que dans quelques monastères.

Suivant la direction des idées des personnes qui voudront examiner les pièces osseuses et cartilagineuses de la tête du Brochet, prises isolément ou réunies, chacune d'elles pourra faire de nouvelles comparaisons et conséquemment donner un autre nom aux pièces désignées; mais cela ne changera rien à leur dénomination anato-

mique ; ces comparaisons vulgaires rappellent un singulier passage des *Chroniques, Lettres et Journal de
voyage , extraits des papiers d'un défunt*, 1836, tom. 2,
p. 224. C'est le suivant :

« A l'entrée du village (Poncy) , s'élève une vieille
« croix de bois ;... un coq en couronne l'extrémité , et
« sur sa traverse sont attachés plusieurs objets, emblé-
« matiques sans doute, tels qu'une coupe , un anneau,
« des tenailles , un poignard , un flambeau , une petite
« échelle, etc., dont j'ai aussi peu compris la signification
« que j'ai pu en obtenir l'explication de ceux à qui je
« l'ai demandée. Il y a là , je crois , quelque chose de
« maçonique , et ces usages, qu'on respecte sans en
« connaître l'origine, sont peut-être un reste de ceux
« des Templiers. »

Le prince Puckler Muskau , qui, d'après la *France
littéraire, nouv. série*, 1836 , *tom. 1 , p.* 242, écrit avec
une grande prétention à l'originalité, aurait pu , s'il
eût voulu se donner la peine de consulter le premier
paysan, reconnaître, dans ces objets, les instrumens
de la passion : ce qu'il appelle anneau est la couronne ;
ce à quoi il donne le nom de poignard est la lance ; le
flambeau a bien du rapport avec la lanterne ; etc.

J'ai rapporté ce passage pour démontrer comment
les choses les plus simples et les plus vulgaires sont
quelquefois converties en choses extraordinaires, par
les voyageurs superficiels.

Les raisons suivantes me portent à soupçonner les
Jésuites d'être les inventeurs de ces comparaisons.

1° Ces religieux avaient l'habitude de tout rapporter
à la Croix et à son mystère : la Croix angélique de St.
Thomas d'Acquin et la fleur de la Grenadille (*Passiflora*)
en sont la preuve.

N'ayant trouvé la représentation de cette croix, ni dans l'ouvrage du Jésuite Gretser sur la croix, ni dans les *Amusemens phylologiques* de M. Peignot, je la donne ici.

```
              s u l a S a  S a l u s
              l a S a t a  a s a l
                s a t r t  a S
                  t r e r t
                  r e c e r
                  e c i c e
                  c i h i c
 m                  i h i h i                            m
 u i                h i M i h                            c u
 i g u              i M x M i                         m e c
 g u f e R i h i M x u x D o m i n i m e
 u f e R i h i M x u r u x D o m i n i m
 f e R i h i M x u r C r u x D o m i n i
 u f e R i h i M x u r u x D o m i n i m
 g u f e R i h i M x u x D o m i n i m e
 i g u              s e x e s                         m e c
 u i                t s e s t                            c u
 m                  q t s t q                               m
                    u q t q u
                    a u q u a
                    m a u a m
                    s m a m s
                    e s m s e
                    m e s e m
                    p m e m p
                    e p m p e
                  a r e p e  r a
                o d a r e r  a d o
              o r o d a r a  d o r o
```

Cette Croix, composée, dit-on, par saint Thomas

d'Acquin, contre le tonnerre qu'il appréhendait extraordinairement, comprend le distique suivant, publié sans figure par le Jésuite Gretser. *Jacobi* Gretseri *Opera omnia de sancta cruce, p.* 2463.

Crux mihi certa Salus; Crux est quam semper adoro :
Crux Domini mecum; Crux mihi refugium.

En partant du centre où est la lettre C, on trouve dans les quatre sens, et dans une multitude d'autres, les quatre parties du distique ci-dessus.

Nieremberg, *Hist. nat. peregr.*, *p.* 299, a donné la figure de la fleur de la Grenadille, reproduite par Parkinson, *Paradisus, p.* 394, avec le titre : *The Jesuites figure of the maracoc; Granadillus frutex indicus Christi passionis imago.*

Dans le dessin on a placé la couronne d'épines au sommet, tandis qu'en réalité la couronne est à la base de la fleur. L'espèce qui a servi à faire cette figure de fantaisie, est la *Passiflora laurifolia*, Encycl. Botan., tom. 3, p. 34, sp. 9.

Voici les objets signalés dans l'épigramme latine, faite sur cette fleur par un Jésuite.

La colonne : c'est le pistil, Linn., dans lequel on distingue le support colonniforme, droit et cylindrique de l'ovaire.

Les cinq plaies sont représentées par les anthères des cinq étamines.

Les trois clous sont les trois styles, ou nerfs épaissis vers leur sommet, ayant presque la forme de clous, (*clavæ tres*, Tourn.) terminés chacun par un stigmate en tête.

La couronne d'épines; on l'a trouvée dans cette couronne (*Nectaire*, Linn., *Corolle frangée*, Tournef.), composée d'un grand nombre de filamens (*étamines rudimentaires*, Dunal) contenus dans la fleur.

Le fouet était supposé représenté par les vrilles.

La lance se trouvait dans la forme des feuilles simples de la Grenadille à feuilles de laurier, espèce très-différente de la Grenadille incarnate, *Passiflora incarnata*, Linn.

Il faut lire dans l'épigramme latine, comment l'auteur a comparé la béatitude des élus, avec l'odeur agréable et la pulpe très-suave du fruit (*vulg.* pomme de Liane), qui, dans la *Passiflora laurifolia*, succède à la fleur *vulnifique*; c'est l'épithète adoptée par le Jésuite, dont les confrères attachaient beaucoup de prix à ces sortes de rapprochemens.

Kircher, dans son *Mundus subterraneus, p.* 49 , *lib.* VIII, *sect.* 2, en donne un exemple frappant, à l'occasion d'une Ammonite, dans le centre de laquelle il a dessiné une Vierge, comme de nos jours Millin, *Voyage dans le midi de la France, tom.* 1, *p.* 66, *pl.* 3, a donné la figure d'une Vénus dans une coquille.

2°. Maîtres de leur temps, les Jésuites l'employaient fréquemment à des occupations plus ou moins sérieuses ou frivoles. Ne serait-ce pas à eux qu'est dû le procédé suivant, pour former d'un seul coup de ciseaux une croix en papier?

Pour obtenir, d'un seul coup de ciseaux, une croix et divers accompagnemens, on prépare un carré long avec un papier, dont un des angles supérieurs est ramené contre le côté opposé; on agit de même pour l'autre angle; il en résulte une figure pentagone que l'on alonge en rapprochant les deux côtés parallèles, jusqu'à ce qu'ils s'affleurent. On plie alors le papier par le milieu, et l'on obtient un trapèze. En donnant un coup de ciseaux dans le milieu du côté droit opposé au côté oblique , et prolongeant la section parallèlement au plus long côté , le problème est résolu.

En dépliant les pièces , on trouve :

1° Une croix latine complète ;

2° Deux demi croix, c'est-à-dire deux tiges, avec chacune un seul croisillon ou une seule branche ; on les dit croix des larrons ;

3° Deux lances : celle de Longin et celle de l'éponge ;

4° Deux morceaux de papier angulaires , comparés à des pierres qui retiendraient le pied de la croix ;

5° Deux morceaux imitant les dés avec lesquels fut jouée la tunique sans couture.

3°. Désirant charmer l'ennui, résultat de leur vie uniforme , les moines étaient forcés de recourir à une multitude de moyens pour se procurer des distractions nécessaires , témoin l'invention du solitaire qui était récente du temps de Leibnitz et qui consistait en 33 fiches disposées en croix. Voy. *Revue de la Côte-d'Or ,* 1836 , *tom.* 2, *p.* 45.

S'il était démontré que la comparaison des pièces de la tête du Brochet avec les instrumens de la passion datât du moyen âge, on trouverait la source de cette opinion dans la légende du Saint-Graal, c'est-à-dire du vase mystique qui contient le sang du Christ. Voy. l'*Evangile apocryphe* de Nicodême, *cap.* xiv *et* xv, et surtout l'histoire du Graal , racontée par **M.** Fauriel, et rapportée dans les *Etudes sur Goethe, par* **X.** Marmier, 1835, p. 494.

Quatrième fam. des *Malacoptérygiens abdominaux*.

Sᴀʟᴍᴏɴᴇꜱ, Cuv. *Dermoptères*, Dumer.

Bloch , *Ichthyolog.* , *part.* 1 , *p.* 103.

Ces poissons offrent une première dorsale à rayons mous , suivie d'une seconde petite adipeuse , c'est-à-dire formée simplement d'une peau remplie de graisse et non soutenue par des rayons.

XXXI. Le Sᴀᴜᴍᴏɴ , *Salmo salar* , Linn. , Gmel. , Sc. nat. , xɪɪɪ , p. 1364 , sp. 1.

Bloch , *Ichthyolog.* , *part.* 1 , *p.* 106 , *pl.* xx , ♀ , *part.* ɪɪɪ , *p.* 123 , *pl.* xcvɪɪɪ , ♂ .

Duhamel , *Pêches* , 2ᵉ part. , sect. ɪɪ , p. 184 , *pl.* ɪ , *fig.* 1-2.

Marsigli , *Danub.* , tom. ɪᴠ , p. 79 , *tab.* xxɪɪ.

Bonnaterre , *Tabl. encycl. des trois règnes* , *Ichthyolog.* , *pl.* 65 , *fig.* 261.

Lacépède , *Hist. nat. Poiss.* , tom. ɪx , p. 197.

Rondelet , *de Piscib. fluviatilib. liber* , cap. ɪɪ , p. 167.

Le Saumon a des dents dans tous les endroits de la bouche où il peut y en avoir Cuv. , *Anat. comp.* , tom. 3 , p. 178.

Gesner , *de Aquatilib.* , p. 969.

J. Hermann , *Observat. zoologicæ* , p. 310.

Nouv. Dict. d'Hist. nat. , édit. 2 , tom. xxx , p. 251.

Geoffroi , *Mat. medic.* , in-4° , tom. 3 , p. 278.

Dict. des Sc. nat. , tom. ʟᴠ , p. 533.

Artedi , *Icthy.* , part. ᴠ , p. 48-50.

D. 15 : P. 14 : V. 9-10 : A. 12-13.

Vertèbres , 36 , et 33 paires de côtes.

Le Saumon est un poisson de mer qui remonte les fleuves à l'époque du frai[1] ; il le fait en troupe et en deux rangées qui forment les côtés d'un triangle ; il ne se trouve point dans la Méditerranée ; il se plaît dans

[1] Il n'y a que les Truites et les Saumons , dit Bloch , où j'aie vu des œufs de la grosseur d'un pois.

l'Océan, et affectionne surtout le voisinage de l'embouchure des grands fleuves, dont il habite les eaux douces et rapides pendant une partie de l'année, et dont il remonte le cours à des distances fort considérables [1] ; voilà pourquoi on le trouve très-haut dans la Loire, dans la Seine, et même dans l'Arroux, etc. Les taches irrégulières brunes de son corps s'effacent promptement dans l'eau douce. Il fait, pendant l'hiver, l'ornement des tables délicates et somptueuses ; il vit de petits poissons, d'insectes, de vers ; il fraie en février, mars et avril ; sa natation est si rapide, qu'il peut parcourir 14400 toises (28066 mètres) par heure.

Ces poissons sont sujets à une maladie particulière dont on ignore la cause, et qui leur fait alors donner le nom de *Ladres* ; leur chair est mollasse et sans consistance. Si on garde les Saumons quelque temps après leur mort, la chair se détache de l'épine dorsale et glisse sous la peau, comme dans un sac. Lacépède, *Hist. nat. des Poiss.*, tom. 9, p. 226.

Dans le Saumon et dans les Truites, les *intermaxillaires* sont situés sur le devant de la mâchoire supérieure, avec un peu de mobilité ; les *maxillaires* ou *os labiaux*, *mystaces*, sur les côtés, jusqu'à la commissure, armés de dents qui continuent la série des dents intermaxillaires. Cuvier, *Hist. nat. des Poiss.*, tom. 1, p. 333, *pl.* III, *fig.* 5.

[1] Albert le Grand, *Oper.*, tom. VI, p. 659, et Vincent de Beauvais, *Specul. natur.*, tom. 1, *lib.* XVII, *cap.* LXXXVII, ont bien indiqué le moyen dont se sert le Saumon pour franchir les cataractes et pour surmonter les obstacles qu'on lui oppose.

A l'époque du frai, les mâles ont sur les écailles des taches brunes et des petites éminences. Bloch, *p.* 114.

Le Saumon ordinaire et les Truites ont des dents en crochet aux deux mâchoires, sur la langue, aux arcades palatines, au vomer, au pharynx et même aux os qui représentent les arcades zygomatiques, et qui, dans les poissons, forment ce qu'on nomme les mystaces ou la lèvre extensible. Cuvier, *Anatomie comparée, tom.* 3, *pp.* 189, 190.

Les ovaires des Truites sont collés à la région de l'épine et divisés intérieurement en lames transverses. *Ibid., p.* 534.

Duhamel, *Hist. gén. des Pêches,* 2ᵉ *part., sect.* II, *p.* 294, *pl.* XVI, *fig.* 1-19, donne la description et la figure très exactes d'un insecte qui s'attache au Saumon, sans en indiquer le nom.

Ce crustacé est le *Caligus Mulleri,* Leach. *Encyclop. méthod., Atlas, Insectes, pl.* 335, *fig.* 17-24. *Dict. Sc. nat., tom.* XIV, *p.* 536, *tom.* XXVIII, *p.* 392. *Atlas, Crustacés, pl.* 50, *fig.* 4.

« **M.** Duméril rapporte, au genre Bopyre un petit crustacé figuré par Duhamel, *Pêches, pl.* 16, *fig.* 11; » *Dict. Sc. nat., tom.* V, *suppl., p.* 31, *tom.* 28, *pp.* 388, 389, sans doute par erreur.

Le Saumon n'a pas la vie dure; il a la chair rouge. Deslandes, par suite d'expériences faites pour tâcher de découvrir la cause de cette couleur, l'attribue à un petit corps rouge, assez semblable à une grappe de groseilles, situé dans l'estomac; il a reconnu en effet qu'elle s'observe dans la chair des Saumons cuits entiers, tandis qu'elle n'existe plus quand on les coupe par morceaux et qu'on les fait légèrement griller.

Alléon Dulac, *Mém. pour servir à l'hist. nat. du Lyonnais, tom.* 1, *pp.* 166-188, parle avec beaucoup de détails du Saumon; il rapporte les expériences de

Deslandes, et décrit ensuite la pêche des Saumons dans la Loire, en donnant les dessins des *avaloirs* construits à cette occasion.

Cette pêche est en effet une branche d'industrie assez fructueuse[1].

Les œufs de Saumon sont enfermés par couches dans des membranes particulières, arrangées les unes sur les autres en forme de plis. Bloch, *Ichthyolog.*, *part.* 1, *p.* 101, *pl.* xix, *fig.* 16.[2]

Le foie est gros et rouge, mais nullement bon à manger. Bloch, *p.* 115.

La sclérotique est épaisse d'une ligne en arrière, et aussi dure qu'un os en avant.

[1] En Ecosse, dans le comté de Banff, le privilège de la pêche du Saumon, de la Spey, dans les limites des domaines du duc de Gordon, est affermé huit mille livres sterlings (200,000 fr) par an. *Revue britanniq.*, 1835, xviii, *p.* 147.

Les Boothniens construisent leurs traîneaux avec des Saumons gelés, enveloppés de peaux et fixés par des traverses en os de Rennes. Ces traîneaux sont très-solides et très-coulans; et dès que le thermomètre remonte au point de glace, ils ne peuvent plus servir : les Boothniens les brisent alors. Ils mangent les Saumons, font des sacs avec les peaux et donnent les os aux chiens. *Voy. du cap.* Ross *au pôle Nord.*

[2] La figure ix, planch. viii, de l'Atlas joint au premier volume de l'*Histoire natur. des Poissons* par Cuvier, montre un ovaire (de Perche) fendu longitudinalement pour faire voir les nombreuses lames membraneuses dont il se compose, et qui se tapissent à chacune de leurs surfaces d'un nombre d'œufs si considérable, que lorsqu'ils ont acquis leur développement, ils cachent entièrement la membrane à laquelle ils adhèrent.

Le Saumon nourrit dans son intérieur :

1. L'*Echinorynchus Salmonis*, Gmel., *p.* 3048, *sp.* 33.

2. L'*Echinorynchus sublobatus*, Gmel., *p.* 3049, *sp.* 34.

3. L'*Echinorynchus quadrirostris*, Gmel., *p.* 3049, *sp.* 35. *Tetrarynchus appendiculatus*, Dict. Sc. nat., tom. 53, p. 316, tom. 57, p. 592.

4. Le *Botriocephalus proboscideus*, Dict. Sc. nat., tom. 57, p. 610.

5. Le *Cucullanus lacustris*, ζ, *Salaris*, Gmel., Sc. nat., édit. XIII, tom. 1, p. 3052, sp. 6, ζ. *Ascaris marina*, Gmel., p. 3035, sp. 61. *Filocapsularia communis*, Encycl., vers, tom. 2, p. 399. *Filaria piscium*, Dict. Sc. nat., tom. 17, p. 9, n° 29.

6. La *Fasciola varica*, Gmel., p. 3057, n° 31. *Distoma varica*, Encycl. méth., vers, tom. 2, p. 272, n° 80.

7. Le *Tænia nodulosa*, Gmel., p. 3072, sp. 50. *Triœnophore noduleux*, Dict. Sc. nat., tom. 55, p. 185, pl. 48, fig. 3.

8. Le *Tænia Salmonis*, Gmel., p. 3080, sp. 83. *Botriocephalus proboscideus*, Encycl. méth., vers, tom. 2, p. 145, n° 4.

9. Il est encore sujet au *Lernæa salmonea*, Linn., qui adhère à ses ouïes.

Steele, compatriote de Swift, parvenu à la Chambre des Communes, en fut expulsé comme auteur de libelles séditieux. A l'occasion de la création des douze Pairs, sous l'administration d'Oxford et de Bolingbrocke, il écrivit une lettre mordante à sir Milbes Wharton, sur les *Pairs de circonstance*. La liaison de Steele avec le grand corrupteur Walpole ne l'enrichit pas ; faisant

trève à ses pamphlets, il commença la littérature indus-
trielle et inventa une machine pour transporter du
Saumon frais à Londres. *Chateaubriand, Essai sur la
littérature anglaise, tom.* 2 *, p.* 267.

Sans cette machine, le Saumon frais parvient à toutes
les villes de France. « On en fait rostir des darnes [1] sur
le gril, lardées de clous de girofle, puis on i fait sauce
avec sucre, canelle et vinaigre. » *Rondelet, des Poissons
de rivière, p.* 124.

Je ne quitterai pas l'histoire du Saumon sans rappeler
que la queue d'un poisson de cette espèce a servi, avec
la dépouille d'un orang-outang, à préparer la fameuse
sirène achetée 25,000 francs, et placée dans le Musée
du Collége des chirurgiens de Londres, où le prince
Puckler Muskau l'a vue en août 1827. *Mém. et
voyages,* 1833, *tom.* 2, *p.* 129.

Cette mystification va de pair, avec celle de l'hydre
de Hambourg, dont la source reconnaît les disputes théo-
logiques; avec celle du *Giœnia,* et avec d'autres signalées
dans les *Act. Divion.,* 1817, *p.* 22, 1820, *p.* 304, 312.

Les Anglais visant toujours à l'originalité, cherchent
toutes les manières de se distinguer ; ils convertissent la
pêche en chasse.

« Dans les environs du mont Snowden, on prend
« beaucoup d'excellens Saumons, et cela, d'une
« manière fort originale. On les chasse à l'aide de
« certains petits chiens, dressés à cet exercice, qui les
« retirent de la vase dans laquelle ils s'enfoncent à
« certaines époques. » *Mémoires et voyages du prince
Puckler Muskau,* 1833, *tom.* 3, *p.* 42.

---

[1] Nom véritable des tranches de Saumon, d'après le
Dictionnaire de Trévoux, au mot *Dalle.*

La grande pêche de la Colombie a lieu au printemps lorsque les Saumons remontent le fleuve. Lorsqu'ils sont engagés dans un étroit passage du fleuve, les Indiens debout sur les rochers ou sur des échafauds de bois, les pêchent avec de petits filets tendus sur des cerceaux, les vident, les dessèchent, les emballent, et en forment des colis pour les envoyer au loin. *Revue britannique*, 1836, *tom.* v, *p.* 3o4, 3o5.

XXXII. La Truite, *Salmo fario*, Linn., Gmel., S. N., xiii, p. 1367, sp. 4.

Bloch, *Ichthy.*, part. i, p. 121, *pl.* xxii, p. 127, *pl.* xxiii.

Jurine, *Hist. des Poiss. du lac Léman*, p. 158, *n°* 6, *pl.* 4. *Salmo trutta.*

Marsigli, *Danub.*, tom. iv, p. 77, *tab.* xxvi, *fig.* 1, 2.

Bonnaterre, *Tableau encyclop., ichthyologie, pl.* 56, *fig.* 266, 267.

Lacépède, *Hist. nat. des Poiss.*, tom. ix, p. 236.

Duhamel, *Pêches*, 2ᵉ part., sect. ii, p. 196, *pl.* ii, *fig.* 1, 2.

J. Hermann, *Observat. zoologicæ*, p. 3o9.

Rondelet, *De Piscib. lacustrib. liber*, cap. xv, p. 162, de Truttis. *De Piscib. fluviatilib. lib.*, cap. iv, p. 169, *De* Trutta fluviatili.

Meyer, *Représ.*, tom. i, *pl.* 44.

Geoffr., *Mat. médic.*, 4°, tom. 3, p. 289.

Aldrovandi, *De piscibus*, p. 588.

Nouv. Dict. d'Hist. nat., édit. 2, tom. 3o, p. 83, tom. 34, p. 562.

Dict. des Sc. nat., tom. lv, p. 544.

D. 13 : P. 13 : V. 9 : A. 11 : C. 26.

Jurine fait observer que ces nombres sont sujets à de fréquentes anomalies.

Membrane Branchiale à 10-11 feuillets.

6o Vertèbres et 3o paires de côtes. Bloch, *p.* 124. Peau de l'estomac très forte.

Le nom de Truite a été donné à ce poisson du mot *Trutta*, dérivé du mot *Trudo* (je pousse avec violence) à cause de l'impétuosité avec laquelle ce poisson se meut contre le courant.

Albert le Grand, *Opera, tom.* vi, *p.* 661 , et Vincent
de Beauvais, *Speculum natur.*, *tom.* 1 , *lib.* xvii, *cap.*
xcvii, parlent de la Truite, sans cependant entrer dans
de grands détails.

Duhamel et Jurine ont fait sur ce poisson des recherches multipliées pour s'assurer si les espèces en étaient
aussi nombreuses, que l'ont avancé plusieurs naturalistes : ils ont l'un et l'autre reconnu le peu de certitude
des caractères indiqués pour les désigner.

Il n'est pas de poisson qui se colore avec autant de
facilité que la truite ; elle peut ensuite perdre la couleur qu'elle a prise et reprendre la première ; les expériences de Jurine, *ouvr. cité, p.* 160 , ne laissent aucun
doute à ce sujet ; aussi cet auteur regarde, comme
appartenant à la Truite, les espèces désignées sous les
noms de Truite *ordinaire*, Truite *Saumonée*, [1] Truite
de lac et de rivière, Truite *des Alpes*, Truite *Fario*,
Truite *Carpione* [2]. Dans le lac Lucendro, au Saint-

[1] La Truite saumonée est distinguée comme espèce dans
le *Dict. des Sc. nat.*, *tom.* 55, *p.* 544, *Atlas, ichthyolog.*,
pl. 73, *fig.* 2.

[2] D'après des expériences très-multipliées, consignées
dans les *Mémoires de la Société de physique et d'histoire
naturelle de Genève, tom.* iii , 1re *partie, p.* 159-168 , et
d'après des observations très-exactes, Jurine a conclu l'iden-
tité de toutes les espèces signalées ci-dessus ; en attribuant
leurs différences à des modifications dépendantes de l'âge,
du sexe, des saisons, de la nature des eaux, du genre d'a-
liment et de l'influence de la lumière. Cuvier n'a probablement pas goûté ces raisons, puisque dans le *Règne
animal, édit.* 2 , *tom.* 2 , *p.* 303, 304, il conserve comme
espèces les trois suivantes :

La grande Truite du lac de Genève, (*Salmo Lemanus,*

Gothard, les Truites étaient rouges, tandis que celles
de la Reuss, qui en sortent, sont blanches. La cupidité
mal entendue d'un aubergiste du bourg de l'Hopital,
qui ayant affermé le lac Lucendro, voulait rendre sa
pêche plus productive, en faisant jeter de la chaux en
trop grande quantité, a détruit presque tout le poisson;
lorsque l'action de la chaux aura disparu dans ce lac,

Cuv.), dont la chair est très-blanche; il y en a de quarante
et de cinquante livres, *Ouv. cité, p.* 3o3. C'est la Truite
de lac, de Jurine ; Jurine n'en a pas vu au delà de trente-
six livres.

La Truite saumonée, Dict. Sc. nat., Atlas, ichthy.,
pl. 73, fig. 2, *Salmo trutta*, Linn.; Bloch, ichthy., part.
1, p. 117, pl. xxi, a vu la tête jeter de la lumière, dans
l'obscurité.

La Truite pointillée, *Salmo punctatus*, Cuv., Bloch,
ichthyologie, part. iii, p. 135, pl. civ; c'est celle *des
Alpes*, de Jurine.

Il est assez difficile de juger entre Jurine et Cuvier. Le
premier parle d'après les faits et ses observations; il a
d'ailleurs pour lui l'autorité d'Artédi, *ichthy., part.* 11,
p. 76, *n°* 214, qu'il ne cite pas : le dernier est le représentant de la science, au xix siècle.

De nouvelles recherches me paraissent nécessaires pour
fixer ce point d'histoire naturelle ; Cuvier, qui avait connaissance de l'ouvrage d'Artédi, du travail consciencieux
de Jurine, ne l'ayant pas adopté, fournit quelques motifs
de doutes.

Les naturalistes de Genève sont invités à s'occuper de
cette recherche : ce sera le moyen de caractériser les espèces
confondues.

Artédi regarde comme excellent caractère spécifique le
nombre des vertèbres qui est constant : mais si l'on y

il sera curieux de s'assurer si les Truites s'y reprodui-
ront rouges, *Nouv. ann. des voyages*, 1835, *tom.* 4,
p. 103-104.

C'est à croire d'après les expériences de Jurine,
et d'après une lettre écrite par Pasch à Hermann,
pour lui apprendre que les habitans des bords du
lac de Thoun (canton de Berne), disaient qu'au
mois de décembre toutes les Truites étaient rouges, et
qu'au mois d'août elles étaient toutes blanches. J. Hermann, *Observ. zoolog.*, *p.* 311.

recourt, il faut se conformer aux indications qu'il trace.

« Pour éviter toute erreur, dit-il, *Ichthyol.*, *part.* II,
p. 76, 77, *n°* 215-217, il faut faire cuire le poisson de
manière à ce que la chair se sépare facilement des arêtes et
du squelette ; on enlève la colonne vertébrale, on la place
sur une assiette et on sépare soigneusement les vertèbres au
moyen d'un instrument tranchant ; il ne faut pas négliger
de compter la vertèbre la plus rapprochée de la tête, ni celle
qui joint la queue. Pour plus grande sûreté, il faut répéter
l'opération sur plusieurs échantillons de la même espèce. »

Quelquefois les espèces d'un même genre ont le même
nombre de vertèbres ; mais alors leurs caractères extérieurs
les différencient assez. D'ailleurs ce cas est rare, et Artédi
ne l'a observé que dans le seul genre Cyprin.

Bloch, *Ichthyologie*, (traduite en Français, par Delevaux), a donné le nombre de vertèbres et de paires de côtes
de différens poissons : il n'est pas toujours d'accord, comme
on peut le voir, avec Artédi, d'où l'on pourrait conclure
que l'assertion de ce dernier ichthyologiste n'est pas constamment exacte ; c'est pour cela que les naturalistes sont
invités à répéter ces observations pour leur donner le degré
de certitude désiré.

Il reste encore beaucoup à faire pour porter l'ichthyologie
au point où la science la souhaite.

Alors la température serait encore une cause du changement de couleur des Truites.

La couleur de la chair des Truites est trop variable pour pouvoir servir de caractères : M. de Courtivron s'en est assuré d'une manière positive sur les Truites de l'Ignon qui traversait son jardin. Il a transmis ses observations à Duhamel ; elles sont consignées dans le *Traité général des pêches,* 11ᵉ *part.*, *sect.* 11, *p.* 205-207, *p.* 214, à l'occasion des Truites de Courtivron, et rappelées par Jurine, *Hist. des poiss. du lac Léman*, *p.* 164. Or les Truites de Courtivron sont les Truites de l'Ignon ; elles ne diffèrent d'aucune manière de celles du Val-Suzon, de Sainte-Foi, de la Bèze [1] , et autres rivières du département de la Côte-d'Or.

« Ce poisson se trouve quelquefois dans la Saône ; il « provient du Doubs, lorsque cette rivière déborde « dans le temps du frai qui a lieu du 15 décembre au 15 « février. » *Note* de M. Pataille.

Ce poisson, d'après Bloch, fraie en septembre et en octobre, entre les racines des arbres et les grosses pierres.

Les œufs de truites sont de la grosseur d'un pois, d'une teinte orangée et d'une excellente saveur ; ils distendent fortement l'abdomen de la femelle à l'époque du frai. Bloch, *Ichthyol.*, *part.* 1, *p.* 102-124, *pl.* xix, *fig.* 13, en donne la représentation.

Ce poisson parvient à la taille de douze à quinze pouces et pèse de douze à treize onces le plus commu-

---

[1] La truite est commune dans la Haute-Bèze , jusqu'à Mirebeau. *Note de M. Boudot.*

Pour pêcher ce poisson à la ligne, il faut amorcer avec de la chair d'écrevisses prise aux pattes ou à la queue.

nément; il est très-vorace, et sévit même contre sa propre espèce ; les truites mises en réservoir se mangent souvent les unes les autres, suivant Jurine, *p.* 169 (1).

La rapidité avec laquelle les plus grosses Truites s'élancent sur un hameçon couvert de plumes, atteste que les insectes sont du goût de ce poisson. Il vit de petits poissons, de coquillages, de crustacés, de vers et d'insectes ; il est surtout très avide de larves de phryganes, connues aux environs de Dijon sous le nom d'Azerottes, mot déformé de *Casellottes, Casellæ,* diminutif de *Casa,* fourreau dans lequel se tiennent ces larves.

M. Dupuis, l'année dernière, a pris dans l'Ouche, derrière le clos de **M.** Brugnot, une Truite qui pesait 11 livres 1⁄2 et qui avait environ vingt-huit pouces.

Jurine, *Hist. cit.*, *p.* 175, a vu des Truites bossues et contrefaites, dont la forme arquée et tout à fait en **S,** le surprit singulièrement ; depuis il a vu un Brochet contrefait de la même manière, sans pouvoir pénétrer la cause de cette déviation, malgré le soin avec lequel il avait examiné les vertèbres de ce poisson. Schonevelde a signalé une pareille difformité sur la Brême.

La Truite fait, comme on le sait, l'ornement des tables délicates ; elle passe pour le roi des poissons d'eau douce, et fournit un aliment de bon goût et recherché ; accommodée en sortant de l'eau, elle est bien préférable.

« La Truite domine dans la Seine, elle est commune dans l'Aube et dans l'Ource ; la variété dite Saumonée se trouve aussi dans ces rivières ; mais elle est plus commune et surtout plus belle dans les eaux vives des fontaines, comme à Touillon, à Thoires, à Châtillon, etc., où elle présente des taches œuilletées, d'un rouge plus ou moins ardent, qui varient en étendue. » Note de M. Bourée.

La Truite aime une eau claire, froide, qui sorte des montagnes, qui coule avec rapidité et dont le fond soit pierreux ; dans les viviers on la nourrit avec le foie des animaux.

« A l'entrée de l'hiver, on voit souvent attachés sur la Truite des espèces de vers à peu près semblables, pour la forme, à une épingle, qui la sucent ; la truite ne reprend sa santé qu'en pénétrant dans les ruisseaux où, en se frottant sur le sable, elle se débarrasse de ces vers incommodes. » *Pisciceptologie par J. C****, (*Cuça*), 4ᵉ *édit.*, 1828, *p.* 68.

Ne serait-ce pas l'*Ascaris farionis* ou l'*Ascaris Truttæ*, Goèze, Gmel., *p.* 3036, *sp.* 68, 69 ?

Une observation analogue, faite anciennement sur l'Alose, a donné lieu à la fable de ses arêtes qui la tuent.

La Truite est encore tourmentée par l'*Echinorhynchus Truttæ*, Goèze, Gmel., *S. N.*, xiii, *p.* 3049, *sp.* 36. Encydop. méth., vers, tom. 2, p. 305, sp. 18 ;

Par la *Fasciola farionis*, Mull., Gmel., p. 3058, sp. 33. *Fasciola Truttæ*, Froelich, Gmel., p. 3058, sp. 34, appelée *Distoma laureatum*, Ency. méth., vers, tom. 2, p. 278, sp. 114 ;

Par la *Fasciola Lucii*, Mull., Gmel., p. 3058, sp. 36. Act. Genev., 1823, tom. 2, 1ʳᵉ part., p. 145, tab. *Distoma terticolle*, Ency. méth., vers, tom. 2, p. 268, sp. 54. *Douve à long col*, Ann. Sc. nat., 1824, tom. 2, p. 490, tab. 23 ;

Par le *Tænia Truttæ*, Froelich, Gmel., p. 3064, sp. 30.

Du temps de Rondelet, les habitans des Cevennes employaient les feuilles de noyer ou autres odorantes pour conserver les Truites et les envoyer au loin, en imitant le procédé employé par les riverains du lac de Garde, pour transporter le Carpion, *Salmo carpio ;* après l'avoir fait frire dans la poèle, ils l'enveloppent de feuilles de laurier, l'arrosent de vinaigre, et le transportent dans les autres villes d'Italie. *Rondelet, de Piscib. lacust. liber., cap.* XII, *p.* 158, *p.* 171.

XXXIII. L'Ombre, *Coregonus* [1] *thymallus,* Linn., Gmel., Sc. nat., édit. XIII, p. 1379, sp. 17, *sub* Salmo.

Bloch, *Ichthyol., part.* I, *p.* 128, *pl.* XXIV. L'Ombre d'Auvergne.

Jurine, *Hist. nat. des Poissons du lac Léman, p.* 187, *n°* 8, *pl.* 6.

Marsigli, *Danub., tom.* IV, *p.* 75, *pl.* XXV, *fig.* 2. Thymallus.

Bonnaterre [2], *Tableau encyclopédique des trois règnes. Ichthyol., pl.* 53, *fig.* 202. Mauvaise figure faite sur un individu altéré, *pl.* 69, *fig.* 281, assez bonne.

Meyer, *Représ., tom.* 2, *pl.* 52.

Geoffroi, *Mat. médic., in-4°, tom.* 3, *p.* 292.

Duhamel, *Pêches,* 2e *part., sect.* II, *p.* 218, *pl.* III, *fig* 2. Umbre de Clermout-Ferrand.

Rondelet, *De piscib. fluviatil. lib., cap.* XII, *p.* 187. *De* Thymo; *cap.* V, *p.* 172. *De* Umbra fluviatili.

Gesuer, *de Aquatilibus,* p. 1233.

Aldrovandi, *lib.* V, *cap* XIV. *De* Thymallo.

Aldrovandi, *de Piscib., lib.* V, *cap.* XV, *p.* 396. *De* Umbra fluviatili

Dict. Sc. nat., tom. X, *p.* 557. L'Ombre d'Auvergne. *Atas, Ichth., pl.* 72, *fig* 1.

[1] De κόρη, pupile de l'œil, et γωνία, angle, parce que la prunelle a l'air d'être anguleuse antérieurement.

Dans les poissons du genre Coregonus, les pierres de la tête sont oblongues et planes. Artédi, *Ichtiyol., pars* V, *page* 30.

[2] « Bonnaterre s'est quelquefois perdu lui-même dans sa collection, au point de mettre (n° 212) l'*Ombre* d'Auvergne, *Salmo thymallus,* à la place du *Sciæna umbra.* » Cuvier, *Hist. nat. des Poiss., tom.* I, *p.* 153.

Nouv. Dict. d'Hist. nat., tom. VIII , *p.* 57, Corégone Thymale ; *tom.* XXIII, p. 495. Le nom seulement.

J. Hermann , *Observat. zoologicæ ,* p 312.

D. 20 : P. 16-17 : V. 10-11 : A. 13 : C. 28-30.

L'Ombre a 59 vertèbres et 34 paires de côtes.

Membrane branchiostège à 10 feuillets.

Le nom de ce poisson vient, dit-on, de la rapidité avec laquelle il nage.

Effugiens oculos celeri levis Umbra natatu.

AUSONE.

Vincent de Beauvais, qui peut-être ne connaissait pas Ausone, dit : L'Ombre a reçu ce nom à cause de sa couleur d'ombre. *Speculum natur. , tom.* 1, *lib.* XVII, *cap.* XCVIII. Rondelet dit : A cause de sa couleur rembrunie. Gesner, à cause de la ressemblance de ce poisson avec l'Ombre de mer.

Quoi qu'il en soit, on distinguera facilement du Saumon et de la Truite ce poisson, dont la première dorsale, aussi haute que le corps et du double plus longue que haute, est tachetée de noir et quelquefois de rouge.

L'Ombre vit d'insectes aquatiques , d'escargots, de coquillages, dont on trouve les tests en quantité dans son estomac, de petits poissons, de petits mollusques, de frai, et d'autres substances animales ; il aime surtout les œufs de la Truite et du Saumon.

La femelle va déposer ses œufs sur les bords cailloulteux, en avril et mai. Ses œufs, de la grosseur d'un pois, sont jaunes, et leur présence augmente considérablement le ventre de la femelle.

La chair de l'Ombre est blanche, ferme et d'une saveur très-agréable, surtout dans les temps froids ; elle est plus grasse en automne que dans les autres saisons.

Jurine donne sur l'Ombre du lac de Genève des détails curieux que l'on peut voir dans son *Histoire des Poissons du lac Léman.*

Ce poisson croît fort vite ; il atteint la longueur d'un ou deux pieds et pèse alors deux ou trois livres ; il nage fort vite, et est par conséquent fort difficile à prendre hors le temps du frai.

Il meurt promptement hors de l'eau. Il n'y a, jusqu'à présent, rien de certain, dit Bloch, sur l'odeur agréable que les Anciens disaient s'échapper du corps de ce poisson, odeur comparée au thym par Elien, au miel par Ambroise, etc.

Il est facile de s'assurer que cette opinion des Anciens est fondée sur une observation faite avec peu de soins. Sur le bord des rivières et souvent même dans leur lit, croissent plusieurs plantes aromatiques, et principalement celles désignées sous le nom vulgaire de baume, (ce sont des espèces de menthes, *mentha aquatica*, Linn., *mentha hirsuta*, Linn.), à raison de l'odeur qu'elles exhalent lorsqu'on les froisse.

A l'époque du frai, les Ombres se frottent le ventre contre tout ce qu'ils rencontrent ; si dans l'endroit, où ils déposent leur frai, se trouvent quelques touffes de menthe, le frottement en dégage l'odeur qui adhère au corps du poisson ; et si dans cette circonstance le poisson est pris, il exhalera l'odeur de la plante labiée qu'il aura rencontrée.

En général, au moment du frai, la chair des poissons devient plus molle, moins savoureuse ; aussi les gourmets se l'interdisent-ils à cette époque.

L'Ombre, dans la Loue qui tombe dans le Doubs, près de Dole, pèse 2 à 3 livres ; aussi bon manger que la Truite. Les pêcheurs d'Heuilley en pêchent quelquefois de cette taille.

« L'Umbre est bon à manger, dit Joubert, quand l'Umbre (*lisez* Ombre) est bonne. » *Rondelet, des Poissons de rivière, p.* 127.

« Tocan. Ce poisson qu'on pêche dans l'Allier et autres rivières, peut être comparé, pour la grandeur et la couleur, aux harengs de bonne saison ; son dos est vert d'olive, un peu plus foncé qu'aux harengs ; cette teinte s'éclaircit sur les côtés ; et vers le tiers de sa circonférence, elle devient changeante et brillante comme la nacre de perle ; ses écailles sont fort petites ; le haut de son dos est un peu voûté ; sa tête est petite ; et quand sa gueule est fermée, la mâchoire supérieure excède un peu l'inférieure ; l'extrémité du museau est brune, tirant au noir, et dénuée d'écailles jusqu'au haut de la tête ; l'œil est petit et vif ; la prunelle est brune , et l'iris argenté ; les opercules des ouïes sont marquées des plus vives couleurs de nacre ; les nageoires sont placées comme à la Truite ; les écailles étant en lozange, il semble , en regardant le poisson dans un certain sens , que son corps soit rayé ; ce qui contribue à le rendre plus brillant. On en prend dans les eaux douces et dans les eaux salées. » *Encyclop. méthod., Dict. des Pêches, p.* 279.

Le nom de *Tocan* désigne ordinairement les Saumonaux au-dessous d'un an. *Rondelet, de Pisc. fluv. lib., p.* 169, *cap.* iii , *de* parvo Silmone ; mais dans le cas présent, il désigne le *Thym, Thymale* ou *Themero,* décrits dans l'*Encyclop. méthod., Dict. des Pêches, p.* 277, l'Ombre fluviatile , *Coregonus thymallus ,* Jurine, comme il est aisé de s'en assurer par la description.

La peau de l'estomac est si dure dans ce poisson, qu'on croirait toucher un cartilage. Dans l'Ombre, l'œsophage donne du côté droit la branche à l'extrémité de laquelle est le pylore. Cette branche, transverse ou même montante, prend tant d'épaisseur dans sa tunique charnue, qu'elle forme un véritable gésier, dont l'estomac ordinaire représente alors le jabot. *Cuv.*, tom. 1, *pag.* 504.

A l'époque du frai, c'est-à-dire au mois de mars, ce poisson marche en foule, par couple monogame ; il détourne les pierres avec sa queue ; la femelle dépose dans les fossettes qu'elles laissent, ses œufs, que le mâle arrose immédiatement de sa laite. Le frai, dit Marsigli, est ensuite recouvert, et les petits poissons éclosent en juin.

Cinquième famille des *Malacopterygiens abdominaux.*

CLUPES.

Corps écailleux, nageoire adipeuse nulle, mâchoire supérieure formée, comme dans les Truites, au milieu par des intermaxillaires sans pédicules, et sur les côtés par les maxillaires.

Dans les *Clupées*, le sternum consiste en une série d'os impairs, auxquels les côtes viennent se fixer ; les côtes sont fines comme des cheveux.

XXXIV. L'Alose, *Clupea alosa*, Linn. Gmel., S. N., xiii, p. 1404, sp. 3.

N. B. Excluez Bloch, *tab.* 30, *fig.* 1, qui représente une feinte [1], dont le bas ventre était dépouillé de ses écailles. Cette figure a induit en erreur J. Hermann dans sa *Tabula affinitat. animal.*, p. 326 (s).

[1] Ce mot *Feinte* vient de *Vint*, d'où l'on a fait *Ficte* ou *Fenicte*, pour désigner la *Clupea ficta*, appelée quelquefois *Pucelle*, de *Pulchella*, gentille, gracieuse, à cause de sa forme délicate.

Bloch annonce seulement 25 vertèbres à l'épine du dos.

Artédi, *Ichthy.*, *part.* v, *p.* 34, 55 vertèbres et 30 paires de côtes.

Duhamel, *Pêches,* 2ᵉ *part., sect.* iii, *cap.* 1, *p.* 316, *pl.* 1 [1], *fig.* 1, *p.* 541.

Lacépède, *Hist. nat. Poiss.,* tom. x, p 218.

Bonnaterre, *Tableau encyclop. des trois Règnes, ichthyolog. ,* pl. 75, *fig.* 312.

Rondelet, *de Piscibus liber.,* vii, *cap.* xv, *p.* 220. *De* Thrissa.

Geoffroi, *Mat. médic.,* 4º, tom. 3 , *p.* 235-239.

Gesner, *de Aquatilib., p.* 21. *De Alausa, Clupea vel* Thrissa.

Nouv. Dict. d'Hist. nat., édit. 2, tom. 1, *p.* 337.

Dict. des Sc. nat., tom. ix, *p.* 438.

Le nom de ce Poisson vient du mot *Halsa* employé par Albert-le-Grand, pour le désigner; suivant les Saxons, l'Alose est appelée *Jesen.* Dans la basse Allemagne on l'appelle *Verich,* et en latin *Aristosius* ou *Aristosus* [2].

[1] Duhamel a figuré sur cette planche quelques détails anatomiques de l'Alose.

[2] Albert-le-Grand, *Opera, tom.* vi, *p.* 661, parle, sous le nom de *Verich,* d'un poisson désigné en latin sous le nom d'*Aristosius,* à cause de la grande quantité d'arêtes dont sa chair est lardée; aussi ce poisson est peu estimé; et d'après Vincent de Beauvais, *Specul. natur., tom.* 1, *lib.* xvii, *cap.* xcviii, qui écrit *Venth* au lieu de *Verich,* il est la nourriture seulement des gens pauvres.

Sa pêche se fait en usant du son d'une cloche, au dire de nos deux auteurs, répété par Bloch, *Ichthyologie, part.* 1, *pag.* 169. Gesner croit que ce poisson est une espèce d'Alose; mais la description donnée par Albert-le Grand et par Vincent de Beauvais est trop vague pour permettre une application exacte; car cette description conviendrait également à presque tous les Cyprinoïdes, aux Clupes, etc., etc.

Souvent les côtes, ou plusieurs d'entre elles, portent, en appendice, un ou deux stylets adhérens à quelque point de

L'Alose [1] se reconnaît à l'échancrure du milieu de la mâchoire supérieure, à l'absence de dents sensibles, et à une tache irrégulière noire derrière les ouies.

Elle atteint jusqu'à trois pieds de longueur, et remonte au printemps dans les rivières. Elle suit principalement les bateaux chargés de sel, et pendant le mois d'avril et aux mois de mai et juin on en pèche dans la Saône où elle vient frayer ; passé ce temps on n'en trouve plus, elle retourne à la mer.

Ce poisson est simplement de passage dans notre département, c'est un excellent manger, mais la grande quantité de petites arêtes qui traversent sa chair le fait peu rechercher ; aussi Albert-le-Grand, dit-il, à cause de ses nombreuses arrêtes, ce poisson n'est mangé

leur longueur, qui se dirigent en dehors et pénètrent dans les chairs. Il y a quelquefois aussi de ces stylets qui partent du corps de la vertèbre, au-dessus de la côte, pour pénétrer dans les chairs. C'est ainsi que les arêtes des poissons se multiplient ; on en voit un exemple notable dans la famille des Harengs, dont presque toute la chair est traversée d'arêtes fines comme des cheveux. Cuvier, *Hist. nat. des Poissons*, tom. 1, *p.* 362. Aussi Hermann, après avoir dit, *Observat. zoolog.*, *p.* 315 : « Le squelette de l'Alose est « quelque chose d'admirable ; mais on ne peut l'obtenir que « par le secours des insectes », donne la description de celui qu'il possédait.

Cette disposition nous donne la facilité d'expliquer la multitude d'arêtes dont sont pourvus les Cyprinoïdes, surtout ceux appartenant à la division des *Ables*.

[1] Parvam Alausam Galli Pucellam (Pucelle) nominant, velut transpositis litteris pro Clupella. *Nomenclator aquat. animant.*, *per Conradum Gesnerum*, 1560, *p.* 322.

Telle est l'origine du nom Pucelle.

que par les pauvres. Il meurt promptement après son extraction de l'eau. Il se nourrit de vers, d'insectes et de petits poissons. Il a pour ennemi, le Brochet, la Perche.

Rondelet, Gesner, Aldrovandi, ont parlé de ce poisson ; ils ont fait sur ses noms des commentaires assez étendus. Gesner assure positivement que le *Thrissa* des Grecs est le *Clupea* des Latins ; aussi, dit-il, les Aloses adultes sont dites *Thrissæ* et les jeunes *Trichides*, à cause de la grande quantité d'arêtes capillaires de ce poisson, appelé par Albert-le-Grand *Aristosius*.

Aldrovandi signale la rugosité âpre du ventre, aminci en carène, si on la suit à rebours, et la couleur noire de la langue.

Il répète l'assertion de Rondelet qui avait dit : plus les Aloses sont pêchées loin de la mer, plus elles sont délicates, et c'est la raison pour laquelle on les mange meilleures à Lyon qu'à Marseille.

Gesner parle d'excellentes Aloses pêchées dans la Loire. « Elles sont, dit-il, de la taille de grands Bar-« beaux ; leur chair est tendre comme celle de l'Ombre « (*Thymallus*). »

Rondelet, en parlant de la grande quantité d'Aloses que l'on pêche dans l'Allier, dit s'être assuré du pouvoir de la musique sur ce poisson qui saute dans les filets tendus pour le prendre ; il a fait ces observations à Maringues, petite ville du département du Puy-de-Dôme.

Si on peut ajouter foi à la narration de Rondelet, il a vu des Aloses accourir au son des violons, et sauter en nageant sur la surface de l'eau.

Il y a encore de l'exagération dans le trait qu'ajoute cet historien ; il dit avoir vu prendre dans l'Allier, d'un seul coup de filet, plus de 1200 tant Aloses que poissons.

Dictionnaire théorique et pratique de chasse et de pêche (par Delisle de Sales), *tom.* 1 , *p.* 18-19.

Je ne quitterai pas l'histoire de l'Alose sans rappeler la *Clupea*, dont les Anciens ont parlé d'après Callisthenes de Sybaris, comme le dit Stobée.

« Callisthenes sybarita autor est, citante Stobæo , in Arari Galliæ fluvio nascitur magnus quidem piscis clupea (κλυπαία·) nominatur ab incolis, qui crescente luna albus est : decrescente, totus nigrescit : et corpore nimium aucto a propriis spinis interimitur ; in hujus capite lapis reperitur similis grumo salis , qui optime facit ad quartanas sinistro lateri corporis alligatus decrescente luna. Hæc quidem an clupeæ in Arari accidant, viri naturæ studiosi quibus cognoscendi facultatem fluminis illius vicinitas præbet , observabunt. Ego aliquando an de carpione potius hæc intelligenda essent, dubitavi. » *Gesner, de Aquatilib.*, *p.* 24.

Voici la traduction de ce passage par Gollut :

« Le philosophe Calisthene , (ainsi qu'escript Stobé), dict , que *Arar* est appellé , pour autant qu'il se mesle dedans le Rhosne, Ω ρεερὰ Το ρὸδανό, et adiouste, que ce fleuve de *Arar* nourrit un poisson, qu'il appelle Clupea, (que nostre du Pinet, traduict Alose), lequel hat en la teste, une petite pierre, comme un grain de sel, laquelle sert pour les fiebures quartes, si l'on l'attache au costé gauche, sur le défaut de la lune. Mais je ne peux penser, que ce soit une alose ; car le mesme autheur escript, que ce poisson est blanc au croissant de la lune, et noirastre au défaut ; et qu'il devient si gras, que enfin il se tue de ses arestes, et espines propres. » Gollut, *p.* 75, 76, *liv.* ii, *ch.* ix ; sous les titres :

Poisson admirable en la Saône.

Poisson de mirable nature.

Gollut , ne s'occupant nullement d'ichthyologie , n'avait jamais examiné soigneusement l'Alose : il ne connaissait pas la pierre d'oreille de ce poisson ; aussi a-t-il traduit *Similis grumo salis*, semblable à un morceau de sel, par les mots : *Comme un grain de sel*, ce qui offre un sens entièrement différent, et totalement opposé au texte de Gesner, et conséquemment à celui de Stobée.

Gesner, à la suite de la citation de ce passage, dit : « *Hæc quidem an Clupeæ in Arari accidant, observabunt*, etc., c'est-à-dire, les naturalistes rapprochés de la Saône, sont invités à nous dire si les Aloses de cette rivière ont toutes les qualités dont parle Callisthènes. » Jusqu'à présent ce passage est resté obscur, mais il est facile de l'éclaircir comme nous allons le démontrer.

La petite pierre [1] , comme un grain de sel, existant dans la tête de l'Alose, est l'os de l'oreille.

Callisthènes avait certainement vu la pierre d'oreille de l'Alose ; sa forme et sa blancheur lui avaient rappelé les grains de sel blanc auxquels il l'a comparée , et cette comparaison n'est pas entièrement dénuée d'exactitude.

Les vertus, attribuées aux pierres d'oreille de l'Alose, par différens auteurs de matière médicale et entre autres par Geoffroi, ne laissent aucun doute sur la nature et

---

[1] Os saltem illud petrosum , quod in capite ejusdem (*Alosae*) detegimus, ad propellendum calculum et arenam, imo virtutis suæ alkalinæ ergo, ad absorbenda primarum viarum acida utilissimum judicatur. *St. Fr. Geoffroy*, *Tractatus de Mat. medic.*, tom. 3 , p. 238.

Les médecins d'Orléans se donnent à tort comme ayant découvert la pierre d'Alose ; elle était connue longtemps avant eux.

sur le caractère de cette fameuse pierre, dont Gesner n'avait aucune idée.

On attribuait à ce poisson une petite pierre [1], comme un grain de sel, merveilleuse amulette contre la fièvre quarte ; on disait ce poisson, blanc au croissant de la lune, et noirâtre à son défaut ; enfin on ajoutait : ce poisson devient si gras qu'il se tue par ses propres arêtes, ainsi que le répète Jan Pierius Valerian, *Comment. sur les Hyerogliphiques par Gabriel Chappuis, tom.* 1, *p.* 532.

Passons aux autres merveilles attribuées à l'Alose, blanche, disait-on, au croît de la lune, et noire à son déclin.

A l'époque où l'astrologie était très-fort en vogue, on attribuait à la lune un pouvoir extraordinaire ; mais en examinant avec un peu plus de soin, on reconnut l'abus, fondé seulement sur certaines époques.

L'Alose, comme on le sait, est de couleur blanche, avec une tache noire derrière les ouïes ; mais lorsqu'elle est écaillée, elle laisse voir quelquefois sur ses côtés des taches noires dont le nombre est très-variable.

Si à l'époque de la nouvelle lune un pêcheur a pris une Alose pourvue seulement des deux taches noires, il la regardera comme blanche ; si trois semaines après, il en prend une autre chargée d'une grande quantité de taches noires, il regardera cette dernière comme noire ; il attribuera alors à l'influence de la lune cette différence de couleur, dépendant uniquement de la disposition individuelle de ces poissons.

[1] On trouve dans la tête de l'Alose un os qui est estimé, etc., dit Lémery, *Traité des Alimens,* 2ᵉ *édit., p.* 403; *Dict. Sc. nat., tom.* ix, *p.* 440.

Le changement de couleur de l'Alose a lieu par sa desquamation; en effet la chute des écailles laisse apercevoir les taches de la peau.

Le changement de couleur du poisson suivant les phases de la lune, préjugé fondé sur l'influence attribuée jadis par les Astrologues, au satellite de la terre, était le résultat de la présence des taches sur les flancs de ce poisson, taches dont le nombre est très variable.

Lorsque ce poisson est écaillé, on voit sur ses côtés des taches dont le nombre varie : Hermann en a compté sept d'un côté et huit de l'autre; j'en ai vu quatre d'un côté et six de l'autre.

Sur des Aloses non écaillées, j'ai compté huit taches d'un côté et six de l'autre, outre celles placées derrière les ouïes. Quelquefois je n'en ai vu que quatre et même trois; d'autres fois six sur un côté, et seulement cinq sur l'autre : en général, il y a une très-grande variété dans le nombre des taches.

La troisième merveille de l'Alose est son excessif embonpoint, cause de sa mort amenée par les arêtes.

Ces prétendues arêtes sont tout simplement des vers intestinaux dont la trop grande abondance entraîne la mort du poisson.

L'Alose nourrit en effet dans son intérieur une sorte de vers filiforme, appelé par les naturalistes *Echynorynchus alosæ*, Herm., Gmel., syst. nat., XIII, p. 3049, sp. 40; *Encycl. méth.*, vers. tom. 2, p. 312, n° 52.

Ce ver filiforme, trouvé dans une Alose, dont il aura percé la peau, aura été pris pour une arête par des observateurs superficiels et ignorans : la fable, bâtie sur cette erreur, se sera ensuite propagée, comme beaucoup d'autres, puis on l'aura admise comme un fait positif. Cette explication est confirmée par des observations analogues faites dans l'Epinoche et l'Epinochette, à l'occasion du Botryocéphale solide; *voy. ci-dessus, pp.* 86, 87; et dans la Truite, à l'occasion de l'*Ascaris farionis,* ou de l'*Ascaris Truttæ. Voy. ci-dess., p.* 263.

Les prétendues arètes ou épines qui tuent l'Alose devenue grasse, c'est-à-dire gonflée, sont simplement des vers intestinaux, dont la trop grande abondance dans ce poisson lui donne la mort.

L'Alose en effet nourrit dans son intérieur une sorte de vers filiforme, appelé par les naturalistes *Echinorynchus Alosæ,* Herm. Gmel. S. N. xiii, p. 3049, sp. 30. *Encyclopéd. méthodique, vers, tom.* 2, *p.* 312, n° 52; le Bothriocéphale de l'Alose, Dict. Sc. nat., tom. 57, p. 610.

Ce ver filiforme, trouvé dans une Alose morte, aura été pris pour une arète par des observateurs ignorans, et la fable bàtie sur cette erreur, se sera ensuite propagée comme beaucoup d'autres, puis aura été admise comme un fait positif.

Les Aloses qui se sont rétablies de la maladie que le frai leur a occasionnée, retournent à la mer. Duhamel, *Traité génér. des pêches,* ii° *part.,* sect. iii, *p.* 319.

Octostoma Alosæ, Douve qui se trouve en abondance dans les branchies de l'Alose; elle est repliée entre les lames branchiales et imite de petits flocons de mucosité. Kuhn, *Mém. du Mus. d'Hist. nat.,* t. 18, *p.* 358, *sp.* 1.

La longueur de la tète de l'Alose est 3 1/2 fois dans celle du corps; à la base de la langue assez courte, on remarque l'appareil pectiné des arcs branchiaux qui présente un aspect très agréable, ce dont il est facile de s'assurer en ouvrant les màchoires.

Le cœur est tétraedre, les appendices cæcales très-nombreuses sont appliquées contre l'estomac.

J'ai toujours été surpris que les ichthyologistes ne se soient jamais occupés de rechercher les faits réels sur lesquels les commentateurs ont disserté longuement et inutilement, à l'occasion des récits merveilleux rapportés d'après les Anciens.

A la vérité, Cuvier, à plusieurs reprises, est parvenu à reconnaître les véritables objets défigurés dans les anciens auteurs. J'ai eu aussi la satisfaction de retrouver plusieurs objets mentionnés par Pline, voy. *Act. Div.*, 1835, *p.* 84; par Rondelet, *Op. cit., p.* 28; et dans la circonstance actuelle, j'ai accepté l'invitation, faite dans le XVIᵉ siècle, par Gesner aux naturalistes rapprochés de la Saône, et j'ai ramené les merveilles annoncées par Callisthènes, à leurs véritables causes.

XXXV. L'Agone, *Clupea sardinella*, Nob.

Rondelet, *de Piscib. lacust. lib., cap.* ii. De Chalcide.

Ce poisson, commun dans les lacs du Dauphiné, et vendu, jadis, à Lyon, sous le nom de *Célerin* [1], n'a pas été décrit d'une manière exacte par les ichthyologistes modernes. La figure, que Rondelet en a donnée, est la répétition de celle placée *de Piscib., lib.* vii, *cap.* xii, *p.* 217, alléguée au *Clupea sprattus*, Linn., par Lacé-

---

[1] On pêche dans les lacs de Savoie des poissons qu'on nomme *Célerins*, parce qu'ils ressemblent beaucoup aux *Célerins* de mer; leurs écailles sont menues, luisantes et peu adhérentes. Ils sont très-gras; on les prend au printemps, et on sale les plus petits, parce qu'ils se conservent mieux, ayant moins d'huile que les gros. *Encycl., Diction. de toutes les Pêches, an* iv (1796), *p.* 35, extrait de Rondelet, *Hist. des Poissons des lacs, chap.* 2, *p.* 105.

pède, *Hist. nat. des Poiss.*, tom. 10, *p.* 216, signalée
depuis longtemps par Gesner, *de Aquatilibus, p.* 990,
comme une mauvaise figure de Sardine, et mentionnée
par Cuvier, *Règn. anim.*, éd't. 2, *tom.* 2, *p.* 235.

« Dans les lacs des Alpes françaises, dit Bosc, on
« nomme aussi *Célerins* des poissons très-probablement
« de la famille des Cyprins, mais dont on n'a point dé-
« terminé l'espèce. » *Nouv. Dict. d'Hist. nat.*, éd. 2,
tom. 5, *p.* 462. *Dict. Sc. nat.*, tom. 7, *p.* 351.

En rédigeant cet article, Bosc ne s'est pas rappelé
l'article *Agon*, qu'il avait placé dans le tome premier.

« AGON, poisson qu'on pêche en abondance dans les
« lacs de Garde et de Côme en Italie. On l'appelle
« *Sardine* sur le premier de ces lacs, parce qu'il a la
« grosseur et la saveur de ce poisson de mer ; comme la
« Sardine, il perd de sa bonté peu d'instans après sa
« mort. Aussi n'est-ce qu'à Garde et à Côme que j'en
« ai mangé d'excellens. Il est décrit sous le nom de *Cy-*
« *prinus agone* dans les *Deliciæ Insubriæ* de Scopoli ;
« mais il n'a pas été figuré. » *Nouv. Dict. d'Hist. nat.*,
tom. 1, *p.* 209.

« La Sardine du lac de Garde, dans la Lombardie,
« est une espèce de Cyprin, le même que celui appelé
« *Agone* sur le lac de Côme, également dans la Lom-
« bardie, et mentionné sous ce nom, page 71 de la
« première partie de la *Fauna Insubr'a* de Scopoli. »
Nouv. Dict. d'H'st. nat., éd't. 2, tom. 30, *p.* 197.

Dans ces trois passages, Bosc s'est borné à adopter,
sans critique, le nom donné par Scopoli à son Cyprin
Agone ; mais la description de l'Agone donnée par Cuvier, cadre avec celle de la Finte, (*Clupea finta*, Cuv.,
Clupea ficta, Lacépède ; il aurait fallu dire *Clupea
fallax*, car Lacépède n'a point de *Clupea ficta*); *Venth*

des Flamands, *Agone* de Lombardie, *Lachia* [1] *alachia* d'Italie.

« La Finte, dit Cuvier, est plus alongée que l'Alose « et a des dents très-marquées aux deux mâchoires et « cinq à six taches noires le long des flancs; son goût « est de beaucoup inférieur. » *Cuvier, Règn. anim.,* 2ᵉ *édit., tom.* 2, *p.* 320.

Les auteurs ne s'accordent point sur les dents de ce poisson. Scopoli lui en refuse, parce qu'il le rapporte au Cyprin et non à une Clupe. Voici la description qu'il donne :

Cyprinus (*Agone*) lanceolatus, quinque uncialis, compressus; pinna dorsali anique 13 radiata. Corpus totum argenteis squammulis obtectum, vix semipedale : dorsum fuscum, latera pallidiora fusco maculata; maculis octo aut novem; venter attenuatus, albidus; dentes nulli. Maxilla inferior longior, irides argenteæ macula nigra hæmisphærica prope branchias linea insidens. Membrana branchiostega, radis 3.

Nomen à Bellonio datum retineo : nam inter Cyprinos Linnæi, Gronovii aliorumque nullum invenio cujus differentia specifica nostro huic conveniat. Descriptus tamen extat apud Willughby, *Ichthyol., lib.* 4, *g.* 9, § 8. Ejusque iconem dedit nuper Clariss. Bertrand, *Traité des Pêches, p.* 11, § v, *pl.* 1, *fig.* 5. Hujus duplex varietas occurrit quarum una major in lacu Verbano, alia vero minor in Lario, utraque à nostris *Agone* vocata. Inter Cyprinos clarissimi Leske hanc speciem non

---

[1] Rondelet, *de Piscib. fluviatil. liber., cap.* XVI, en parlant du Gardon, dit qu'en Italie on l'appelle *Lascha,* et en Languedoc *Siège.* Le rapport de *Lascha* avec *Lachia* a pu causer plus d'une équivoque.

invenio, neque inter illas quas Linnæus recenset cirrhis destitutas, et cauda bifida instructas. Sola est idus et orfus, in quibus pinna ani constat radiis tredecim, à quibus tamen nostra hæc pluribus caracteribus differre videtur. Cave etiam ne confundas cum Clupea Harengo, cui Salvianus et Larius *Agoni* nomen dederunt, cujus habitum quodammodo refert. Joh. Ant. Scopoli, *Deliciæ floræ et faunæ Insubriæ*, pars 1. *Ticini*, 1786, *pp.* 71, 72.

Il est à croire que Scopoli a fait cette singulière description sur notre *Clupea sardinella*; mais en la rapportant au genre Cyprin, il rend très-difficile son adoption.

Le *lacus Verbanus* est le lac Majeur; et le *Larius* est le lac de Côme. Rondelet avait déjà dit que le Chalcis se trouvait dans ces deux lacs.

« Petits poissons ressemblant à de grosses Sardines,
« apportés d'Italie par Fougeroux de Bondaroy, pêchés
« dans le lac de Guarda ¹. Dents nulles au bord des mâ-
« choires; longs de 7 à huit pouces. En passant le doigt
« sous le tranchant du ventre, depuis l'anus jusqu'à la
« gorge, on sentait des dents à peu près semblables à
« celles d'une faucille, de même qu'aux Aloses, aux
« Feintes, aux Harengs, aux Sardines, etc. On les confit
« avec une saumure. Fougeroux de Bondaroy, qui a
« mangé de ce poisson en Italie, dit qu'il est fort bon.

« Les Agons de Belon se trouvent dans le lac Majeur,
« celui de Côme, de Garde, de Lugano, etc. On ne

¹ La pêche du lac de Garde fournit en abondance des poissons d'espèces très-variées et d'un goût délicat, qui, des ports de *Desenzano*, de *Salo* et de *Peschiera*, sont portés dans les pays environnans. *Voyages d'un exilé*, par le baron d'Haussez, 1835, *tom.* 1, *p.* 251.

« peut assurer si ce sont les Sardanelles du lac *Grigole,*
« à une petite distance de Véronne. » *Duhamel, Traité
gén. des Pêches,* 11ᵉ *part.,* 111ᵉ *sect., p.* 490, § 1, § 2.

« Gesner dit qu'un pêcheur l'avait assuré qu'on nom-
« mait vulgairement *Gobioni* les petits Agons ; qu'on
« conservait la dénomination d'*Agons,* pour ceux de
« moyenne taille, et que les plus grands s'appelaient
« *Aloses* ou *Cepiæ.* » Duhamel, *Ouv. cit., p.* 491.

Voici le texte de Gesner : « Piscator Lacarnensis
Agonos minimos, vulgo Gabianos dici mihi asserebat,
majusculos Agonos, maximos Cepias. Sed Cepiæ videntur
esse Clupeæ, genus ab Agonis diversum, et à mari
ascendens quod Agoni non faciunt. » *Gesner, de
Aquatilib., p.* 19.

Ce passage est une preuve de la confusion qui existe
partout en ichthyologie ; car les petits Agons, *Gobioni,*
sont de véritables Goujons, méconnus par Pollini, qui
les a décrits et figurés sous le nom de *Cyprinus benacensis,* dans son ouvrage intitulé : *Viaggio al lago di
Garda.* Les Agons sont notre *Clupea sardinella,* Vall.,
et les Aloses le *Clupea alosa,* Linn.

« Du Liparis de Belon, trouvé dans un lac de
« Macédoine, appelé Covios ou *Limnous pischiac,*
« ayant les mâchoires garnies d'aspérités, et a des as-
« pérités sous le ventre. » *Duham., Ouv. cit., p.* 492.

J. Hermann, *Observ. zoolog., p.* 316, a parlé de
la *Clupea sardinella* sous le nom de *Misoltini ;* il décrit
des individus salés dans lesquels il ne peut saisir tous les
caractères ; cependant il indique l'abdomen non-seulement caréné, mais denté en scie. « On les prend au mois
« de mai, dit-il, dans le lac de Côme, et on les nomme
« *Agones ;* on les vide derrière les ouïes du côté droit.
« On en prend de plus petits, au mois de septembre,

« dans les profondeurs du lac; on les appelle alors
« *Agones gras.* Etant salés, on leur donne le nom de
« *Misoltini.* » Hermann , *Ouv. cit., p.* 316.

Les renseignemens fournis à Hermann ne sont point
conformes à ceux donnés par Aldrovandi. « Ces poissons,
« dit-il, sont exquis dans les mois de juillet, août, sep-
« tembre et octobre. » Ils les décrit sous la rubrique
de *Saracho,* et y rapporte le *Chalcis* de Rondelet,
Aquo vulg. *Aldrov., de Piscib., lib.* v, *cap.* LVIII ,
p. 665-667.

Suivant Gesner, *de Aquatilib., p.* 19, *p.* 257, le
nom d'*Aco* ou *Aquo,* radical d'*Agone* [1], a été donné à
la *Clupea sardinella,* Nob, à cause des petits aiguillons
ou des écailles aigues qui, sous le ventre, forment une
ligne rude et épineuse. Cet auteur, *p.* 39, décrit ce
poisson sous le nom d'*Albula minima;* et *p.* 26, *lin.* 3,
il parle d'un poisson blanc (*Weissfich* des lacs de Carin-
thie), si gras, qu'il est inutile d'employer d'autre graisse
pour le faire rôtir; et Rondelet, *de Piscib. lacustrib.,*
p. 149, dit des Agones : Ces poissons s'engraissent tellement dans le lac de Côme et dans le lac Majeur, que
placés sur le gril, leur graisse coule comme de l'huile.
Ces deux poissons seraient-ils les mêmes? Je le croirais.

Lacépède, qui n'avait jamais vu d'Agone, n'en a pas
inscrit le nom dans son *Hist. nat. des Poiss.* ; seulement
tom. x, *p.* 386, il dit : *Agonen, Lagonen,* noms
donnés en Suisse au *Cyprinus leuciscus* (Saiffe), quand
il approche de tout son développement.

C'est donc par erreur que Scopoli et Bosc son copiste
ont rangé l'Agone parmi les Cyprins.

---

[1] Agone, ab acu, eo quod sub ventre lineam habet ser-
ratam. Gesner.

Comment Bosc, en mangeant ces poissons, n'a-t-il pas reconnu les caractères des Clupées, que Rondelet, Belon, Aldrovandi, Fougeroux de Bondaroy et Duhamel, avaient très-bien déterminés? Scopoli, en rangeant l'Agone dans le genre Cyprin, a augmenté la confusion parmi les poissons des environs d'Aix, signalés dans le *Manuel de l'étranger aux Eaux d'Aix, par le docteur Despine fils*, 1834, *p.* 8. Je trouve, *n°* 18, Sardine, *Clupea sardinia*, le lac, vulg. Mirandèle.

S'agit-il de la *Clupea sardinella*, Vall., ou bien n'a-t-on voulu qu'indiquer, soit le *Cyprinus alburnus*, Linn., l'Ablette appelée *Sardine* en Savoie, soit le Goujon, *Cyprinus gobio ?*

C'est une question à résoudre par les naturalistes de la Savoie.

IIIe ordre des POISSONS MALACOPTÉRYGIENS SUBBRACHIENS.

Nageoires ventrales attachées sous les pectorales, parce que le bassin des poissons de cet ordre est immédiatement suspendu aux os de l'épaule.

L'os coxal, représentant l'os innominé, la cuisse, la jambe et le tarse, est de forme triangulaire ; la pointe du triangle est en avant et s'attache à la symphise des os appelés *Humérus*, par Cuv., *Poiss.*, 1, *p.* 377.

Notre département ne possède qu'un seul poisson de cet ordre ; c'est la Lote, espèce du genre Gade, *Gadus*, Linn., reconnaissable à ses ventrales, attachées sous la gorge, et aiguisées en pointe.

Bloch, *Ichthyol., part.* II, *p.* 122. *Aigrefins.*

XXXVI. La Lotte. Lotte commune *ou* de rivière, *Gadus lota*, Linn., Gmel., S. N., éd. XIII, p. 1172, sp. 14.

Bloch, *Ichthyologie, part.* II, *p.* 158, *pl.* LXX.

Marsigli , *Danub.*, *tom.* IV , *p.* 71 , *tab.* XXIV , *fig.* 1.

Jurine , *Hist. des Poissons du lac Léman* , p. 148, *n° 2, pl. 2.*

Lacépède , *Hist. nat des Poissons* , tom. IV , p. 209.

Dict. des Sc. nat., tom. 27, p. 232. *Atlas, ichthyol., pl.* 35 , *fig.* 2.

Bonnaterre , *Tableau encycl.*, *pl.* 30 , *fig.* 110.

Meyer , *Représ.*, *tom.* 1 , *pl.* 71.

Rondelet , *De Piscib. lacustrib. liber.*, cap. XIX , de Lota, *cap.* XX, *de pisce qui a vulgo* Barbota *dicitur.*

Gesner , *de Aquatilib.*, p. 707.

Nouv. Dict. d'Hist. nat., tom. XVIII , p. 204.

1re D. 13 : 2e dorsale, 76 : P. 21 : V. 7 : A. 55. 58 vertèbres , 18 paires de côtes.

Ce poisson jugulaire couvert d'une mucosité gluante, se reconnaît facilement à sa forme alongée, à son corps presque cylindrique, jaune, marbré de brun, à la longueur de la deuxième nageoire dorsale, à la longueur de l'anale, à sa tête un peu déprimée, à un seul barbillon au menton. Les Gades ont des dents, en crochets, nombreuses et fortes partout, excepté à la langue et aux arcades palatines ; leur vomer n'en a qu'une bande transverse en avant.

Ce poisson a reçu une foule de noms, *Motelle*, *Moutelle*, *Barbotte*, source de la confusion qui se remarque dans les ouvrages des anciens ichthyologistes ; pour s'en faire une idée , il suffit de recourir à Belon , Rondelet , Willughby , qui l'ont regardé comme deux espèces différentes. Gesner en fait six espèces ; d'après lui, Aldrovandi , Jonston , en font de même six espèces. Il suffit de parcourir l'article *Mustela* , donné par Gesner dans son ouvrage intitulé : *De Aquatilibus*, *p.* 696-728 : sous ce titre l'auteur range la Lamproie , *de Mustela sive Lampetra*, fig. qui, p. 699, est désignée sous le nom d'anguille étrangère ; p. 703, sous celui de Nüneugaal , novem oculorum anguilla ; la Lotte, et à

l'occasion de ce dernier poisson il dit, *p.* 709 : « A
« Sens on l'appelle *Boullause*, à cause des bulles con-
« tenues dans son ventre ; en Savoie on la désigne
« sous le nom de *Moustelle*, *Mouttoille*, *Moustoile* ;
« sur le Rhône, dans le Valais *Setchot* [1]. »

Rondelet a parlé deux fois de ce poisson, d'abord,
p. 164, sous le nom de *Lota*, et ensuite, *p.* 165, sous
celui de *De pisce qui à vulgo* Barbota *vocatur*. Malgré
la mauvaise figure faite d'après un individu desséché,
on ne peut méconnaître la Lotte dont tous les caractères
se retrouvent non-seulement dans la figure, mais
encore dans la description. La différence de nom en
avait imposé à Rondelet.

Le nom de *Barbota* [2] donné à ce poisson, vient du
barbillon de son menton. Les Grecs appellent la Lotte
Claria ; on peut lire dans Belon, *p.* 117, *Observat. de
plus. Singularitez*, *liv.* 1, *chap.* LIII, l'anecdote de ces
Juifs qui, se disputant sur les écailles de ce poisson,
furent sur le point d'en venir aux mains.

[1] Le nom *Setchot*, donné à la Lotte, est évidemment
corrompu de *Septem oculi*. En effet le corps alongé de la
Lotte, de la Lamproie, de l'Anguille, du Mal, du Misgurn,
et de beaucoup d'autres poissons les a fait ranger sous la
même dénomination, *Mustela*. On conçoit alors comment
leurs synonymes ont été transposés, et comment le nom
de la Lamproie, *Sept œils*, a été appliqué à la Lotte ; celui
de *Neunauge*, au Misgurn fossile, etc., etc.

Aussi Gesner avait-il déjà signalé l'inconvénient de
donner le même nom à des poissons différens.

[2] Barbotte, parce qu'il se plaît à barbotter dans l'eau
trouble. *Dict. théor. et pratique de Chasse et de Pêche*,
(par Delisle de Sales), *tom.* 1, *p.* 76. Lote, *tom.* 2, *p.* 120.
Mustele, *p.* 196.

Aldrovandi parle aussi plusieurs fois de la Lotte, d'abord sous le nom de *Barbota Gallorum,* Aldrov., *de Pisc. b. lib.* v, *cap.* vi, *p.* 575, ensuite sous celui de *Lotta Gallorum, lib.* v, *cap.* xlvi, *p.* 648 ; puis sous les noms de *Botatrissia* [1] *fluviatilis,* à cause de sa grande gueule et de son corps anguilliforme, et de *Mustela fluviatilis et lacustris Gesneri,* il donne la figure d'une Lotte de la plus grande taille ; à la page 578 il l'appelle *Trissia fluviatilis.*

Albert-le-Grand, *opera, tom.* vi, désigne la Lotte sous le nom de *Borbocha,* et Vincent de Beauvais, *Spec. nat., tom.* 1, *lib.* xvii, *cap.* xxxv, sous celui de *Borbotha* [2].

Albert-le-Grand a formé le nom *Borbocha* de *Barba* et *Boca,* pour caractériser le barbillon sous-mentonier de ce poisson.

Gesner, *De Aquat., p.* 712, dit : « On donne le « nom de *Borboche* à tous poissons qui se tiennent « toujours au fond des rivières ou des lacs, et dont la « forme, imitant celle de l'Anguille, est cependant plus « courte et plus renflée. » Il dit ensuite : « *Bar- « botte* désigne un poisson pourvu de barbillons. » Et enfin les *Borbotes* sont des poissons visqueux, comme l'Anguille, et que l'on dépouille comme elle. Sous ce nom sont désignés, le *Silurus glanis,* la Lotte, l'Esturgeon. *Gesner, de Aquatilib., p.* 1048.

Cardan donne de la Lotte une description très-exacte : il lui impose le nom de *Botta,* outre, à laquelle les

---

[1] *Botatrissia* désigne aussi le Chabot, chez Gesner, *de Aquatil., p.* 711, *ligne* 52.

[2] Vincent de Beauvais a fréquemment altéré la véritable orthographe des noms.

Milanais l'ont comparée. La première lettre de ce mot ayant été remplacée par une *l*, devient l'origine du nom *Lotte*, sous lequel ce poisson est aujourd'hui connu. Comme la tête, dit Bloch, a beaucoup de rapport avec celle de la grenouille, et le tronc avec celui de l'anguille, les Hollandais l'ont appelé *Put ael*, et les Anglais *Eclpout*.

Les anciens auteurs, dépourvus de la connaissance des véritables caractères des êtres, s'en rapportaient seulement aux noms dont on se servait pour les désigner, et comme ces noms étaient imposés arbitrairement, les mêmes étaient employés pour désigner des objets très-différens; c'est ce qui rend si difficile la détermination de ceux dont les Anciens ont parlé.

Ainsi par exemple Aldrovandi, *de Piscib.*, p. 575, au chapitre de *Barbota Gallorum*, après avoir indiqué (à tort je pense) que le nom *Barbote* avait été donné à la Lotte, non à cause de son barbillon, mais parce qu'elle barbotte dans la vase comme le canard, ajoute : « Ce poisson n'a jamais plus de six pouces, et a de très grands rapports avec la Lotte des Lyonnais. » Il est certain que dans ce chapitre il a confondu ce qui regarde la Lotte, et ce qui regarde la Loche, *Corbitis barbatula*, Linn., ou plutôt le *Cobitis tænia*, Linn., dont la longueur n'est effectivement que de six pouces.

La Lotte, dont la cornée est très convexe, a été désignée anciennement par le mot *Mustela* (radical de *Moutelle* qu'on lui donnait dans quelques endroits), appliqué encore à beaucoup d'espèces de poissons, soit marins, soit d'eau douce. Le motif de cette dénomination se tire, dit Gesner, *de Aquatilib.* p. 700, de la longueur du corps de ces poissons, jaune sur le dos, blanc sous le ventre, comme dans les Belettes, *p.* 698.

lig. 16; il le tirait, *à mustelino colore* id est *sublivido* [1];
et dans un autre endroit, il l'attribuait à l'habitude
qu'a la Lotte de se tenir en embuscade dans des trous,

[1] Rondelet, *de Piscibus marinis, lib.* xiv, *pag.* 400,
avait déjà parlé de la couleur sublivide, cause du nom
Mustela.

Voici le texte de Gesner : De Mustela, sive Lampetra,
Bellonius.

Hunc piscem, Mustelam, nominant Latini, à maculati
hujus nominis quadrupedis tegminis similitudine, *p.* 696,
lin. 17.

Dans ce passage, il est évidemment question de la Lotte,
dont la peau offre des marbrures bien prononcées.

Quod si Mustelæ, Lampetræ sint, a mustellino colore,
id est, sublivido (quid si a corpore oblongo potius?
ut marinæ etiam puto) dictas fuisse arbitror, *pag.* 698,
lin. 16.

On ne peut méconnaître à ces traits la Lamproie.

Mustela, dicitur nam ut Gale (γαλη, id est Mustela)
serpentes persequitur, *p.* 700, *lin.* 53.

Cette phrase a trait à des espèces de Squales, dont le
nom *Mustela* a été donné à la Lotte, poisson rusé, se tenant, disait-on, en embuscade comme les Belettes et les
Chats.

La Lotte aime particulièrement une eau claire, dit Bloch,
et se cache au fond dans les creux formés par les pierres,
d'où elle épie les poissons sur lesquels elle se jette avec rapidité. Sa cornée transparente, dit Jurine, *Act. Gen.,*
1821, *tom.* 1, *p.* 2, (2), est très-convexe, tandis que dans
la plupart des poissons l'œil est aplati en avant et convexe
en arrière.

Les pierres d'oreille des Gades sont elliptiques, crénelées
dans leur bord, relevées dans leur milieu.

L'orifice antérieur des narines dans la Lotte a ses bords

et de s'élancer sur la proie qu'elle guette, avec une agilité comparée à celle des Chats et des Belettes, *Mustela*, d'où le nom de *Moutelle*, employé dans quelques lieux ; mais borné en Bourgogne aux *Loches*.

On nourrit la Lotte dans les viviers avec le foie de bœuf haché.

La Lotte est si vorace, dit Jurine, qu'on a trouvé dans l'estomac d'une, qui ne pesait qu'une demi-livre, jusqu'à quinze Perchettes presque entières, *Act. Genev.*, *tom.* 3, 1re *part.*, *p.* 149. Elle détruit le frai des autres poissons, et beaucoup de fretin ; elle s'attache même à l'Epinoche qui lui enfonce ses arêtes dans le gosier; elle chasse pendant la nuit; la meilleure amorce pour la prendre est le *Séchot* et le *Goujon*; prise sà cent brasses et au-dessous, les Lottes ont souvent leur vessie à air atrophiée, elles sont alors complètement aveugles.

Ce poisson qui a la vie dure, fraie en février, suivant Jurine, et décembre et janvier, suivant Bloch. Ses œufs [1] sont nuisibles comme ceux du Brochet et du Barbeau; mais son foie [2] volumineux est regardé comme un mets délicat; aussi a-t-il donné lieu au dit-on vulgaire :

> Pour un foie de Lotte
> Femme donne sa cotte.

tubuleux, et la tubulure du bord se prolonge, par un de ses côtés, en un tentacule.

La Lotte, longue de plus de douze décimètres, apportée du Danube à Chantilly, vue par Valmont de Bomare, et citée par Lacépède, *Hist. nat. des Poissons*, *tom.* IV, *p.* 215, était certainement un *Mâl*, *Silurus glanis*, Linn.

[1] Ova alba, exilia, mollia, obiter perquirenti lactes videntur. Marsili, *Dan. Pannon.*, *tom.* IV, *p.* 72.

[2] Hepar pro illecebrâ existimatur. Marsili, *loc. cit.*

Au dire de Bloch, une comtesse de Beuchlingen employait la plus grande partie de ses revenus pour se procurer des foies de Lotte.

La chair de ce poisson, garnie d'arêtes, est blanche, agréable au goût.

Dans les appendices cœcales de la Lotte vit le *Tænia rugosa*, Batsch, Gmel., Syst. nat., p. 3078, sp. 75, *Botriocephalus rugosus*, Encycl. méth., vers, tom. 2, p. 146, sp. 6.

On trouve encore dans la Lotte le Triænophore noduleux. *Dict. Sc. nat., tom.* 55, *p.* 185, *pl.* 48, *fig.* 3.

IVᵉ Ordre des POISSONS MALACOPTÉRIGIENS. APODES.

Ces poissons ont tous une forme alongée, une peau épaisse et molle qui laisse peu paraître leurs écailles; ils ont peu d'arêtes.

L'anguille; Bloch, *Ichthyol., part.* III, *p.* 1. Corps serpentiforme.

XXXVII. L'ANGUILLE, *Murœna* [1] *Anguilla*, Linn., Gmel., S. N., XIII, p. 1133, sp. 4.

Bloch, *Ichthyologie, part.* III, *p.* 3, *pl.* LXXIII.
Jurine, *Hist. des Poissons du lac Léman*, p. 147, *nº* 1, *pl.* 1.
Marsili, *Danub.*, tom. IV, *p.* 4, *pl.* 1, *fig.* 3.
Bonnaterre, *Tabl. encycl., Ichthyol.*, *pl.* 24, *fig.* 81.
Lacépède, *Hist. nat. Poiss.*, tom. 3, *p.* 290.
Dict. des Sc. nat., *Atlas*, *pl.* 82, *fig.* 1. Murène Anguille, *tom.* 2, *p.* 143.
Rondelet, *de Piscib. fluviat. liber*, *cap.* XXIII, *p.* 198.
Meyer, *Représentations*, tom. 1, *pl.* 42.
Gesner, *de Aquatilib.*, *p.* 46.

L'Anguille manque des dents palatines et linguales; mais les deux mâchoires et le vomer sont hérissés de petites dents droites, fortes, mousses, serrées.

[1] De μύξω, couler, glisser, parce qu'à raison de sa mucosité, elle glisse des mains.

Albert le Grand, *Opera*, tom. vi, p. 648.

Nouv. Dict. d'Hist. nat., édit. 2, tom. 1, p. 53o.

Geoffroi, *Mat. médic.*, 4°, tom. 3, p. 193.

Dict. des Sc. nat. N. B. Au mot Anguille, on est renvoyé à l'article *Murène*, où il n'est point question du poisson dont nous parlons, malgré la bonne figure insérée dans l'*Atlas, Ichthyol.*, pl. 82, *fig.* 1.

Artedi donne une description complète des parties internes et externes de ce poisson, *Ichthyol.*, part. v, p. 66.

Le nom français de ce poisson vient de son nom grec ΕΓΧΕΛΥΣ qui lui a été donné soit parce qu'il se tient au fond de la vase, soit parce qu'on l'y pêche, soit parce que sa flexibilité lui permet de se rouler sur lui-même.

L'Anguille a le corps long, étroit, uni et couvert d'une mucosité visqueuse ; l'*ouïe* est petite et fort en arrière.

Ce poisson connu depuis long-temps, et dont la forme ne laisse aucune incertitude pour sa détermination exacte, offre aux naturalistes un problême qui, jusqu'à ce jour, est demeuré insoluble malgré les travaux de Spallanzani.

Quelques naturalistes, *Eph. nat. Cur., Déc., annus* 1, 1670, *obs.* 119, *Collect. Acad., part. étr.*, tom. 3, p. 19, regardent l'Anguille comme vivipare, et Elsener prétend avoir vu des jeunes dans le sein de la mère ; mais les naturalistes modernes n'ont pu s'assurer de cette assertion.

La chair de ce poisson fait les délices des tables succulentes ; je me bornerai seulement à dire que ce poisson a la vie très dure, et s'il faut en croire certains observateurs, des Anguilles avalées par des Brochets ou par des Esturgeons, auraient été rejetées entières et pleines de vie.

On prétend avoir rappelé à la vie, en les plongeant dans l'eau froide, des Anguilles gelées depuis quatre jours. *Archiv. littér. de l'Europe*, tom. 1, p. 80.

L'absence des nageoires ventrales a fait placer l'An-

guille, par Linné , dans sa division des poissons
Apodes.

On trouve de temps en temps des Anguilles borgnes
de l'œil gauche. *Act. Paris.*, 1748, *p.* 27, 28.

Ce poisson a, comme nous l'avons dit, la vie très
dure; mais si on le pique à la queue, il périt sur le
champ. M. Moreau, président du comité central d'a-
griculture, en a fait souvent l'expérience, et il a indiqué ce moyen à plusieurs pêcheurs qui s'en sont servis
avec avantage, pour extraire, de leurs trous, les Anguilles qui s'y étaient retirées.

M. Moreau a pris également sur un pré une énorme
Anguille qui s'y était réfugiée, parce qu'on avait mis
rouir du chanvre dans la rivière où elle se tenait.

Elle se nourrit de vers, d'insectes, de petits poissons,
du frai des gros, des cadavres en décomposition, de
substances végétales, et même, dit-on, des pois nou-
vellement semés, dont elle est très avide, et qu'elle va
chercher; elle ne va à la chasse que la nuit, dit Bloch;
pendant le jour elle se cache dans la bourbe, où elle s'enfonce en faisant deux ouvertures à sa retraite obscure,
afin que si l'une se trouve par hasard bouchée, elle
puisse s'échapper par l'autre. Dans les viviers, on la
nourrit de foies de bœufs.

Le cœur de l'Anguille est carré.

L'Anguille est sujette à une éruption qui consiste
dans des taches blanches, depuis la grandeur d'un
grain de millet, jusqu'à celle d'une lentille; les pêcheurs croient que cette maladie se guérit par le contact du *Stratiotes aloïdes*, Linn.

Dans l'Anguille et dans le Congre, l'ethmoïde reste
toujours à l'état cartilagineux, et disparaît quand les
squelettes sont trop macérés.

Les pêcheurs, dit Cuvier, reconnaissent quatre sortes d'Anguilles communes, qu'ils prétendent former autant d'espèces, mais que les auteurs confondent sous le nom de *Murena anguilla*, Linn.

L'*Anguille verniaux*, que Cuvier croit la plus commune.

L'*Anguille à long bec*, dont le museau est plus comprimé et plus pointu.

L'*Anguille plat bec*, *grig-eel* des Anglais ; le museau plus aplati et plus obtus ; l'œil plus petit.

L'*Anguille pimpernaux*, *glut-eel* des Anglais ; museau plus court à proportion, yeux plus grands qu'aux autres sortes.

Cuvier, *Reg. animal, éd.* 2, *tom.* 2, p. 349, (1), avait promis une description comparative et des figures exactes dans sa grande histoire des poissons ; mais la mort l'a empêché de tenir sa promesse.

« Les pêcheurs de la Saône, dans les environs de « Pontailler, distinguent deux espèces d'Anguilles, « la blanche et la grise rougeâtre. » *Note* de **M.** Pataille.

Les pêcheurs de la Saône, dans les environs de Seurre, distinguent quatre espèces d'Anguilles, l'argentée sous le ventre, la jaune, la brune et la longue noire. *Note* de **M.** Baudot.

La différence de couleur n'est pas un caractère suffisant pour constituer des espèces ; aussi je regarde comme de simples variétés les Anguilles blanche et grise rougeâtre.

Les Anguilles sont sujettes à plusieurs vers intestinaux.

1. *Ascaris anguillæ*, Redi, Gmel., p. 3035, sp. 60 ; c'est un *Liorhynchus*.

Zeder et Rudolphi ont vu dans l'estomac de l'Anguille le Liorhynque de l'Anguille. *Liorhynchus denti-
culatus*, Rud. , Dict. Sc. nat. , tom. 57, p. 548.

Ne serait-ce pas l'*Ascaris anguillæ* vue par Redi?

2. *Echinorhynchus anguillæ*, Mull. , Gmel. , p. 3046,
sp. 21, Encyclop. méthod. , vers, tom. 2, p. 304,
sp. 11.

3. *Cucullanus lacustris*, Mul. , Gmel., p. 3051, sp. 6,
a. Vivipare suivant Leuwenoeck.

4. *Fasciola anguillæ*, Leuw , Gmel. , p. 3056, sp.
22, Ency. méth. , vers , tom. 2, p. 261 , sp. 17.

5. *Tænia nodulosa*, Goeze , Gmel. , p. 3072, sp. 50.
Triœnophore noduleux, Ency. , vers, tom. 2, p. 753 ,
Dict. Sc. nat. , tom. LV, p. 185, atlas , pl. 48, fig. 3.

6. *Tænia anguillæ*, Batsch. , Gmel. , p. 3078, sp.
74. *Rhytelminthus anguillæ*, nouv. Dict. d'Hist. nat. ,
éd. 2, tom. 29, p. 285. *Botriocephalus claviceps*, Enc.,
vers, tom. 2, p. 145, sp. 3. Dict. Sc. nat., tom. 57,
p. 610, tom. 5, suppl. , p. 47.

La peau d'Anguille, coupée en lanières, est employée
par certains paysans pour attacher leurs fléaux, parce
qu'elle a plus de ténacité que le meilleur cuir. La peau
d'Anguille est souple et transparente; les Tartares des
confins de la Chine s'en servent au lieu de vitres à leurs
fenêtres.

Il y a une cinquantaine d'années, lorsque la mode
existait de porter les cheveux longs, soit roulés dans un
ruban, soit renfermés dans une bourse de soie, on attachait les cheveux près de la tête avec une lanière de
peau d'Anguille, pour les faire grandir, disaient les
perruquiers.

« On voit quelquefois de jeunes Anguilles, dit Bloch,
part. III, *p.* 6, sortir du derrière des Cicognes et des

Hérons qui les ont avalées [1] ; j'ai été, continue-t-il, témoin d'un fait analogue : on avait mis par plaisanterie une Loche de marais, *Cobitis fossilis*, Lin., dans la gueule d'une chèvre; cette Loche s'était introduite dans les boyaux à force de se démener, et enfin on la vit sortir par l'anus. »

Bloch, *part.* III, *p.* 6, *note* (y).

Bloch ne dit pas si les Anguilles et le Misgurn dont il parle, ont été rendus vivans; je ne le crois pas, cela serait en effet une exception bien extraordinaire aux expériences de M. Flourens, consignées dans les *Annales*

[1] « L'Esturgeon avale l'Anguille tout entière, et souvent sans la blesser; dans ce dernier cas, il arrive que déliée, visqueuse et flexible, elle parcourt toutes les sinuosités du canal intestinal, sort par leur anus, et se dérobe par une prompte natation, à une nouvelle poursuite. Il n'est personne qui n'ait vu un lombric avalé par des canards, sortir de même des intestins de cet oiseau, dont il avait suivi tous les replis. » *Lacépède, Hist. nat. des Poiss., tom.* 3, *p.* 309, 310.

Est-ce réellement le lombric avalé par le canard qui est rendu? ne serait-ce pas plutôt l'*ascaris anatis?*

Suivant Bœcler, les maquignons introduisent une Anguille dans l'anus des chevaux pour les rendre plus vifs, et les faire paraître plus gras. Quelques vétérinaires font avaler aux chevaux poussifs, une Anguille qui traverse leur canal alimentaire sans périr. Gesner dit avoir connu une personne qui rendit entière une Anguille qu'elle avait avalée. L'essaiera qui voudra. Suivant quelques ornithologistes on fit avaler jusqu'à neuf fois la même Anguille à un plongeon qui la rendit entière chaque fois.

J'en appelle toujours aux expériences de M. Flourens, qui subiraient alors une exception bien singulière.

des Sciences naturelles 1832, *tom.* 27, *p.* 53, et dans les *Mémoires de l'Institut*, 1833, *tom.* xii, *p.* 483, 502, 531.

L'orifice antérieur des narines de l'Anguille a ses bords tubuleux.

L'enveloppe générale du corps de ce poisson offre des écailles petites, minces et comme noyées sous un épiderme épais.

Avant de quitter l'histoire de l'Anguille, je dois rappeler celle *retirée du puits* de la maison de détention de Beaulieu *au mois de juillet* 1831, et dont M. Eudes des Longchamps a donné l'histoire et la figure dans les *Mémoires de la Société Linnéenne de Normandie*, 1833, p. 47, pl. 4, fig. 4.-6.

Cette Anguille était remarquable par le développement extraordinaire de ses yeux, dont les orbites plus agrandis déformaient la tête. Cette monstruosité dépendait-elle de la profondeur du puits dans lequel vivait cette Anguille, ou était-elle congéniale ? C'est sur quoi l'auteur n'ose se prononcer; il se contente seulement de faire observer que la Carpe commune, et le Cyprin doré de la Chine, ont quelquefois montré un développement extraordinaire des yeux.

La faculté dont jouit l'Anguille de vivre hors de l'eau, pendant quatre et même cinq jours, surtout lorsque le vent du nord souffle, me fait penser qu'une d'elles, échappée de la petite rivière de l'Odon, éloignée d'un bon quart de lieue, aura gagné la maison de détention de Beaulieu, et sera tombée dans le puits.

Dans la séance de l'Académie des sciences (12 octobre 1835), M. Arago a montré des Anguilles de diverses grosseurs, prises dans un fleuve souterrain. Des poissons de même espèce, provenant d'un puits artésien creusé à Elbeuf, ont été envoyés à l'Académie par M. Girardin, professeur de chimie à Rouen. *Act. Linn.*, *Budigal.*, 1836, *tom.* 2, *p.* 199.

II° *série.* Poissons Cartilagineux ou Chondroptérygiens, ou, pour parler plus exactement, à Périoste grenu, *Cuv.*, *Hist. nat.*, *Poissons*, *tom.* 1, *p.* 553.

Ces poissons manquent des os maxillaires et inter-maxillaires, ou plutôt, ils ne les ont qu'en vestiges cachés sous la peau, tandis que leurs fonctions sont remplies par les os analogues aux palatins, et même quelquefois par le vomer.

Le squelette de ces poissons est essentiellement carti-lagineux ; la matière calcaire s'y dépose par petits grains et non par filets.

La substance gélatineuse, qui, dans les autres pois-sons, remplit les intervalles des vertèbres et communique seulement de l'un à l'autre par un petit trou, forme dans plusieurs Chondroptérygiens, une corde qui enfile tous les corps des vertèbres sans presque varier de diamètre.

Ier ordre des Chondroptérygiens, *ou* VII° *ordre* [1] *de la classe des poissons.*

Sturoniens *ou* Chondroptérygiens à branchies libres.

Les ouïes n'offrent qu'un seul orifice très-ouvert et garni d'un opercule, mais sans rayons à la membrane branchiale.

[1] Les V° et VI° ordres, les *Lophobranches* et les *Plec-tognathes*, ne renferment que des poissons marins, étrangers à notre département et aux eaux douces de la France.

Genre. **Esturgeon**. *Acipenser*, Linn.

Bouche placée sous le museau, petite et dénuée de dents ; corps plus ou moins garni d'écussons osseux, implantés sur la peau en rangées longitudinales.

Bloch, *Ichthyologie*, *part.* III, *p.* 78.

XXXVIII. L'Esturgeon ordinaire. *Acipenser sturio*, Linn., Gmel., *Sc. nat.*, *édit.* XIII, *p.* 1483, *sp.* I.

Bloch, *Ichthyologie*, *part.* III, *p.* 80, *pl.* LXXXVIII.
Duhamel, *Pêches*, 2ᵉ *part.*, *sect.* VIII, *p* 220, *pl.* I *et* II.
Lacépède, *Hist. nat. Poiss.*, *tom.* 2, *p.* 257.
Nouv. Dict. d'Hist. nat., *édit.* 2, *tom.* I, *p.* 150. Acipenser Esturgeon, *tom.* X, *p.* 479. Esturgeon.
Dict des Sc. nat., *tom* XV, *p.* 371. *Atlas*, *ichthyol.*, *pl.* 10.
J. Hermann, *Observat. zoologicæ*, *p.* 294.
Geoffr., *Mat. médic.*, *in*-4°, *tom.* 3, *p.* 187.

Ce poisson est connu depuis longtemps : les Anciens l'ont signalé ; dans le Moyen-Age, Albert-le-Grand, *Opera*, *tom.* VI, *p.* 659, et Vincent de Beauvais, *Speculum natur.*, *tom.* 1, *lib.* XVII, *cap.* XCV, ont parlé de l'Esturgeon.

Rondelet, *de Piscibus fluviatilib. lib.*, *cap.* VI, *p.* 173, *De Attilo*, donne une mauvaise figure de l'Esturgeon.

L'Esturgeon ordinaire se reconnaît aux écussons forts et épineux disposés sur cinq rangs.

Ces écussons sont de véritables écailles dont la forme et la grosseur en font de vrais boucliers.

Il remonte les fleuves à l'époque du frai : il fréquente la Loire, le Rhône ; ainsi il n'est point surprenant qu'on en prenne quelquefois dans nos environs.

Il y a une trentaine d'années, à l'époque des Aloses, un Esturgeon a été pris dans le Doubs. M. Moreau,

président du Comité central d'Agriculture , de Dijon ,
qui l'a vu , m'a dit qu'il avait environ huit pieds de
longueur. Ce poisson suivant des bateaux de sel , avait
remonté le Rhône , la Saône , et s'était engagé dans la
rivière du Doubs [1]. A peu près à la même époque
un autre Esturgeon a été pris à Lyon , près de l'embouchure de la Saône. Sa chair est assez semblable à
celle du veau.

L'Esturgeon peut avec sa mâchoire supérieure fouiller
dans la bourbe et le sable , et faire passer dans sa gueule
les poissons et les vers qu'il y trouve. Il se nourrit de
Harengs , de Maquereaux et de Gades ; engagé dans
les fleuves , il attaque les Saumons ; sa chair est grasse
et de bon goût, sa laite est surtout fort délicate ; ce
poisson fraie au printemps, c'est-à-dire en avril et en
mai. Ses œufs sont de la grosseur d'un grain de chenevis.

L'épine dorsale de l'Esturgeon consiste en un cartilage homogène et demi-transparent ; mais beaucoup des
os de sa tête et de son épaule ont au moins une lame
de leur surface, complètement durcie et ossifiée.

On compte 28 vertèbres.

En partie, dans l'Esturgeon le trou de communica-
tion des vertèbres est si large que les corps des vertèbres
peuvent être considérés comme des anneaux , et que le
cordon qui les enfile n'a point d'inégalités dans son diamètre.

Il se forme dans les reins de l'Esturgeon commun ,
et dans ceux du Hausen , une production calculeuse
rayonnée du centre à la circonférence ; le peuple Russe

[1] Il aurait pu tout aussi bien remonter la Saône plus
haut, et se laisser prendre dans la partie de cette rivière
qui traverse notre département.

lui attribue des vertus merveilleuses. *Bullet. Féruss.*, 1830, *Sc. nat., tom.* XXIII, *p.* 131.

On trouve quelquefois dans les intestins de l'Esturgeon :

1° L'*Echinorynchus sturionis*, Goèze, Gmel., *p.* 3050, *sp.* 48.

2° L'*Oohiostome de l'Esturgeon*, Dict. Sc. nat., tom. 57, p. 540, pl. 30, fig. 7.

3° Le *Monostoma foliaceum*, Dict. Sc. nat., tom. 57, p. 582.

4° Sur les branchies et les opercules de ce poisson vit la *Nitzschie élégante*, Dict. Sc. nat., tom. 57, p. 568.

VIIIe ordre des Poissons. IIe ordre des Cartilagineux. Chondroptérigiens à branchies fixes.

Dans ces poissons, les branchies sont attachées à la peau par leur bord extérieur ; en sorte que l'eau ne sort de leurs intervalles que par des trous de la surface.

1re famille. Selaciens.

Elle comprend les *Squales* ; la peau de plusieurs d'entr'eux est employée dans les arts pour polir : et les *Raies*, dont la *Bouclée* et la *Ronce* se trouvent sur nos marchés et se voient fréquemment pendues aux crochets de nos restaurateurs.

2e famille. Suceurs.

Les poissons de cette famille n'ont ni pectorales ni ventrales ; leurs parties dures ne consistent qu'en un cartilage homogène et demi-transparent ; leur corps, alongé, se termine en avant par une lèvre charnue, circulaire ou demi-circulaire ; et l'anneau cartilagineux qui supporte cette lèvre, résulte de la soudure des palatins et des mandibulaires.

Le corps de toutes les vertèbres est traversé par un seul cordon tendineux , rempli intérieurement d'une substance mucilagineuse (*corde*) qui n'éprouve point d'étranglemens, et qui les réduit à la condition d'anneaux cartilagineux à peine distincts les uns des autres.

Cette corde ne constitue pas l'épine ; elle représente seulement les cartilages intervertébraux. *Act. Paris.*, 1821, 1826, *tom.* v, *Hist.*, *p.* 188. Cuvier, *Progrès des Sc. nat.*, 1834 , *tom.* 4, *p.* 22, 23.

Genre Lamproye. *Dict. Sc. nat.*, *tom.* 39, *p.* 312. Petromyzon [1].

L'enveloppe générale du corps ne paraît rien offrir qui ressemble à des écailles.

Caractères génériques : Sept ouvertures branchiales de chaque côté ; la peau se relève au-dessus et au-dessous de la queue , en une arête ou plutôt en une crête longitudinale qui tient lieu de nageoires , mais où les rayons ne s'aperçoivent que comme des fibres à peine sensibles.

Les deux narines de la Lamproie sont rapprochées sur le sommet de la tête , et s'ouvrent par une petite ouverture commune.

XXXIX. La grande Lamproie, Lamproie marbrée , Lamproie marine, *Petromyzon marinus,* Linn., Gmel., /Sc. nat., xiii, p. 1513, sp. 1.

Bloch , *Ichthyologie, part.* iii, *p* 31, *pl.* lxxvii.
Bonnaterre, *Tableau Encycl., ichthyol., tab.* i, *fig.* 1.

[1] De πέτρος, pierre, et μύζω, je suce ; traduction grecque de *petras lambere*, d'où *lamb*ens *petras*, parce que ce poisson adhère aux pierres, par sa bouche.

Lacépède, *Hist. nat. Poissons*, tom. 1, p. 3.

Rondelet, *de Piscib. marin.*, *lib.* xiv, *cap.* iii. De Lampetrâ.

Gesner, *De Aquatil.*, p. 697. Lampetra [1] major fluviatilis.

Aldrovandi, *de Piscib.*, p. 533. Lampetra major.

J. Hermann, *Observat. zoolog.*, p. 290

Albert-le-Grand : Tertium (Lampetræ genus) est magnum ad spissitudinem brachii hominis, et ad longitudinem cubiti vel amplius, et non habet oculos. Gesner, *de Aquatilib.*, p. 702, *lin.* 30.

Gesner n'a pas remarqué qu'Albert-le-Grand confondait la Lamproie avec l'Anguille, qui effectivement n'a point d'évens (*oculos*) latéraux.

Au surplus, Gesner, *de Aquatilib.*, p. 698, paraît confondre la Lamproie, la Lotte, le Mâl, l'Anguille. etc.

Nouv. Dict. d'hist. nat., *édit.* 2, tom. 25, p. 435. Petromyzon Lamproie.

Dict. des Sc. nat., tom. 39, p. 318. La grande Lamproie. Atlas, *Ichthyol.*, pl. 17.

Le dos d'un vert brunâtre ou jaunâtre, marbré de brun ; corps anguilliforme, uni, couvert d'une mucosité gluante ; deux nageoires dorsales bien distinctes et d'une couleur orangée pâle ; corps long de deux à trois pieds, marbré de brun sur un fond jaunâtre ; la première dorsale bien distincte de la seconde ; deux grosses dents rapprochées au haut de l'anneau maxillaire ; les dents nombreuses, pyramidales, disposées en cercle dans la cavité de la bouche, sont des caractères suffisans pour distinguer ce poisson de ses congénères.

La Lamproie marine remonte les rivières au printemps, à l'époque du frai, aux mois de mars, avril et mai, suivant Bloch ; lorsqu'elle commence à s'engager dans l'embouchure des fleuves, son squelette est gélatineux ou à peine visible ; plus tard il s'épaissit ; c'est

---

[1] Lampetra mustela dicitur, nam ut gale, (γαλῆ, id est mustela), serpentes persequitur. Gesner, *de Aquatilibus*, p. 700, *lin.* 52. Gesner attribue à la Lamproie une habitude de l'Anguille et de la Lotte.

ce que le vulgaire appelle la *Corde,* et il se durcit à la fin de la saison. Aussi, ce poisson, qui atteint la taille de deux à cinq pieds, a la chair très-délicate, surtout lorsqu'il y a peu de temps qu'il a quitté la mer. C'est un manger très-estimé.

Tous les ans, le jour de la St. Thomas d'Acquin, un Duc de Bourgogne régalait son confesseur avec une Lamproie; et s'il n'était pas possible de se procurer un poisson de cette espèce, il lui faisait donner, en dédommagement, une certaine somme.

Cette anecdote étant relative à notre département, je rapporte la pièce originale qui la constate :

Etat des Officiers et Domestiques de JEAN, *Duc de Bourgogne.*

Confesseur :

Frère Jean MARCHANT, Evêque de Bethléem.

M. le Duc donna à M. de Bethléem, son confesseur, trois francs, le quatre mars, pour et en récompensation de la Lamproie saint Thomas d'Acquin (tombant le 7 mars), dont on ne peut finer (trouver) à Provins où il étoit, laquelle ledit confesseur a accoustumé d'avoir tous les ans. *Compte de Jean de Noident, commençant le 1ᵉʳ janvier* 1418, *finissant le dernier juin* 1419.

Voyez *Mémoires pour servir à l'histoire de France et de Bourgogne, par M. de la Barre.* Paris, in-4°, 1729, tom. 2, p. 92.

Ces Mémoires ont été recueillis par Dom des Salles, Bénédictin, et mis au jour par de la Barre. L'exemplaire de la Bibliothèque du Roi l'attribue à N. de Bois-Morel, religieux de St.-Benigne de Dijon, qui se fit protestant. Voy. Barbier, *Dict. des Ouvrages anonymes,* 2ᵉ *édit.,* 1823, *tom.* 2, *p.* 393, *n°* 11713.

Les détails contenus dans la pièce que je viens de citer, sont bien plus exacts que ceux consignés dans le *Dict. des Sc. nat.*, tom. 39, *p.* 322, et reproduits de la manière suivante :

« Le confesseur de Philippe-le-Hardi était un dominicain, qui, d'après deux bulles d'Urbain V, pouvait se dispenser du jeûne et de l'abstinence de la chair. On donnait à ce confesseur une Lamproie, le jour de la St. Thomas d'Acquin, ou 45 sols s'il ne s'en trouvait pas. » Il avait bouche à la Cour et 100 livres de pension, assignées sur la terre d'Arconcey. *France littér.*, 1836, *tom.* 24, *p.* 128.

Les Ducs de Bourgogne, Philippe-le-Hardi et ensuite Jean-sans-Peur, envoyaient chaque année, le 17 janvier, une offrande aux Antonins (religieux de saint Antoine) de Norges près Dijon, *Almanach de la province*, 1777, *p.* 215, et cette offrande consistait en autant de porcs gras qu'il y avait de princes et de princesses dans leur maison. Philippe-le-Hardi en donna neuf en 1396. *France littéraire*, 1836, *tom.* 24, *pp.* 128, 129.

M. Pataille, à l'occasion de la Lamproie, me transmet les renseignemens suivans, qu'il tenait d'un excellent pêcheur d'Heuilley : « La Lamproie, en quittant la mer
« pour se rendre dans nos rivières, n'est point arrêtée
« par les écluses; lorsqu'elle se trouve barrée par une
« portière, d'après la conformation de sa bouche et de
« ses dents, elle s'attache fortement à la portière, fait
« un mouvement de la queue qui la jette et la lance
« plus haut, où elle s'attache de nouveau, et ainsi de
« suite, jusqu'à ce qu'elle soit parvenue à franchir la
« barrière qui l'arrêtait. Quelquefois même elle s'at-
« tache ainsi après les bâteaux, où elle est si fortement

« fixée, qu'on ne peut l'en arracher. » *Lettre du 22 août* 1836.

La Lamproie peut perdre de très-grandes portions de son corps, sans être pour cela privée de la vie.

La Lamproie se nourrit de substances animales mortes ou vivantes ; faisant sa proie de petits poissons, elle devient elle-même celle des Brochets et d'autres poissons voraces , ainsi que des Loutres, aux poursuites desquels elle échappe par la fuite ou par une retraite dans quelque réduit obscur et étroit. Elle atteint une grosseur considérable ; celle décrite par Bloch avait trois pieds de long et pesait trois livres ; quelquefois elle pèse de quatre à six livres, et est grosse comme le bras.

Peut-être est-ce à cause du bon goût de ce poisson, que la ville de Glocester est dans l'usage de faire tous les ans présent au roi d'Angleterre , d'un pâté de Lamproie, aux fêtes de Noël ; *Bloch , part.* III, *p.* 32 ; et comme elles sont très-rares dans cette saison , on donne quelquefois jusqu'à une guinée pour une seule Lamproie.

L'ovaire de ce poisson consiste en petits disques, ou plaques très-minces, attachées en arrière le long de l'épine du dos, à un vaisseau comme un lacet ; les œufs sont de couleur d'orange et de la grosseur de grains de pavot.

Thom. Bartholin donne, dans la centurie V , une note de Rhodius sur la couleur tantôt rouge, tantôt verte du foie de la Lamproie. Cuvier , *Histoire natur. des Poissons, tom.* I, *p.* 68.

Les dents de la Lamproie sont des cornets minces moulés sur des germes assez charnus ; il y en a sur les lèvres, sur les mâchoires et sur la langue, de formes et de directions différentes, sur lesquelles Cuvier promettait, *Hist. nat. des Poissons, tom.* 1, *p.* 496, de revenir. La mort de ce savant nous privera de tous les détails qu'on attendait de lui.

On trouve dans la Lamproie le *Monostoma tenuicollis,* Dict. Sc. nat., tom. 57, p. 582.

XL. La Satoille. *Petromyzon branchialis.* Linn., Gmel., S. N., éd. xiii, tom. 1, p. 1515, sp. 3.

Bloch, *Ichth.*, *part.* iii, *p.* 37, *pl.* lxviii, *fig.* 2. Le Lamprillon.
Bonnaterre, *Tabl. Encyclop.*, *Ichthyologie*, *pl.* 1, *fig.* 3 (1).
Lacépède, *Hist. nat. des Poiss.*, *tom.* 1, *p.* 34.
J. Hermann, *Observ. zoolog.*, *p.* 291.
N. D. d'Hist. n., éd. 2, t. 25, p. 436. Pétromyzon Lamproyon.
Rondelet, *de Piscibus fluviatil. liber*, *cap.* xxiv, *p.* 202.
Meyer, *Représent.*, *tom.* 2, *pl.* 97. Die Neünauge.

Ce poisson, qui se tient dans la vase des ruisseaux, a beaucoup des habitudes des vers auxquels il ressemble tant par sa forme; il est connu depuis long-temps sous les noms de *Chatouille, Chatoille, Chatillon, Civelle, Lamprillon, Lamproyon,* etc.

Albert-le-Grand le signale par ces mots : unum parvum generis Danubio quasi calami quantitatem et palmi longitudine non excedens. Gesner, *p.* 702, lin. 28.

Gesner, *de Aquatil.*, *p.* 706, dit que le nom de *Chatoille* a été donné à ce poisson, parce que renfermé dans la main, il y produit, par ses mouvemens, une sorte de chatouillement particulier.

Gesner s'est trompé dans cette explication : les noms de *Satoille, Satouille, Chatoille, Chatillon,* dérivent tous par corruption de celui *Sept œil, Sept*-em *oc u li,* donné originairement à ce poisson, à cause de ses sept ouvertures branchiales de chaque côté.

Les Allemands le désignaient sous le nom de *Neu-*

neugen, *Neunaugen* [1] *enneophthalmus*, à cause, dit Gesner, des sept ouvertures branchiales et des deux yeux, *de Aquatil.*, *p.* 740, *lin.* 60, *p.* 1281, 1282. Il valait mieux dire, à cause de sept ouvertures branchiales, de celle de l'œil, et de celle de la narine, aboutissant à un soupirail commun [2].

[1] Flemming, dans son *Traité sur la pêche*, a fait représenter, pl. L, ce poisson, avec neuf ouvertures de chaque côté.

Si, comme on le dit dans le *Dict. des Sc. nat.*, *tom.* 34, *p.* 495, le mot *Neunauge* est un des noms allemands du Misgurn fossile, *Cobitis fossilis*, Linn., c'est par suite d'une erreur dépendant de la confusion faite par les anciens ichthyologistes, qui ont rangé, sous le titre *Mustela*, tous les poissons anguilliformes, c'est-à-dire, à corps alongé et cylindroïde, ou cylindrique.

A l'article Lote nous avons déjà signalé l'abus du même nom donné à différens poissons.

[2] Bloch, et Bonnaterre son copiste, pour faire ressortir l'évent de l'Ammocète Lamproyon, ont représenté un jet d'eau sortant de cette partie, ainsi que l'avait déjà fait Rondelet.

En parlant du *Petromyzon Pricka*, Bosc, *Nouv. Dict. d'hist. nat.*, *édit.* 2, *tom.* 25, *p.* 436, dit : « Duméril en « a fait un genre, sous le nom d'Ammocète. »

Cet article prouve la négligence avec laquelle Bosc travaillait, même sur les objets les plus communs. Dans le cas présent il a confondu la Pricka, ou Lamproie de rivière, que M. Duméril laisse dans le genre *Petromyzon*, avec le Lamprillon, dont il a fait effectivement le genre *Ammocète*.

Le rédacteur de l'article Lamproie, *Dict. pittor. d'hist. nat.*, 1836, *tom.* 4, *p.* 340, regarde, mais à tort, la petite Lamproie, *Petromyzon planeri*, comme étant la *Satoille*.

On conçoit facilement le sens de *Lamproyon, Lamprillon*, diminutif du mot *Lamproie*.

Le nom de *Civelle* vient de *Civade*, avoine, parce que les Ammocœtes se mangent en masse, comme les chevaux mangent l'avoine. Cette explication est donnée par Sachs *Gammarol.* P. 97, à l'occasion de la Civade (*crangon vulgaire*); e garumna, dit-il, copiose extrahunt et pusillatim devorant, sicut avenam veterinæ.

Ce petit poisson long de six à huit pouces, gros comme un fort tuyau de plume, a été accusé à tort de sucer les branchies des poissons [1].

Le corps est cylindrique, annelé, pointu aux deux extrémités; la bouche est dépourvue de dents; et par en bas, le bord en est coupé des deux côtés.

Gesner en a parlé sous les titres : *Minimæ lampredæ icon*, p. 706; *Mustela* sive *Lampetra minor Bellonii*, p. 696; *Murænæ genus valde parvum in Danubio quasi calami quantitatem et palmi longitudine non excedens*, p. 702; *Lumbricus aquaticus*, die Neüneugen, p. 703.

Aldrovandi, *de Piscib.*, p. 581, *de Lampetra fluviatili.*

Duhamel, *Traité général des pêches*, tom. I, sect. I, p. 30, se contente de dire : « la Chatouille est une espèce « de petite Lamproye, grosse seulement comme un « tuyau de plume à écrire et qui se trouve dans la vase; « c'est un excellent appât. »

Ce poisson est fort bon à manger en friture; mais il est repoussé par beaucoup de personnes, à cause de sa ressemblance avec un Lombric.

---

[1] On l'a accusé de sucer les branchies des poissons, peutêtre parce qu'on le confondait avec le *Petromyzon planeri.* Cuvier, *Règn. anim.*, édit. 2, tom 2, p. 406.

Rondelet désigne ce poisson sous le nom de *Lam-proyon*, de *Chatillon, Lamprillon,* et le caractérise par la phrase suivante : *Aliæ* (Lampetræ) , *vermibus terres-tribus, crassioribus assimilantur.* Lampetra parva, et fluviatilis.

Dans le *Dictionnaire des Sciences naturelles,* tom. 2 , *supplément, p.* 15, n° 2, la *Satoille* est décrite sous le nom d'*Ammocæte lamproyon;* elle diffère des Pétro-myzons, parce que sa bouche est dépourvue de dents.

Le nom d'*Ammocæte* vient du grec αμμος (sable), et κοίτη (lit), parce que l'animal vit ordinairement dans le sable, où il se tient habituellement.

Mon confrère M. le docteur Bourrée, médecin à Châ-tillon, dit ce poisson très commun dans toutes les rivières du Châtillonnais, où l'on s'en sert pour faire des appâts pour pêcher l'Anguille.

Un autre confrère, M. le D. Andriot, médecin à Fon-taine-Française, auquel j'avais écrit pour obtenir le nom des poissons de la Vingeanne, me dit dans sa ré-ponse très obligeante : « Dans mon jeune âge j'y (dans « la Venelle) ai souvent pris, surtout dans les fossés qui « avoisinent la rivière, une espèce de petite Anguille « jaune qu'on appelle *Satouille* dans le pays. »

Ces détails suffisent pour faire reconnaître l'*Ammo-cæte lamproyon,* désigné sous le nom de *Branchiale* dans l'*Encycl. méthod., Hist. nat.,* tom. 3 , *Poissons.*

Toutes les parties qui devraient constituer le squelette de la *Satoille,* sont tellement molles et membraneuses [1] ,

---

[1] Les Ammocètes n'ont plus de squelette ; tout leur ap-pareil musculaire n'a que des appuis tendineux ou membra-neux. Cuvier, *Hist. nat. des Poissons,* tom. 1 , *p.* 568.

D'autres poissons présentent une structure aussi singu-

qu'on pourrait considérer ce poisson comme n'ayant point d'os du tout.

L'ouverture de la bouche, mince et accompagnée de deux lobes, est garnie d'une rangée de petits barbillons branchus ; sa lèvre charnue n'est que demi-circulaire, et ne couvre que le dessus de la bouche ; aussi l'Ammocète, dont la forme générale et les trous extérieurs des branchies sont les mêmes que dans les Lamproies, ne peut-il se fixer comme les Lamproies proprement dites, et lorsqu'on l'accusait de sucer les branchies des poissons, cette assertion venait de ce qu'on la confondait avec le *Petromyzon Planeri.*

Nageoires à peine visibles. Les dorsales sont unies entre elles et à la caudale, en forme de replis bas et sinueux.

lière ; outre le *Myxine glutinosa*, Linn., *Gastrobranchus cœcus*, Bloch, les Trachyptères et les Gymnètres en offrent une analogue.

« Leur squelette, quoique fibreux, est, dans toutes ses parties, tendre comme celui du Cycloptère ; les os de la tête ont à peine plus de consistance que du carton mouillé ; les vertèbres tiennent si peu ensemble, que le corps se brise de lui-même par les efforts du poisson vivant, comme celui de l'Orvet ou de l'Ophisaure, ou comme la queue du lézard. Ses longs rayons, dans le premier âge surtout, se rompent comme des fils de verre ; la chair est si molle, qu'elle se décompose en quelques heures, et que même dans l'esprit de vin le corps se conserve difficilement entier. » Cuvier, *Hist. nat. des Poissons, tom. x, p.* 325.

TABLE ALPHABÉTIQUE

DE L'HISTOIRE NATURELLE DES POISSONS

D'EAU DOUCE DE LA FRANCE.

FIN DE LA TABLE.

CORRECTIONS ET ADDITIONS.

P. 13 , *supprimez* les onze premières lignes.

P. 37 , note 2ᵉ, Geoffroi, *lisez* M. Geoffroi.

P. 52, ligne 26 , Duval, *lisez* Dumas.

P. 83 , avant Epinoche , *placez* Genre.

P. 89, 1ᵉʳ *sous-genre*, Carpe, et les deux lignes suivantes, *à placer* p. 93 , avant VII. La CARPE.

P. 108, ligne 2 , Macrolopidotus, *lisez* Macrolepidotus.

P. 121, ligne 6 , 2809 , *lisez* 289.

P. 146, ligne 8 , etc. Gardou , *lisez* Gardon, etc.

P. 151, ligne 16, Jurine : *lisez* Jurine,

P. 153, ligne 12, Chus, *lisez* Chub.

P. 158, ligne pénultième, Garbatteau , *lisez* Garbotteau.

P. 195, lign. 2 , Ecrivain ventre, *lisez* Ecrivain , de ventre.

P. 195, XX , *lisez* XXIII.

P. 221 , après la ligne 16 , *ajoutez* Bambele.

BAMBELE , Cyprin de 6 à 7 doigts long. Caroncule jaune à la jointure de ses nageoires , ligne latérale oblique , brune ; iris des yeux de couleur d'or safrané ; dans le lac de Zuric. *Dict. théor. et pratiq. de Chasse et de Pêche* (par Delisle de Sales) , *tom.* 2 , *p.* 74.

P. 255, réunissez le n° 4 au n° 8.

P. 260 , ligne 25, Delevaux, *lisez* Laveaux.

P. 268, ligne dernière, *ajoutez :* cette étymologie n'est point exacte, *voy.* p. 270.

P. 284 , ligne dernière, Nuneugaal , *lisez* Neüneugen.

FIN DES CORRECTIONS ET ADDITIONS.